W0264357

DIE WISSENSCHAFT

HERAUSGEBER PROF. DR. WILHELM WESTPHAL

BAND 86

Einführung
in die kombinatorische Topologie

Von

Dr. Kurt Reidemeister

o. Professor an der Universität Marburg

Unveränderter Nachdruck

SPRINGER FACHMEDIEN WIESBADEN GMBH

1951

Alle Rechte vorbehalten von

© Springer Fachmedien Wiesbaden 1951
Ursprünglich erschienen bei Friedr. Vieweg & Sohn, Verlag, Braunschweig 1951
Softcover reprint of the hardcover 1st edition 1951

Bindearbeiten: Buchdruckerei Richard Borek KG., Braunschweig

ISBN 978-3-322-97931-5   ISBN 978-3-322-98479-1 (eBook)
DOI 10.1007/978-3-322-98479-1

Wilhelm Blaschke

zugeeignet

Vorwort

Die drei ersten Kapitel des vorliegenden Buches behandeln die unendlichen Gruppen, die vier weiteren Kapitel die Strecken- und Flächenkomplexe und insbesondere die zweidimensionalen Mannigfaltigkeiten. Diese Stoffauswahl läßt sich aus verschiedenen Gründen rechtfertigen.

In erster Linie lag mir daran, den tiefgehenden Zusammenhang zwischen Gruppen und Komplexen herauszuarbeiten. Die enge Beziehung dieser beiden Gebiete ist schon seit den grundlegenden Arbeiten HENRI POINCARÉs bekannt. Wenn sie in der Weiterentwicklung der kombinatorischen Topologie nicht immer mit nachdrücklicher Deutlichkeit hervortritt, so lag das an den Schwierigkeiten jener Probleme, in denen sich Gruppentheorie und Topologie berühren: Es mochte unfruchtbar erscheinen, Beziehungen nachzugehen, die zunächst nur ungelöste topologische Fragen in ungelöste gruppentheoretische -Fragen zu übersetzen erlaubten. Solche Bedenken wären heute nicht mehr gerechtfertigt. Seitdem sich Erzeugende und definierende Relationen von Untergruppen einer durch Erzeugende und Relationen erklärten Gruppe bestimmen lassen, bildet die Gruppentheorie für den Topologen ein ertragreiches Recheninstrument, mit dem sich viele bisher unzugängliche Fragen einer systematischen Untersuchung unterwerfen lassen. Umgekehrt bieten die Komplexe wertvolle Möglichkeiten, gruppentheoretische Sätze anschaulich zu deuten und geometrische Einsichten für die Gruppen fruchtbar zu machen; z. B. geben die ebenen Komplexe über die Struktur der ebenen diskontinuierlichen Gruppen Auskunft.

Dementsprechend habe ich die Theorie der durch Erzeugende und definierende Relationen erklärten Gruppen möglichst · vollständig entwickelt und aus der Topologie solche Gebiete bevorzugt, bei denen sich die prinzipielle Seite des Zusammenhangs zwischen Gruppen und Komplexen am bequemsten erkennen und bei denen sich neue gruppentheoretische Resultate gewinnen ließen. Wenn dabei die Topologie der dreidimensionalen Mannigfaltigkeiten nicht explizit erwähnt wurde, so sind doch alle Methoden dargestellt, die notwendig sind, um in die Probleme dieses Gebietes einzudringen.

Ich hoffe, daß auch ein Leser mit der Stoffauswahl zufrieden sein wird, der sich weniger Rüstzeug zu weiterer Arbeit erwerben, als vielmehr positive geometrische Resultate in logisch geklärtem und abgerundetem Aufbau kennenlernen will. Er wird in den letzten vier Kapiteln zahlreiche Tatsachen finden, die einem unmittelbaren anschaulichen Verständnis zugänglich sind und die in logisch übersichtlicher Weise auf wenig einfache Axiome über Punkte, Strecken und Flächenstücke zurückgeführt sind. Ich glaube, daß insbesondere Kapitel 4 bis 6 dem Verständnis keine Schwierigkeiten bieten können. Vielleicht ist es ratsam, die Lektüre mit diesen Kapiteln zu beginnen und an Hand der Rückverweisungen das Notwendigste über Gruppen nachzuschlagen. Aber auch Kapitel 1 und 2 dürfte für die meisten Leser kaum Schwierigkeiten bieten. Die auf Gruppen mit Operatoren bezüglichen Abschnitte sowie Kapitel 3 und 7 (Kapitel 7 ist etwas knapper gefaßt) können zunächst überschlagen werden.

Die kombinatorische Topologie hat eine zusammenfassende Darstellung unter den hier befolgten Gesichtspunkten, abgesehen von einem kleineren Abriß in F. Levis „Geometrische Konfigurationen" (Hirzel 1929) noch nicht gefunden. So fußt dies Buch auf der Originalliteratur, deren Ergebnisse oft im Interesse des einheitlichen Aufbaues neu hergeleitet werden mußten, und auf einigen Vorlesungen des Verfassers. Die fruchtbarste Förderung verdanke ich den Gesprächen und Arbeiten meines verstorbenen Freundes Otto Schreier. Vermutlich lassen sich Kapitel 4 bis 6 als die Ausführung eines Programms deuten, das M. Dehn in einem

Vortrag auf der Naturforscherversammlung in Leipzig 1922 aufstellte. Leider ist dieser Vortrag aber nicht im Druck erschienen. Es freute mich, den von DEHN aufgestellten und kürzlich von MAGNUS bewiesenen Freiheitssatz noch aufnehmen zu können. Das siebente Kapitel enthält verschiedene bisher nicht veröffentlichte Sätze über verzweigte Überlagerungen.

Bei der Anfertigung des Manuskriptes und bei der Durchsicht der Korrekturen haben mir die Herren L. GOERITZ, W. MAGNUS, E. PODEHL und G. SZEGÖ wertvolle Hilfe geleistet.

Königsberg, im Mai 1932.

Kurt Reidemeister

Inhaltsverzeichnis

Drittes Kapitel: **Bestimmung von Untergruppen**

Viertes Kapitel: **Streckenkomplexe**

Fünftes Kapitel: **Flächenkomplexe**

Einleitung

Wenn man Flächen im großen untersuchen will, ist es oft zweckmäßig, dieselben zuvor in endlich viele Flächenstücke zu zerlegen, die von endlich vielen Kurvenstücken berandet werden und längs dieser Kurvenstücke in bestimmter Weise aneinanderstoßen. Zweckmäßig ist dies für die Anschauung, welche die Stücke in ihrer Zusammenfügung besser kontrollieren kann als die Vorstellung einer etwas komplizierteren Fläche im großen, zweckmäßig vom Standpunkt der Differentialgeometrie aus, deren Methoden zunächst nur Flächen- und Kurvenstücke zugänglich sind, zweckmäßig schließlich bei Fragen, in denen die Flächeneigenschaften im kleinen keine ausschlaggebende Rolle spielen können, so z. B. wenn zu entscheiden ist, ob zwei Flächen sich wechselweise eindeutig und stetig aufeinander abbilden lassen. Nennen wir die Berandungsbeziehungen zwischen den Flächenstücken, Kurvenstücken und ihren Endpunkten das Gerüst der Zerlegung, so läßt sich z. B. leicht zeigen, daß Flächen, welche Zerlegungen mit demselben Gerüst besitzen, sich eineindeutig und stetig aufeinander abbilden lassen, und umgekehrt läßt sich der noch plausiblere Satz beweisen, daß Flächen, die sich aufeinander eineindeutig und stetig abbilden lassen, auch Zerlegungen mit gleichem Gerüst besitzen.

Sobald aber die Zerlegungen der Fläche einmal als Hilfsmittel herangezogen sind, wird die Frage unvermeidlich, welche Eigenschaften der Fläche sich in dem Gerüst einer Zerlegung ausdrücken, oder wie die Gerüste verschiedener Zerlegungen derselben Fläche miteinander zusammenhängen. Diese Fragen sind der Ausgangspunkt der kombinatorischen Topologie.

Um sie zu beantworten, wird man vorerst nach Eigenschaften von Flächen- und Kurvenstücken fragen, die das Gerüst ermöglichen. Das sind wenige einfache und anschauliche Tatsachen, etwa die, daß ein Kurvenstück stets zwei Randpunkte und ein Flächenstück eine aus endlich vielen Kurvenstücken zusammengesetzte Randkurve besitzt. Durch Formulierung dieser Tatsachen in Axiomen ist es daher möglich, ein Gebiet aus der Geometrie — die kombinatorische Topologie der Strecken- und Flächenkomplexe — herauszuschneiden, dessen Grundlegung von der logischen wie von der anschaulichen Seite aus gesehen ebenso klar wie befriedigend ist. In einem merkwürdigen Kontrast hierzu stehen die Resultate dieser Theorie, die sehr rasch zu Fragen führt, welche ebenso einfach zu stellen, wie schwer zu beantworten sind. Das klassische und populäre Beispiel hierfür ist das Vierfarbenproblem. Keine Situation kann deutlicher zeigen, daß die Mathematik nicht nur von Logik und Anschauung lebt und daß zu einer Theorie nicht nur einwandfreie Axiome, sondern auch fruchtbare Ideen gehören.

Hier ist der Gruppenbegriff zu nennen, der sich sehr bald als ein Ariadnefaden im Labyrinth der Komplexe erweist und den wir daher an erster Stelle erörtern. soweit er für die kombinatorische Topologie von Bedeutung gewesen ist. Im Vordergrund stehen dabei die Methoden, Gruppen durch Erzeugende und definierende Relationen zu bestimmen und aus diesen Relationen Eigenschaften einer Gruppe herzuleiten. Dieses Gebiet hat schon ganz den Charakter des Kombinatorischen; die Veranschaulichung einer Gruppe mit Erzeugenden durch Streckenkomplexe und die Veranschaulichung von Relationen einer solchen Gruppe durch Flächenstücke ist ebenso naheliegend wie der Versuch, diese Beziehungen nunmehr umzukehren und beliebige Komplexe in „Gruppenbilder“ zu verwandeln. Dieser Zusammenhang trifft aber das Wesentliche auch für die Topologie Topologische Mannigfaltigkeiten z. B. sind letzten Endes nichts anderes als Darstellungen von Gruppen, zwischen deren Erzeugenden und Relationen noch einige mit der Gruppenstruktur verträgliche Anordnungsbeziehungen festgesetzt sind.

Es sei jedoch darauf hingewiesen, daß sich die einführenden Abschnitte des vierten und fünften Kapitels über Strecken- und Flächenkomplexe ohne Kenntnis der ersten drei Kapitel über Gruppen verstehen lassen.

Erstes Kapitel

Gruppen

1. Definition des Gruppenbegriffs

Wir beginnen unsere Ausführungen mit der Erklärung des Gruppenbegriffs und einigen einfachen Sätzen über Gruppen, Untergruppen, Faktorgruppen und Isomorphismen von Gruppen.

Eine Klasse $\mathfrak{F}$ von Elementen heißt eine Gruppe, wenn jedem geordneten Paar $F_1 F_2$ von Elementen aus $\mathfrak{F}$ ein bestimmtes Element F_{12} aus $\mathfrak{F}$ zugeordnet ist, in Zeichen

$$F_1 F_2 = F_{12} \quad (F_1 \text{ mal } F_2 \text{ gleich } F_{12}),$$

und diese Verknüpfung oder Multiplikation den folgenden Regeln genügt:

A. 1. *Sind F_1, F_2, F_3 irgend drei Elemente aus $\mathfrak{F}$ und ist*

$$F_1 F_2 = F_{12}, \quad F_2 F_3 = F_{23},$$

so ist stets

$$F_{12} F_3 = F_1 F_{23}.$$

Hierfür schreiben wir kürzer

$$(F_1 F_2) F_3 = F_1 (F_2 F_3). \tag{1}$$

A. 1 heißt das assoziative Gesetz, und eine Multiplikation, die ihm genügt, heißt assoziativ.

Wegen (1) kann man das Produkt von drei geordneten Faktoren F_1, F_2, F_3

$$F_1 F_2 F_3 = (F_1 F_2) F_3 = F_1 (F_2 F_3)$$

erklären, und wie man durch Induktion erkennt, läßt sich analog das Produkt von n Faktoren

$$F_1 F_2 \ldots F_n$$

unabhängig von der Klammersetzung definieren.

1*

A. 2.   *Es gibt in $\mathfrak{F}$ ein Element E, für das stets*

$$EF = FE = F$$

ist, wie auch F aus $\mathfrak{F}$ gewählt wird. Ein solches Element wird Einheitselement genannt. Es kann nur ein solches Element geben; denn wäre E^* ein zweites Element dieser Art, so müßte einerseits $EE^* = E$ und andererseits $EE^* = E^*$, also $E = E^*$ sein.

A. 3.   *Zu jedem Element F aus $\mathfrak{F}$ gibt es ein Element X, für welches*

$$FX = E \tag{2}$$

ist.

X heißt ein zu F inverses Element. Für ein zu F inverses Element X ist auch

$$XF = E. \tag{3}$$

Denn es gibt ein Element Y, für das

$$XY = E \tag{4}$$

ist; durch Multiplikation mit F folgt aber hieraus einerseits

$$F(XY) = FE = F$$

und wegen (1) und (2) andererseits $F(XY) = (FX)Y = EY = Y$; daher ist $Y = F$, und somit folgt aus (4) die behauptete Gleichung (3). Ferner folgt, daß es nur ein inverses Element gibt. Denn aus $FX_1 = E$ und $FX_2 = E$ folgt einerseits

$$X_2(FX_1) = X_2E = X_2,$$

und da nach (3) $X_2F = E$ ist, andererseits

$$X_2(FX_1) = (X_2F)X_1 = EX_1 = X_1;$$

also ist $X_1 = X_2$.

Ist X das zu F inverse Element, so ist F das zu X inverse. Bezeichnen wir das zu F inverse Element mit F^{-1}, so ist also

$$(F^{-1})^{-1} = F.$$

Diese Symbolik läßt sich durch die folgende Festsetzung erweitern. Unter F^1 verstehen wir F selbst. F^n erklären wir für positive ganzzahlige $n > 1$ durch Induktion

$$F^n = (F^{n-1})F,$$

unter F^0 verstehen wir das Einheitselement E, unter F^{-n} ($n > 0$) verstehen wir $(F^{-1})^n$; aus dem assoziativen Gesetz und der Eigenschaft des inversen Elementes folgt dann für beliebige n, m.

$$F^n F^m = F^{n+m}, \quad (F^n)^m = F^{nm}.$$

F^{-n} ist demnach ,das zu F^n inverse Element. F^n nennen wir die n-te Potenz des Elementes F. Sind F_1 und F_2 zwei verschiedene Elemente aus $\mathfrak{F}$, so können wir durch iterierte Multiplikation die Elemente

$$F_1^{n_{11}} F_2^{n_{12}} F_1^{n_{21}} F_2^{n_{22}} \ldots F_1^{n_{r1}} F_2^{n_{r2}} \tag{5}$$

bilden, welche *Potenzprodukte* aus F_1 und F_2 heißen mögen.

$$F_2^{-n_{r2}} F_1^{-n_{r1}} \ldots F_2^{-n_{22}} F_1^{-n_{21}} F_2^{-n_{12}} F_1^{-n_{11}} \tag{6}$$

wollen wir das zu (5) formal inverse Potenzprodukt nennen. Man berechnet nämlich, daß das Produkt von (5) und (6) gleich E ist. Analog lassen sich die Potenzprodukte aus k Elementen F_1, F_2, $\ldots$, F_k bilden.

Ist für irgend zwei Elemente F_1 und F_2 aus $\mathfrak{F}$ stets $F_1 F_2 = F_2 F_1$, so heißt die Gruppe $\mathfrak{F}$ *kommutativ*. Läßt sich jedes Element aus $\mathfrak{F}$ als eine Potenz eines bestimmten Elementes F schreiben, so heißt $\mathfrak{F}$ eine *zyklische* Gruppe mit der *Erzeugenden* F. Wegen

$$F^n F^m = F^{n+m} = F^{m+n} = F^m F^n$$

ist eine zyklische Gruppe kommutativ.

Wir wollen im Hinblick auf unser Ziel immer gleich voraussetzen, daß die Gruppen, die wir betrachten, nur abzählbar viele Elemente enthalten. Die Anzahl der Elemente einer Gruppe heißt ihre *Ordnung*.

2. Zyklische Gruppen

Zyklische Gruppen lassen sich leicht angeben. Die ganzen positiven und negativen Zahlen und die Null bilden z. B. eine solche Gruppe, wenn man die Addition als Verknüpfung nimmt: Alle Zahlen lassen sich ja dann als Potenzprodukte von $+1$ oder -1 auffassen.

Ein anderes Beispiel bilden die Restklassen nach einem Modul bei additiver Verknüpfung. Ist m irgendeine positive ganze Zahl, so nennen wir zwei ganze Zahlen n_1 und n_2 zueinander kongruent, modulo m, in Zeichen $n_1 \equiv n_2 \pmod{m}$, wenn die Differenz $n_1 - n_2$ durch m teilbar ist. Ist

$$n_1 \equiv n_2 \pmod{m} \quad \text{und} \quad n_2 \equiv n_3 \pmod{m},$$

so ist auch $n_1 \equiv n_3 \pmod{m}$.

Wir verstehen nun unter der Restklasse $[n]$ alle zu n (mod m) kongruenten Zahlen. Offenbar ist dann die Klasse $[n]$ mit der Klasse $[n']$ identisch,

$$[n] = [n'], \quad \text{wenn} \quad n \equiv n' \ (\mathrm{mod}\, m)$$

ist und umgekehrt. Zu jeder Restklasse gibt es gerade einen Repräsentanten r, welcher der Ungleichung

$$0 \leqslant r < m$$

genügt. Es gibt also m verschiedene Restklassen.

Zwischen diesen Restklassen erklären wir nun eine Verknüpfung, die durch das Symbol $+$ angedeutet und als Addition bezeichnet werden möge, indem wir

$$[n_1] + [n_2] = [n_1 + n_2]$$

setzen. Diese Definition ist widerspruchsfrei. Ist nämlich $[n_i'] = [n_i]$, ist also $n_i' \equiv n_i$ (mod m) $(i = 1, 2)$, so ist auch

$$n_1' + n_2' \equiv n_1 + n_2 \quad (\mathrm{mod}\, m),$$

wie man leicht nachrechnet, und daher

$$[n_1 + n_2] = [n_1' + n_2'].$$

Diese Verknüpfung genügt aber den Gruppenaxiomen. Sie ist assoziativ, weil es die Addition der ganzen Zahlen ist:

$$([n_1] + [n_2]) + [n_3] = [(n_1 + n_2) + n_3] = [n_1 + (n_2 + n_3)]$$
$$= [n_1] + ([n_2] + [n_3]).$$

$[0]$ ist das Einheitselement, und $[-n]$ ist das zu $[n]$ inverse Element. Die Gruppe ist ferner zyklisch, weil sich alle m Restklassen durch iterierte Addition aus der Restklasse $[1]$ ergeben.

Die Verknüpfungsgesetze von zyklischen Gruppen kann man auf die beiden angeführten Beispiele leicht zurückführen. Werden die sämtlichen Elemente von $\mathfrak{F}$ durch die Potenzen F^n geliefert (wird die Gruppe $\mathfrak{F}$ durch F erzeugt), so ist entweder F^n stets von $F^{n'}$ verschieden, wenn n von n' verschieden ist. Dann ist die Multiplikation der Elemente von $\mathfrak{F}$ hiermit auf die Addition der ganzen Zahlen zurückgeführt — oder aber es gibt zwei verschiedene Exponenten $n > n'$, die das gleiche Element aus $\mathfrak{F}$ liefern. Dann ist

$$F^n F^{-n'} = F^{n-n'} = E,$$

und es gibt einen kleinsten positiven Exponenten f, für welchen $F^f = E$ ist. In diesem Falle ist dann und nur dann $F^n = F^{n'}$, wenn $n \equiv n'$ (mod f) ist. In der Tat ist

$$F^{kf} = (F^f)^k = E^k = E,$$

also $F^{n+kf} = F^n$. Sei nun umgekehrt $F^n = F^{n'}$, $(n > n')$, also $F^{n-n'} = E$. Hierin muß $n - n' \geqq f$ sein, und ist

$$n - n' = kf + r, \quad (0 \leqq r < f),$$

so ist $F^r = 1$, also $r = 0$. Die zyklische Gruppe hat in diesem Fall die Ordnung f.

3. Multiplikation von Restklassen

Aus den Restklassen mod m können wir noch in anderer Weise Gruppen bilden, indem wir eine zweite Verknüpfung, die Multiplikation der Restklassen, erklären. Das Produkt von $[n_1]$ und $[n_2]$ sei

$$[n_1]\,[n_2] = [n_1 n_2].$$

Die Produktrestklasse ist eindeutig bestimmt, weil aus $[n_i'] = [n_i]$ oder $n_i' \equiv n_i \pmod m$ $(i = 1, 2)$ auch $n_1' n_2' \equiv n_1 n_2 \pmod m$ folgt und daher $[n_1' n_2'] = [n_1 n_2]$ ist. Diese Multiplikation ist assoziativ und kommutativ, weil es die Multiplikation der ganzen Zahlen ist. $[1]$ ist das Einheitselement, weil

$$[n]\,[1] = [1]\,[n] = [n]$$

ist. Dagegen gibt es nicht zu jeder Restklasse eine bezüglich der Multiplikation inverse. Ist nämlich n eine Zahl, die mit dem Modul m einen größten gemeinsamen Teiler $d = (n, m) \neq 1$ besitzt, so haben alle Zahlen der Restklasse $[n]$, also die Zahlen $n + km$ mit m denselben größten gemeinschaftlichen Teiler

$$(n + km, m) = (n, m) = d.$$

Offenbar haben alle Zahlen aus Restklassen $[n]\,[n'] = [n n']$ dann sicher mit m einen größten gemeinsamen Teiler, welcher durch d teilbar und also $\neq 1$ ist. Es kann also niemals $[n]\,[n'] = [1]$ sein.

Dagegen läßt sich zeigen, daß *die Restklassen* $[n]$, *für welche der größte gemeinsame Teiler*

$$d = (n, m) = 1$$

ist, bezüglich der Multiplikation eine Gruppe bilden. Das Produkt zweier zu m teilerfremden Restklassen ist nämlich wiederum zu m teilerfremd. Sind ferner

$$[r_1], \ [r_2], \ \ldots, \ [r_{\bar m}]$$

die Gesamtheit dieser Restklassen und ist $[r]$ irgendeine derselben, so liefert

$$[r r_1], \ [r r_2], \ \ldots, \ [r r_{\bar m}]$$

auch gerade wieder die sämtlichen zu m teilerfremden Restklassen; denn ist $[r\,r_i] = [r\,r_k]$, also $r\,r_i \equiv r\,r_k \pmod{m}$, so muß $r\,(r_i - r_k)$ durch m teilbar sein, also muß $r_i - r_k$ durch m teilbar sein oder $r_i \equiv r_k \pmod{m}$, also

$$i = k$$

sein. Die $\overline{m}$ Restklassen $[r\,r_i]$ sind also alle voneinander verschieden, und sie erschöpfen somit alle zu m teilerfremden Restklassen. Daher kommt unter den Restklassen $[r\,r_i]$ auch bestimmt die Restklasse $[1]$ vor. Ist

$$[r\,r'] = [1],$$

so ist $[r']$ die zu $[r]$ inverse Restklasse $[r]^{-1}$. Nun folgt das Behauptete leicht.

Für eine Primzahl p als Modul

$$m = p$$

sind die Restklassen

$$[1],\ [2],\ [3],\ \ldots,\ [p-1]$$

zu p teilerfremd und bilden also mit der Restklassenmultiplikation als Verknüpfung eine Gruppe.

Aus unserer Feststellung folgt leicht ein interessantes Ergebnis für die zyklischen Gruppen. *Ist $\mathfrak{S}$ eine zyklische Gruppe mit der Erzeugenden S der endlichen Ordnung m, so sind auch alle Elemente S^k mit*

$$(k, m) = 1$$

Erzeugende der Gruppe; dagegen sind die Elemente S^l mit $(l, m) \neq 1$ bestimmt nicht Erzeugende der Gruppe. Die $S^{k\,i}$ $(i = 0, 1, \ldots, m-1)$ sind nämlich alle voneinander verschieden; denn aus $S^{k\,i_1} = S^{k\,i_2}$ folgt $k\,i_1 \equiv k\,i_2 \pmod{m}$, also muß $k\,(i_1 - i_2)$ durch m teilbar, also $i_1 = i_2$ sein. Daraus folgt das über S^k Behauptete. Den Elementen $S^{l\,i}$ entsprechen dagegen nur Restklassen, welche mit m einen von Eins verschiedenen größten gemeinsamen Teiler haben, sind also gewiß nicht alle Elemente der Gruppe.

Man kann die Existenz der inversen Restklasse $[r]^{-1}$ auch so aussprechen: Ist der größte gemeinsame Teiler von n und m $(n, m) = 1$, so besitzt die Kongruenz

$$n\,x \equiv 1 \pmod{m}$$

stets Lösungen, und zwar bilden die sämtlichen Lösungen eine Restklasse, nämlich die Restklasse $[n]^{-1}$. Daraus folgt, daß eine Kongruenz

$$n_1\,x \equiv n_2 \pmod{m} \tag{1}$$

stets eindeutig lösbar ist, wenn $(n_1, m) = 1$ ist. Denn gleichbedeutend mit (1) ist

$$[n_1][x] = [n_2], \quad \text{und hierin ist also} \quad [x] = [n_1]^{-1}[n_2],$$

d. h. es gibt Lösungen der Kongruenz (1), und die sämtlichen Lösungen erfüllen die Restklasse $[n_1]^{-1}[n_2]$.

4. Gruppen von Transformationen

Man kann als Elemente einer Gruppe die Transformationen irgendeines Bereiches $\mathfrak{X}$ von Gegenständen x und als Verknüpfung das Hintereinanderausführen dieser Transformationen nehmen. Sei

$$\bar{x} = F(x)$$

eine eineindeutige Transformation in $\mathfrak{X}$, d. h. es sei jedem Gegenstand x ein wohlbestimmter Gegenstand $\bar{x}$ zugeordnet; unter den $\bar{x}$ mögen alle Gegenstände von $\mathfrak{X}$ vorkommen; ist x_1 von x_2 verschieden, so sei auch $\bar{x}_1$ von $\bar{x}_2$ verschieden. Die inverse Transformation F^{-1} erklären wir durch die Festsetzung

$$F^{-1}(\bar{x}) = x;$$

sie ist offenbar auch eineindeutig. Sind F_1 und F_2 zwei eineindeutige Transformationen und ist

$$\bar{x} = F_1(x), \quad \bar{\bar{x}} = F_2(\bar{x}),$$

so ist die Zuordnung $\bar{\bar{x}} = F_{21}(x)$ wieder eineindeutig. Wir nennen F_{21} das Produkt von F_2 und F_1 und schreiben dafür $F_{21} = F_2 F_1$. Diese Verknüpfung genügt dem assoziativen Gesetz. Ist nämlich

$$x = F_1(x), \quad x' = F_2(\bar{x}), \quad x^* = F_3(x'),$$
$$F_{21} = F_2 F_1, \quad F_{32} = F_3 F_2,$$

so ist

$$x' = F_{21}(x), \quad x^* = F_{32}(\bar{x})$$

und daher

$$x^* = F_3(F_{21}(x)) = F_{32}(F_1(x))$$

dieselbe Transformation der x.

Ist nun $\mathfrak{F}$ eine Schar solcher eineindeutiger Transformationen und enthält $\mathfrak{F}$ mit jeder Transformation F auch die inverse Transformation F^{-1} und mit jedem Paar von Transformationen F_1 und F_2 auch ihr Produkt F_{21}, so ist $\mathfrak{F}$ offenbar eine Gruppe.

Besteht der Bereich $\mathfrak{X}$ aus endlich vielen Gegenständen

$$x_1,\ x_2,\ \ldots,\ x_m,$$

so heißt eine Transformation

$$x_{n_i} = F(x_i) \quad (i = 1, 2, \ldots, m)$$

eine Permutation der Gegenstände x_i.

Führen geeignete Transformationen einer Gruppe $\mathfrak{F}$ jedes der x in jedes andere über, so heißt die Transformationsgruppe *transitiv*.

Als Beispiel einer Transformationsgruppe führen wir die *Modulgruppe* an. Als Bereich $\mathfrak{X}$ nehmen wir die komplexen Zahlen

$$x = \xi_1 + i\xi_2 \text{ mit } \xi_2 > 0,$$

als Transformationen

$$x' = \frac{a\,x + b}{c\,x + d}, \tag{1}$$

wo a, b, c, d ganze Zahlen sind und die Determinante

$$a\,d - b\,c = 1$$

ist. Ist

$$x'' = \frac{a'\,x' + b'}{c'\,x' + d'} \tag{2}$$

eine zweite solche Transformation, so ist die aus beiden zusammengesetzte Transformation

$$x'' = \frac{a''\,x + b''}{c''\,x + d''} \tag{3}$$

mit

$$
\begin{aligned}
a'' &= a'a + b'c, & c'' &= c'a + d'c, \\
b'' &= a'b + b'd, & d'' &= c'b + d'd.
\end{aligned}
\tag{4}
$$

Die Determinante $a''d'' - b''c''$ ist gleich dem Produkt

$$(a'd' - b'c')(a\,d - b\,c) = 1.$$

$$x = \frac{d\,x' - b}{-c\,x' + a} \tag{5}$$

ist die zu (1) inverse Transformation. Wenn (1) die identische Transformation sein soll, so muß

$$c\,x^2 + (d - a)\,x - b$$

für alle x gleich 0 sein. Daraus folgt $b = c = d - a = 0$ und wegen $a\,d = 1$ noch $a = d = +1$ oder $a = d = -1$. Man sieht daraus, daß zwei durch die Formeln (1) vermittelten Transformationen dann und nur dann miteinander identisch sind, wenn ihre Koeffizienten a, b, c, d bzw. gleich oder entgegengesetzt gleich sind.

5. Untergruppen

Um tiefer in die Verknüpfungseigenschaften, die Struktur einer Gruppe $\mathfrak{F}$ einzudringen, betrachtet man ihre Untergruppen, d. h. solche Gruppen $\mathfrak{f}$, deren Elemente sämtlich zu $\mathfrak{F}$ gehören. Dabei sollen als Verknüpfungsvorschriften für die Elemente aus $\mathfrak{f}$ diejenigen gelten, die für dieselben Elemente in $\mathfrak{F}$ bestehen. Hiernach ist $\mathfrak{F}$ selbst eine Untergruppe von $\mathfrak{F}$. Jede von $\mathfrak{F}$ selbst verschiedene Untergruppe heißt *echte* Untergruppe. Man kann die Untergruppen auch so charakterisieren: Eine Gesamtheit von Elementen aus $\mathfrak{F}$ heißt eine Untergruppe, wenn mit F_1 und F_2 auch

$$F_1 F_2 = F_{12}$$

zu $\mathfrak{f}$ gehört, und wenn mit jedem Element F auch das zu ihm inverse zu $\mathfrak{f}$ gehört. Offenbar gehört dann auch das Einheitselement $E = FF^{-1}$ zu $\mathfrak{f}$, und weil die Verknüpfung der Elemente aus $\mathfrak{f}$ natürlich assoziativ ist, so ist $\mathfrak{f}$ tatsächlich eine Gruppe und somit auch eine Untergruppe von $\mathfrak{F}$ nach der ersten Erklärung.

Die Elemente, die sich durch die Potenzen eines Elementes F darstellen lassen, bilden eine Untergruppe. Denn das Produkt zweier Potenzen von F und das inverse einer Potenz von F ist ja wiederum ein solches Element. Die Ordnung dieser Untergruppe nennt man auch die *Ordnung des Elementes F*. Im Beispiel der ganzen Zahlen werden diese Gruppen von allen denjenigen Elementen, die durch eine gegebene Zahl teilbar sind, geliefert.

Ebenso erschließt man, daß die Potenzprodukte (5) in **1,** 1 aus zwei oder beliebig endlich oder unendlich vielen Elementen eine Gruppe bilden. Ist also $\mathfrak{m}$ irgendeine Menge von Elementen aus $\mathfrak{F}$, so kann man von der durch $\mathfrak{m}$ bestimmten oder *erzeugten Untergruppe* aus $\mathfrak{F}$ reden. Sie ist eben die Menge aller durch Potenzprodukte der Elemente aus $\mathfrak{m}$ dargestellten Elemente der Gruppe $\mathfrak{F}$.

Eine wichtige Untergruppe, die man so erklärt, ist die *Kommutatorgruppe* $\mathfrak{K}_1$ von $\mathfrak{F}$. Unter dem Kommutatorelement von F_1 und F_2 verstehen wir das Element

$$K = F_1 F_2 F_1^{-1} F_2^{-1}.$$

Ist nun $\mathfrak{k}_1$ die Menge aller Kommutatorelemente von $\mathfrak{F}$, so ist $\mathfrak{K}_1$ die durch $\mathfrak{k}_1$ erzeugte Gruppe. Unter den Kommutatoren zweiter Ordnung $\mathfrak{k}_2$ verstehen wir alle Kommutatoren von einem beliebigen Element aus $\mathfrak{k}_1$ und einem Element aus $\mathfrak{F}$, und unter $\mathfrak{K}_2$ die durch $\mathfrak{k}_2$ bestimmte *zweite Kommutatorgruppe*. Durch Induktion lassen sich so Kommutatorgruppen höherer Ordnung erklären.

Die Elemente F, welche mit einem festen Element F_0 vertauschbar sind, für die also $F_0 F = F F_0$ gilt, bilden eine Gruppe. Denn ist

$$F_0 F_1 = F_1 F_0 \quad \text{und} \quad F_0 F_2 = F_2 F_0,$$

so ist auch

$$F_0 F_1 F_2 = F_1 F_0 F_2 = F_1 F_2 F_0$$

und

$$F_0 F_1^{-1} = F_1^{-1} F_1 F_0 F_1^{-1} = F_1^{-1} F_0 F_1 F_1^{-1} = F_1^{-1} F_0.$$

Ebenso erschließt man, daß die Menge $\mathfrak{Z}$ derjenigen Elemente aus $\mathfrak{F}$, welche mit allen Elementen aus $\mathfrak{F}$ vertauschbar sind, eine Untergruppe bilden. Sie heißt das *Zentrum* von $\mathfrak{F}$.

Auch aus einer Gruppe $\mathfrak{F}$ von Transformationen lassen sich leicht Untergruppen bilden. Die Menge aller Transformationen, welche einen bestimmten Gegenstand x_0 festlassen, bilden z. B. eine Untergruppe. Denn ist $F_1 (x_0) = x_0$ und $F_2 (x_0) = x_0$, so ist auch

$$F_2 \big(F_1 (x_0) \big) = F_{21} (x_0) = x_0$$

und

$$F_1^{-1} (x_0) = x_0.$$

Ebenso bilden die Transformationen, welche mehrere x festlassen, eine Untergruppe.

Sind $\mathfrak{f}_1$ und $\mathfrak{f}_2$ zwei Untergruppen von $\mathfrak{F}$, so ist die Gesamtheit der Elemente $\mathfrak{f}_{12}$, welche sowohl zu $\mathfrak{f}_1$ wie $\mathfrak{f}_2$ gehören, ebenfalls eine Gruppe. Sind nämlich F_1 und F_2 Elemente, welche sowohl zu $\mathfrak{f}_1$ wie $\mathfrak{f}_2$ gehören, so muß auch $F_1 F_2 = F_{12}$ sowohl zu $\mathfrak{f}_1$ wie $\mathfrak{f}_2$ und auch F_1^{-1} zu $\mathfrak{f}_1$ und $\mathfrak{f}_2$ gehören. $\mathfrak{f}_{12}$ heißt der *Durchschnitt* von $\mathfrak{f}_1$ und $\mathfrak{f}_2$. Ebenso erschließt man, daß der Durchschnitt beliebig vieler Untergruppen wieder eine Untergruppe ist.

6. Konjugierte Untergruppen

Ist $\mathfrak{f}$ eine Untergruppe von $\mathfrak{F}$, durchläuft $\overline{F}$ alle Elemente von $\mathfrak{f}$, und ist F_0 ein festes Element aus $\mathfrak{F}$, so durchlaufen die Elemente

$$F_0 \overline{F} F_0^{-1} = \overline{F}'$$

eine Gesamtheit $\mathfrak{f}'$ von Elementen, die ebenfalls eine Gruppe bildet. Denn ist

$$\overline{F}_1\overline{F}_2 = \overline{F}_{12},$$

so ist auch

$$\overline{F}_1'\,\overline{F}_2' = F_0\overline{F}_1 F_0^{-1} F_0 \overline{F}_2 F_0^{-1} = F_0 \overline{F}_{12} F_0^{-1} = \overline{F}_{12}'$$

und $F_0\overline{F}^{-1}F_0^{-1}$ ist das zu $F_0\overline{F}F_0^{-1}$ inverse Element. Wir schreiben für $\mathfrak{f}'$ auch $F_0\mathfrak{f}F_0^{-1}$ und nennen sie eine zu $\mathfrak{f}$ *konjugierte Untergruppe*.

Ist $\mathfrak{f}'$ zu $\mathfrak{f}$ konjugiert, so ist auch $\mathfrak{f}$ zu $\mathfrak{f}'$ konjugiert. Denn es ist ja $F_0^{-1}\mathfrak{f}'F_0$ mit $\mathfrak{f}$ identisch. Ist $\mathfrak{f}_u$ eine echte Untergruppe von $\mathfrak{f}$, so ist auch $F_0\mathfrak{f}_u F_0^{-1}$ eine echte Untergruppe von $F_0\mathfrak{f}F_0^{-1}$.

Sind $\mathfrak{f}'$ und $\mathfrak{f}''$ zwei zu $\mathfrak{f}$ konjugierte Untergruppen, ist

$$\mathfrak{f}' = F_0\mathfrak{f}F_0^{-1} \quad \text{und} \quad \mathfrak{f}'' = F_0^{-1}\mathfrak{f}F_0$$

und ist sowohl $\mathfrak{f}'$ wie $\mathfrak{f}''$ in $\mathfrak{f}$ enthalten, so sind $\mathfrak{f}$, $\mathfrak{f}'$ und $\mathfrak{f}''$ miteinander identisch. Wäre nämlich z. B. $\mathfrak{f}'$ eine echte Untergruppe von $\mathfrak{f}$, so wäre auch

$$F_0^{-1}\mathfrak{f}'F_0 = \mathfrak{f}$$

eine echte Untergruppe von

$$F_0^{-1}\mathfrak{f}F_0 = \mathfrak{f}'',$$

also $\mathfrak{f} = \mathfrak{f}''$ und folglich auch $\mathfrak{f}' = \mathfrak{f}$.

Ist $\mathfrak{f}'$ zu $\mathfrak{f}$ und $\mathfrak{f}''$ zu $\mathfrak{f}'$ konjugiert, so ist auch $\mathfrak{f}''$ zu $\mathfrak{f}$ konjugiert. Denn ist $\mathfrak{f}' = F_1\mathfrak{f}F_1^{-1}$, $\mathfrak{f}'' = F_2\mathfrak{f}'F_2^{-1}$ und $F_{21} = F_2 F_1$, so ist $\mathfrak{f}'' = F_{21}\mathfrak{f}F_{21}^{-1}$.

Durchläuft F alle Elemente von $\mathfrak{F}$, so durchläuft $F\mathfrak{f}F^{-1}$ eine *Klasse konjugierter Untergruppen*; eine solche Klasse ist durch irgendeines ihrer Elemente bestimmt.

Natürlich kann es vorkommen, daß formal verschiedene konjugierte Untergruppen miteinander identisch sind. Z. B. ist gewiß $F_0\mathfrak{f}F_0^{-1}$ mit $\mathfrak{f}$ identisch, wenn F_0 zu $\mathfrak{f}$ gehört. Aber auch wenn F_0 nicht aus $\mathfrak{f}$ stammt, können die Gruppen identisch sein. Es können insbesondere alle konjugierten Untergruppen miteinander identisch sein. Alsdann heißt $\mathfrak{f}$ eine *invariante* Untergruppe.

Beispiele konjugierter Untergruppen liefern die Transformationsgruppen. Ist $\mathfrak{f}_x$ die Gruppe der Transformationen, welche das Element x festlassen, und ist $F_0(x) = \bar{x}$, so ist

$$F_0\mathfrak{f}_x F_0^{-1} = \mathfrak{f}_{\bar{x}}$$

die Gruppe von Transformationen, welche $\bar{x}$ festlassen. In der Tat führt nämlich jede Transformation aus $\mathfrak{f}_{\bar{x}}$ den Gegenstand $\bar{x}$ in sich über.   Ist andererseits $F(\bar{x}) = \bar{x}$, so ist

$$F_0^{-1} F F_0 (x) = x$$

eine Transformation F' aus $\mathfrak{f}_x$ und daher kommt

$$F = F_0 F' F_0^{-1}$$

tatsächlich in $\mathfrak{f}_{\bar{x}}$ vor. Ist $\mathfrak{F}$ eine transitive Gruppe, so bildet die Klasse der Untergruppen, welche je ein x festlassen, eine Klasse konjugierter Untergruppen von $\mathfrak{F}$. Besteht $\mathfrak{f}_x$ für irgendein x nur aus der Identität, so trifft dies für alle x zu, und die Transformationsgruppe heißt *einfach transitiv*.

Jetzt einige Beispiele für invariante Untergruppen. Das Zentrum $\mathfrak{Z}$ der Gruppe $\mathfrak{F}$ ist offenbar eine invariante Untergruppe; denn ist F ein beliebiges Element aus $\mathfrak{F}$, und Z irgendein Element des Zentrums, so ist stets

$$F Z F^{-1} = Z.$$

Ferner ist die Kommutatorgruppe $\mathfrak{K}_1$ eine invariante Untergruppe. Ist nämlich K ein Kommutatorelement

$$K = F_1 F_2 F_1^{-1} F_2^{-1},$$

so ist auch

$$F K F^{-1} = F F_1 F^{-1} F F_2 F^{-1} F F_1^{-1} F^{-1} F F_2^{-1} F^{-1}$$

ein Kommutatorelement; folglich gehört mit jedem Produkt von Kommutatoren $K_1 K_2 \ldots K_r$ auch

$$F K_1 K_2 \ldots K_r F^{-1} = F K_1 F^{-1} F K_2 F^{-1} \ldots F K_r F^{-1}$$

zu $\mathfrak{K}_1$. Auch die höheren Kommutatorgruppen sind invariante Untergruppen.

Der Durchschnitt $\mathfrak{D}$ der Untergruppen aus einer Klasse konjugierter Untergruppen ist eine invariante Untergruppe. Ist nämlich F^* ein Element, das in allen Gruppen $F \mathfrak{f} F^{-1}$ vorkommt, so kommt das Element $F_0 F^* F_0^{-1}$ in allen Gruppen $F_0 (F \mathfrak{f} F^{-1}) F_0^{-1}$ vor, und da $F_0 F = F'$ ebenfalls alle Elemente von $\mathfrak{F}$ durchläuft, wenn F dies tut, auch in allen Gruppen $F \mathfrak{f} F^{-1}$.

7. Kongruenzuntergruppen der Modulgruppe

In der in **1**, 4 erklärten Modulgruppe lassen sich durch einfache zahlentheoretische Eigenschaften der Koeffizienten leicht Untergruppen erklären. Z. B. bilden die Modultransformationen mit

$$c \equiv 0 \quad (\mathrm{mod}\ n)$$

eine Gruppe $\mathfrak{U}_n$. Sind nämlich

$$x' = \frac{a\,x + b}{c\,x + d} \quad \text{und} \quad x'' = \frac{a'\,x' + b'}{c'\,x' + d'}$$

zwei Transformationen mit

$$c \equiv c' \equiv 0 \quad (\mathrm{mod}\ n),$$

so ist für die aus beiden zusammengesetzte Transformation

$$x'' = \frac{a''\,x + b''}{c''\,x + d''}$$

$c'' = c'\,a + d'\,c$ offenbar durch n teilbar, also auch $c'' \equiv 0\ (\mathrm{mod}\ n)$. Ist

$$x = \frac{a'\,x' + b'}{c'\,x' + d'} \quad \text{die zu} \quad x' = \frac{a\,x + b}{c\,x + d}$$

inverse Transformation, so ist nach (5) in **1**, 4 $c' = -c$, also ebenfalls $c' \equiv 0\ (\mathrm{mod}\ n)$.

Eine andere *„Kongruenzuntergruppe"* $\mathfrak{U}_n{}'$ erhält man in der Gesamtheit aller Modulsubstitutionen mit $b \equiv 0\ (\mathrm{mod}\ n)$. Man kann die Gruppeneigenschaft von $\mathfrak{U}_n{}'$ entweder direkt nachrechnen oder bestätigen, daß eine zu $\mathfrak{U}_n$ konjugierte Gruppe mit $\mathfrak{U}_n{}'$ identisch ist. Bezeichnet man nämlich die Transformation

$$x' = -\frac{1}{x}$$

mit S, so besteht die Gruppe

$$S\,\mathfrak{U}_n\,S^{-1} = S\,\mathfrak{U}_n\,S$$

aus den Transformationen

$$x' = -\frac{c\left(-\dfrac{1}{x}\right) + d}{a\left(-\dfrac{1}{x}\right) + b} = \frac{d\,x - c}{-b\,x + a} \tag{1}$$

mit $c \equiv 0 \pmod n$.   Diese Transformationen gehören offenbar alle zu $\mathfrak{U}_n'$, und da man ebenso bestätigt, daß $S\mathfrak{U}_n'S$ in $\mathfrak{U}_n$ enthalten ist, so ist $\mathfrak{U}_n' = S\mathfrak{U}_nS$.

Die Modultransformationen mit

$$a \equiv d \equiv 1 \pmod n, \qquad b \equiv c \equiv 0 \pmod n$$

bilden ebenfalls eine Gruppe $\mathfrak{J}_n$.   Denn mit jeder Transformation gehört auch die inverse nach (5) in **1, 4** zu $\mathfrak{J}_n$, und sind (1) und (2) in **1, 4** zwei Transformationen aus $\mathfrak{J}_n$, so gilt für die aus beiden zusammengesetzte Transformation **1, 4** (3)

$$
\begin{aligned}
a'' &= a'a + b'c \equiv a'a \equiv 1 \quad &&\pmod n,\\
d'' &= c'b + d'd \equiv d'd \equiv 1 \quad &&\pmod n,\\
b'' &= a'b + b'd \equiv 0 \quad &&\pmod n,\\
c'' &= c'a + d'c \equiv 0 \quad &&\pmod n.
\end{aligned}
$$

Die $\mathfrak{J}_n$ sind im Gegensatz zu den $\mathfrak{U}_n$ invariante Untergruppen. Daß

$$\mathfrak{J}_n' = S\mathfrak{J}_nS^{-1} = S^{-1}\mathfrak{J}_nS$$

in $\mathfrak{J}_n$ enthalten ist, ergibt sich aus der Formel (1) und der Annahme

$$a \equiv d \equiv 1 \pmod n, \qquad b \equiv c \equiv 0 \pmod n.$$

Wir bilden außerdem

$$T^\eta \mathfrak{J}_n T^{-\eta}, \; (\eta = \pm 1),$$

indem wir die Transformation

$$x' = x + 1$$

mit T bezeichnen. Diese Gruppe besteht aus den Transformationen

$$x' = \frac{(a + c\eta)\,x + (d - a)\eta + b - c}{cx - c\eta + d}.$$

Nun ist aber

$$
\begin{aligned}
a + c\eta &\equiv -c\eta + d \equiv 1 \quad &&\pmod n,\\
(d - a)\eta + b - c &\equiv c \equiv 0 \quad &&\pmod n.
\end{aligned}
$$

Diese Transformationen gehören also zu $\mathfrak{J}_n$. Nach dem dritten Absatz von **1, 6** sind demnach die Gruppen

$$T^\eta \mathfrak{J}_n T^{-\eta} \quad \text{und} \quad S\mathfrak{J}_nS$$

mit $\mathfrak{J}_n$ identisch. Da sich aber, wie wir in **2, 9** sehen werden, alle Modulsubstitutionen als Potenzprodukte aus den S und T schreiben lassen, folgt die behauptete Invarianz von $\mathfrak{J}_n$.

8. Restklassen nach Untergruppen

Die Methode der Bildung von Restklassen im Bereich der ganzen Zahlen läßt sich auf beliebige Gruppen erweitern. Ist $\mathfrak{F}$ eine Gruppe, $\mathfrak{f}$ eine Untergruppe, so nennen wir zwei Elemente F_1 und F_2 aus $\mathfrak{F}$ rechtskongruent modulo $\mathfrak{f}$, in Zeichen

$$F_1 \underset{r}{\equiv} F_2 \quad (\text{mod } \mathfrak{f}),$$

wenn es ein Element F_f aus $\mathfrak{f}$ gibt, so daß $F_1 = F_2 F_f$ ist. Ist

$$F_1 \underset{r}{\equiv} F_2 \quad (\text{mod } \mathfrak{f}), \quad \text{so ist auch} \quad F_2 \underset{r}{\equiv} F_1 \quad (\text{mod } \mathfrak{f});$$

denn es ist ja $F_2 = F_1 F_f^{-1}$. Und ist

$$F_1 \underset{r}{\equiv} F_2 \quad (\text{mod } \mathfrak{f}) \quad \text{und} \quad F_2 \underset{r}{\equiv} F_3 \quad (\text{mod } \mathfrak{f}),$$

so ist auch

$$F_1 \underset{r}{\equiv} F_3 \quad (\text{mod } \mathfrak{f});$$

denn ist $F_1 = F_2 F_f$ und $F_2 = F_3 F_f'$, so ist $F_1 = F_3 F_f' F_f = F_3 F_f''$. Wir verstehen unter der durch F_1 bestimmten rechtsseitigen Restklasse nach $\mathfrak{f}$ die Gesamtheit $F_1 \mathfrak{f}$ der zu F_1 modulo $\mathfrak{f}$ rechtskongruenten Elemente. Ist $F_1 \underset{r}{\equiv} F_2$ (mod $\mathfrak{f}$), so ist

$$F_1 \mathfrak{f} = F_2 \mathfrak{f}$$

und umgekehrt. Die Restklasse ist durch jedes ihrer Elemente bestimmt, oder anders gesagt: Zwei rechtsseitige Restklassen nach $\mathfrak{f}$, die ein Element gemeinsam haben, sind miteinander identisch. Die Elemente von $\mathfrak{F}$ zerfallen also nach einer Untergruppe in elementfremde Restklassen. Unter einem *System von Repräsentanten* dieser Restklassen werde eine Menge $\mathfrak{r}$ von Elementen R verstanden von folgender Art: Ist F irgendein Element aus $\mathfrak{F}$, so gibt es ein Element R aus $\mathfrak{r}$, so daß

$$F \underset{r}{\equiv} R \quad (\text{mod } \mathfrak{f})$$

ist; sind R_1 und R_2 zwei verschiedene Elemente aus $\mathfrak{r}$, so ist R_1 nicht rechtskongruent zu R_2. Die Klassen $R \mathfrak{f}$ liefern dann gerade alle Restklassen, wenn R die Gesamtheit $\mathfrak{r}$ durchläuft.

Analog wie Rechtskongruenz erklären wir Linkskongruenz: Es heißt

$$F_1 \underset{l}{\equiv} F_2 \quad (\text{mod } \mathfrak{f}),$$

wenn $F_1 = F_f F_2$ ist, wo F_f zu $\mathfrak{f}$ gehört, und analog erklären wir die linksseitigen Restklassen und ein Repräsentantensystem $\mathfrak{r}'$ derselben. Wir wollen zeigen: *Ist* $\mathfrak{r}$ *ein volles Repräsentantensystem rechtsseitiger Restklassen, so ist* $\mathfrak{r}^{-1}$*, die Gesamtheit der zu den Elementen R inversen Elemente, ein linksseitiges Repräsentantensystem* $\mathfrak{r}'$. Ist nämlich F ein beliebiges Element und $F^{-1} = R F_f$, so ist $F = F_f^{-1} R^{-1}$, also

$$F \underset{l}{\equiv} R^{-1} \quad (\text{mod } \mathfrak{f}).$$

Wäre ferner

$$R_1^{-1} \underset{l}{\equiv} R_2^{-1}, \text{ also } R_1^{-1} = F_f R_2^{-1},$$

so wäre $R_2 \underset{r}{\equiv} R_1$ (mod $\mathfrak{f}$).

Ist die Anzahl der rechtsseitigen Restklassen nach $\mathfrak{f}$ eine endliche gleich n, so ist hiernach auch die Anzahl der linksseitigen Restklassen nach $\mathfrak{f}$ gleich n.

Die $R \mathfrak{f} R^{-1}$ durchlaufen die sämtlichen zu $\mathfrak{f}$ konjugierten Untergruppen, wenn R die Menge $\mathfrak{r}$ durchläuft. Denn ist F_0 irgendein Element aus $\mathfrak{F}$ und $F_0 = R_0 F_f$, so ist

$$F_0 \mathfrak{f} F_0^{-1} = R_0 F_f \mathfrak{f} F_f^{-1} R_0^{-1} = R_0 \mathfrak{f} R_0^{-1}.$$

9. Restklassen nach Kongruenzuntergruppen der Modulgruppe

Als Beispiel bestimmen wir die linksseitigen Restklassen nach der in **1, 7** erklärten Untergruppe $\mathfrak{U}_n$ der Modulgruppe für $n = p$ als Primzahl.

Bezeichnen wir die Transformationen

$$x' = \frac{-1}{x + k}$$

mit G_k, so liefern die identische Transformation E und die

$$G_k \ (k = 0, 1, \ldots, p - 1)$$

ein volles Repräsentantensystem für die $\mathfrak{U}_p M$, wo M eine beliebige Modulsubstitution bezeichne. Es lassen sich nämlich für jedes M, das nicht zu $\mathfrak{U}_p$ gehört ($c \not\equiv 0 \ (\text{mod } p)$) eine Substitution U

$$x' = \frac{a' x + b'}{c' x + d'}$$

aus $\mathfrak{U}_p$ ($c' \equiv 0 \ (\text{mod } p)$) und ein G_k bestimmen, so daß

$$U G_k = M$$

wird. Wird die Substitution MG_k^{-1} durch

$$x'' = \frac{a''\,x + b''}{c''\,x + d''}$$

geliefert, so ist nach **1,** 4 (4)

$$c'' = k\,c - d.$$

Es muß also k der Kongruenz

$$k\,c - d \equiv 0 \quad (\mathrm{mod}\ p)$$

genügen, und dadurch ist nach **1,** 3 die Restklasse $[k]$ eindeutig bestimmt, weil c zu p als teilerfremd vorausgesetzt ist, und also auch k selbst wegen

$$0 \leqslant k < p.$$

Alsdann aber sind die Koeffizienten von U durch

$$U = MG_k^{-1}$$

ebenfalls bestimmt.

10. Faktorgruppen

Auch die Erklärung der Addition von Restklassen kann man verallgemeinern unter der Voraussetzung, daß der Modul $\mathfrak{f}$ eine invariante Untergruppe von $\mathfrak{F}$ ist. Zunächst sieht man: *Ist $\mathfrak{f}$ eine invariante Untergruppe, und ist*

$$F_1 \underset{r}{\equiv} F_2 \quad (\mathrm{mod}\ \mathfrak{f}),$$

so ist auch

$$F_1 \underset{l}{\equiv} F_2 \quad (\mathrm{mod}\ \mathfrak{f})$$

und umgekehrt. Denn ist

$$F_1 = F_2 F_f = F_2 F_f F_2^{-1} F_2$$

und $\mathfrak{f}$ invariant, so ist auch $F_1 = F_f' F_2$, weil $F_2 \mathfrak{f} F_2^{-1} = \mathfrak{f}$ und also $F_2 F_f F_2^{-1}$ ein Element aus $\mathfrak{f}$ selbst ist. Wir können hier also von Kongruenzrestklassen nach $\mathfrak{f}$ schlechthin reden. Wir zeigen nun weiter: Ist

$$F_1 \equiv F_2 \ (\mathrm{mod}\ \mathfrak{f}) \quad \text{und} \quad F_1' \equiv F_2' \ (\mathrm{mod}\ \mathfrak{f}),$$

so ist auch $F_1 F_1' \equiv F_2 F_2' \ (\mathrm{mod}\ \mathfrak{f})$. Denn ist $F_1 = F_2 F_f$ und $F_1' = F_2' F_{f'}$, so ist $F_1 F_1' = F_2 F_2' F_2'^{-1} F_f F_2' F_{f'} = F_2 F_2' F_f'' F_{f'}$. Sind nun $F_1 \mathfrak{f}$ und $F_2 \mathfrak{f}$ zwei Restklassen, so erklären wir als ihr Produkt die Restklasse $F_1 F_2 \mathfrak{f}$. Nach dem eben Bewiesenen ist diese Multiplikation von der Auswahl der F_i aus $F_i \mathfrak{f}$ unabhängig.

Die Restklassen bilden bei der erklärten Verknüpfung eine Gruppe. Die Verknüpfung ist nämlich assoziativ, weil es die der F ist, $F^{-1}\mathfrak{f}$ ist das zu $F\mathfrak{f}$ inverse Element und $E\mathfrak{f} = \mathfrak{f}$ das Einheitselement. Diese Gruppe heißt die *Faktorgruppe* von $\mathfrak{F}$ nach $\mathfrak{f}$. Wir bezeichnen sie mit $\mathfrak{F}/\mathfrak{f}$.

Wir wollen die Faktorgruppe der Kommutatorgruppe $\mathfrak{K}_1 = \mathfrak{K}$ bilden und zeigen, daß sie kommutativ ist. Wir haben zu zeigen, daß

$$F_1\mathfrak{K} \cdot F_2\mathfrak{K} = F_2\mathfrak{K} \cdot F_1\mathfrak{K}$$

ist. Nun ist aber

$$F_1\mathfrak{K} \cdot F_2\mathfrak{K} \cdot F_1^{-1}\mathfrak{K} \cdot F_2^{-1}\mathfrak{K} = F_1 F_2 F_1^{-1} F_2^{-1}\mathfrak{K} = \mathfrak{K},$$

weil $F_1 F_2 F_1^{-1} F_2^{-1}$ das Kommutatorelement von F_1, F_2 ist.

11. Isomorphismen

Zwei verschiedene Gruppen können dieselben Verknüpfungsgesetze besitzen. Genauer erfaßt man diese Beziehung mit der isomorphen Zuordnung zwischen Gruppen. *Sind $\mathfrak{F}$ und $\mathfrak{F}'$ zwei Gruppen, und ist jedem Element F aus $\mathfrak{F}$ ein bestimmtes Element $F' = I(F)$ aus $\mathfrak{F}'$ so zugeordnet, daß stets*

$$I(F_1)\, I(F_2) = I(F_1 F_2)$$

ist und durchläuft dabei F' alle Elemente von $\mathfrak{F}'$, wenn F alle Elemente von $\mathfrak{F}$ durchläuft, so heißt die Gruppe $\mathfrak{F}'$ isomorph zu $\mathfrak{F}$ und die Abbildung selbst ein Isomorphismus. Entspricht hierbei jedem Element F' auch nur ein einziges Element F, so heißt $\mathfrak{F}'$ zu $\mathfrak{F}$ *einstufig isomorph*, anderenfalls *mehrstufig isomorph*.

Eine Faktorgruppe $\mathfrak{F}/\mathfrak{f}$ ist zu $\mathfrak{F}$ mehrstufig isomorph. Setzen wir nämlich $I(F) = F\mathfrak{f}$, so ist das tatsächlich ein Isomorphismus, und zwar ein mehrstufiger, falls $\mathfrak{f}$ nicht nur aus einem Element, dem Einheitselement, besteht. Hierbei bilden alle Elemente F, die dem Einheitselement von $\mathfrak{F}/\mathfrak{f}$ entsprechen, die Gruppe $\mathfrak{f}$.

Ist umgekehrt $I(F) = F'$ ein Isomorphismus, so muß dem Einheitselement von $\mathfrak{F}$ das Einheitselement von $\mathfrak{F}'$ zugeordnet, d. h. $I(E) = E'$ sein, weil ja

$$I(E)\, I(F) = I(F)\, I(E) = I(F)$$

sein muß. Daher ist $I(F)$ zu $I(F^{-1})$ invers, weil

$$I(F)\, I(F^{-1}) = I(E) = E'.$$

Wir verstehen nun unter $\mathfrak{f}$ die Gesamtheit der Elemente aus $\mathfrak{F}$, für welche $I(F) = E'$ ist. Sie bilden eine Gruppe; denn ist

$$I(F_1) = I(F_2) = E',$$

so ist auch $I(F_1 F_2) = E'$, und da

$$I(F_1)\, I(F_1^{-1}) = E'\, I(F_1^{-1}) = I(F_1^{-1})$$

und andererseits

$$I(F_1)\, I(F_1^{-1}) = I(F_1 F_1^{-1}) = E'$$

ist, gehört auch F_1^{-1} mit F_1 zu dieser Gesamtheit. Endlich ist $\mathfrak{f}$ eine invariante Untergruppe von $\mathfrak{F}$. Denn es ist ja

$$I(F F_1 F^{-1}) = I(F)\, E'\, I(F^{-1}) = E'.$$

Daraus folgert man leicht, daß I allen Elementen einer Restklasse $F\mathfrak{f}$ dasselbe F' zuordnet und so einen einstufigen Isomorphismus zwischen $\mathfrak{F}/\mathfrak{f}$ und $\mathfrak{F}'$ vermittelt.

Aus **1, 2** folgt, daß zyklische Gruppen derselben Ordnung zueinander einstufig isomorph sind.

12. Automorphismen

Eine eineindeutige Transformation der Elemente einer Gruppe $\mathfrak{F}$ auf sich,
$$F' = I(F),$$
heißt ein Autoisomorphismus oder kürzer ein *Automorphismus*, wenn stets
$$I(F_1)\, I(F_2) = I(F_1 F_2)$$
ist. *Die Automorphismen einer Gruppe $\mathfrak{F}$ bilden eine Gruppe.* Denn die identische Abbildung ist offenbar ein Automorphismus, desgleichen die inverse Abbildung I^{-1}. Ist nämlich $F_1' F_2' = F_3'$ und $F_i' = I(F_i)$, also $I^{-1}(F_i') = F_i$ und $I(F_1)\, I(F_2) = I(F_3)$, so ist, weil I ein Automorphismus ist,
$$I(F_1 F_2) = I(F_3),$$
also $F_1 F_2 = F_3$, weil I eineindeutig ist; und da $F_i = I^{-1}(F_i')$ ist, folgt
$$I^{-1}(F_1')\, I^{-1}(F_2') = I^{-1}(F_3').$$

Sind ferner $I_1(F) = F'$ und $I_2(F') = F''$ Automorphismen, so ist
$$F'' = I_2\big(I_1(F)\big) = I_{21}(F)$$
ebenfalls ein Automorphismus, denn
$$\begin{aligned}
I_{21}(F_1)\, I_{21}(F_2) &= I_2\big(I_1(F_1)\, I_1(F_2)\big) \\
&= I_2\big(I_1(F_1 F_2)\big) = I_{21}(F_1 F_2).
\end{aligned}$$

Schließlich ist die Zusammensetzung assoziativ, weil es die der eineindeutigen Transformationen ist.

Spezielle Automorphismen lassen sich leicht angeben. Ist F_0 ein festes Element aus $\mathfrak{F}$ und durchläuft F alle Elemente von $\mathfrak{F}$, so ist

$$F' = F_0 F F_0^{-1}$$

eine eineindeutige Transformation der Gruppenelemente, weil

$$F_0^{-1} F' F_0 = F$$

die zu ihr inverse Abbildung ist, und es ist

$$F_0 F_1 F_0^{-1} F_0 F_2 F_0^{-1} = F_0 F_1 F_2 F_0^{-1}.$$

Eine solche Abbildung heißt ein *innerer Automorphismus*. Durchläuft F_0 alle Elemente von $\mathfrak{F}$, so erhalten wir sämtliche inneren Automorphismen von $\mathfrak{F}$. Sie bilden eine Gruppe, welche zu $\mathfrak{F}$ selbst isomorph ist. Das Produkt der beiden Transformationen

$$F' = F_1 F F_1^{-1} \quad \text{und} \quad F'' = F_2 F' F_2^{-1}$$

ist nämlich

$$F'' = F_2 F_1 F F_1^{-1} F_2^{-1} = F_{21} F F_{21}^{-1}.$$

Um zu ermitteln, ob der Isomorphismus zwischen $\mathfrak{F}$ und der Gruppe der inneren Automorphismen ein mehrstufiger ist, müssen wir feststellen, welchen inneren Automorphismen die identische Abbildung entspricht — dies sind aber gerade diejenigen, die dem Zentrum von $\mathfrak{F}$ angehören. Die Gruppe der inneren Automorphismen ist also zur Faktorgruppe $\mathfrak{F}/\mathfrak{Z}$ einstufig isomorph.

Die inneren Automorphismen sind eine invariante Untergruppe der sämtlichen Automorphismen. Ist nämlich

$$A(F) = F^*$$

ein beliebiger Automorphismus,

$$I(F) = F' = F_0 F F_0^{-1}$$

ein innerer Automorphismus, so ist

$$A(I(F)) = A(F_0)\, A(F)\, A(F_0^{-1}) = F_0^* F^* F_0^{*-1}.$$

Setzen wir also

$$I'(F^*) = \overline{F} = F_0^* F^* F_0^{*-1} = F_0^* A(F) F_0^{*-1},$$

so ist

$$A(I(F)) = I'(A(F)),$$

also

$$A I = I' A \quad \text{oder} \quad A I A^{-1} = I'.$$

Ist $\mathfrak{f}$ eine invariante Untergruppe von $\mathfrak{F}$ und F_0 irgendein Element aus $\mathfrak{F}$, so ist die Abbildung

$$F_0 F F_0^{-1} = F'$$

ein Automorphismus von $\mathfrak{f}$. Gehört F_0 selbst zu $\mathfrak{f}$, so ist das ein innerer Automorphismus. Die Gesamtheit der durch die Elemente F_0 aus $\mathfrak{F}$ induzierten Automorphismen bilden eine Untergruppe der sämtlichen Automorphismen von $\mathfrak{f}$. Den Elementen einer Restklasse $F_0 \mathfrak{f}$ nach $\mathfrak{f}$ entsprechen Automorphismen, die aus je einem durch Multiplikation mit inneren Automorphismen hervorgehen.

Nach diesen Bemerkungen kann man übersehen, wie man eine Gruppe als invariante Untergruppe in eine umfassendere Gruppe einbetten kann. Wir wollen die Frage nur so formulieren: Es sei eine Gruppe $\mathfrak{f}$ vorgelegt, indem die Verknüpfung der Elemente gegeben sei, es sei ferner ein Repräsentantensystem $\mathfrak{r}$ der Restklassen von $\mathfrak{F}$ nach $\mathfrak{f}$ gegeben. Man weiß alsdann, daß sich jedes Element von $\mathfrak{F}$ als ein Produkt RF schreiben läßt, wo R aus $\mathfrak{r}$ und F aus $\mathfrak{f}$ stammt. Um die Verknüpfungsgesetze in $\mathfrak{F}$ ganz zu übersehen, um also das Produkt

$$R_1 F_1 R_2 F_2 = R_1 R_2 R_2^{-1} F_1 R_2 F_2$$

zu kennen, müssen wir noch erstens die den Elementen R entsprechenden Automorphismen in $\mathfrak{f}$ und ferner für je zwei Elemente R_1, R_2 das Produkt $R_1 R_2 = R_{12} F_{12}$ kennen. Damit ist die Gruppe $\mathfrak{F}$ selbst bekannt.

13. Gruppen mit Operatoren

Wenn eine Gruppe $\mathfrak{F}$ mit einer zyklischen Gruppe von Automorphismen A^n gegeben ist, so können wir uns die Verknüpfungsgesetze zwischen diesen beiden Elementebereichen dadurch übersichtlich machen, daß wir eine neue Symbolik einführen, die bei kommutativen Gruppen $\mathfrak{F}$ sehr bequem ist. Nehmen wir gleich an, daß $\mathfrak{F}$ kommutativ sei. Unter F^x wollen wir das Element $A(F)$ verstehen, unter F^{x^n} das Element $A^n(F)$ $(n = 0, \pm 1, \pm 2, \ldots)$. Unter $F^{a_n\,x^n}$ für irgendein ganzzahliges a_n verstehen wir $\left(F^{a_n}\right)^{x^n}$.

Ist

$$f(x) = a_n x^n + a_{n+1} x^{n+1} + \cdots + a_{n+m} x^{n+m}$$

ein „L-Polynom" mit ganzzahligem Koeffizienten a_i, so verstehen wir unter $F^{f(x)}$ das Element

$$F^{f(x)} = F^{a_n\,x^n} F^{a_{n+1}\,x^{n+1}} \ldots F^{a_{n+m}\,x^{n+m}}.$$

In dem so erweiterten Bereich der Exponenten kann man ähnlich rechnen wie in dem ursprünglichen aus den ganzen Zahlen bestehenden Bereich. Gleich nennen wir zwei Polynome, die durch Streichen oder Hinzufügen von Gliedern $a_i\, x^i$ auseinander entstehen mit $a_i = 0$. Sind $f(x)$ und $g(x)$ zwei Polynome, ist n der niedrigste und $n + m$ der höchste in f und g auftretende Exponent eines x^i mit a_i oder $b_i \neq 0$, so sei

$$f(x) = a_n\, x^n + a_{n+1}\, x^{n+1} + \cdots + a_{n+m}\, x^{n+m},$$
$$g(x) = b_n\, x^n + b_{n+1}\, x^{n+1} + \cdots + b_{n+m}\, x^{n+m}.$$

Unter der Summe von $f(x)$ und $g(x)$ verstehen wir wie üblich das Polynom

$$f(x) + g(x) = \sum_{i=n}^{n+m} (a_i + b_i)\, x^i.$$

Diese Addition erfüllt die Gesetze einer kommutativen Gruppe, weil die ganzen Zahlen mit der Addition eine solche Gruppe bilden. Das Polynom $f = 0$ spielt die Rolle des Einheitselementes.

Unter dem Produkt von $f(x)$ und $b\, x^l$ verstehen wir das Polynom

$$a_n\, b\, x^{n+l} + a_{n+1}\, b\, x^{n+1+l} + \cdots + a_{n+m}\, b\, x^{n+m+l}$$

und unter dem Produkt von $f(x)$ und $g(x)$ verstehen wir ebenfalls in üblicher Weise das Polynom

$$fg = f(x)\, b_n\, x^n + f(x)\, b_{n+1}\, x^{n+1} + \cdots + f(x)\, b_{n+m}\, x^{n+m}.$$

Diese Multiplikation ist assoziativ und kommutativ. $f(x) = 1$ ist das Einheitselement. Ein inverses Element existiert im allgemeinen dagegen nicht; z. B. das Polynom $f(x) = a$ besitzt kein inverses Element, wenn $a \neq \pm 1$ ist, weil die Koeffizienten aller Produkte $a \cdot f(x)$ durch a teilbar sind. Ferner ist die Multiplikation und Addition durch das distributive Gesetz

$$\big(f_1(x) + f_2(x)\big)\, g(x) = f_1(x)\, g(x) + f_2(x)\, g(x)$$

verknüpft. Sind $f(x)$ und $g(x)$ zwei Polynome, die beide von Null verschieden sind, und sind $a_n\, x^n$ und $b_m\, x^m$ die niedrigsten in $f(x)$ und $g(x)$ auftretenden Glieder mit $a_n \neq 0$ und $b_m \neq 0$, so ist das niedrigste in $f(x)\, g(x)$ auftretende Glied $a_n\, b_m\, x^{n+m}$; daraus folgt:

Ist $f(x)\,g(x) = 0$, so ist mindestens einer der Faktoren $f(x)$ oder $g(x)$ gleich Null. Die Polynome bilden also einen sogenannten Integritätsbereich [1]).

Ist der niedrigste Exponent eines Polynoms $f(x)$ größer oder gleich Null, so ist $f(x)$ ein ganzes rationales Polynom in x. Für ein beliebiges Polynom

$$f(x) = a_n\,x^n + a_{n+1}\,x^{n+1} + \cdots + a_{n+m}\,x^{n+m}$$

mit $a_n \neq 0$ ist stets

$$x^{-n}\,f(x) = a_n + a_{n+1}\,x + \cdots + a_{n+m}\,x^m$$

ein ganzes rationales Polynom, dessen konstantes Glied ungleich Null ist.

Betrachten wir nun $f(x)$ und $g(x)$ als Exponenten von Gruppenelementen, so ergibt sich

$$F^{f(x)}\,F^{g(x)} = F^{f(x)+g(x)},$$

wie leicht aus der Kommutativität der Gruppe und der Erklärung von $F^{f(x)}$ und $f(x)+g(x)$ folgt. Ferner ist

$$(F^{f(x)})^{g(x)} = F^{f(x)\,g(x)}.$$

Denn es ist

$$(F^{f(x)})^{g(x)} = (F^{f(x)})^{b_n\,x^n}\,(F^{f(x)})^{b_{n+1}\,x^{n+1}}\ldots(F^{f(x)})^{b_{n+m}\,x^{n+m}};$$

nun ist einerseits

$$(F^{f(x)})^{b_i} = F^{b_i\,f(x)},$$

weil für positive b_i ja $(F^{f(x)})^{b_i} = F^{f(x)}.F^{f(x)}\ldots F^{f(x)}$ mit b_i Faktoren $F^{f(x)}$ ist und weil für negative b_i ja

$$(F^{f(x)})^{b_i} = ((F^{f(x)})^{-1})^{-b_i} = (F^{-f(x)})^{-b_i}$$

ist; andererseits ist

$$(F^{f(x)})^{x^i} = (F^{a_n\,x^n}\,F^{a_{n+1}\,x^{n+1}}\ldots F^{a_{n+m}\,x^{n+m}})^{x^i}$$

$$= (F^{a_n\,x^n})^{x^i}\,(F^{a_{n+1}\,x^{n+1}})^{x^i}\ldots(F^{a_{n+m}\,x^{n+m}})^{x^i}$$

$$= (F^{a_n})^{x^{n+i}}\,(F^{a_{n+1}})^{x^{n+1+i}}\ldots(F^{a_{n+m}})^{x^{n+m+i}}$$

$$= F^{x^i\,f(x)};$$

---

[1]) Man vergleiche ein neueres Lehrbuch der Algebra, z. B. H. HASSE, Höhere Algebra, Bd. 1, Sammlung Göschen.

folglich ist $(F^{f(x)})^{b_i x^i} = F^{b_i x^i f(x)}$ und daher

$$(F^{f(x)})^{g(x)} = F^{b_n\,x^n\,f(x)}\,F^{b_{n+1}\,x^{n+1}\,f(x)} \dots F^{b_{n+m}\,x^{n+m}\,f(x)}$$

$$= F^{b_n\,x^n\,f(x)\,+\,b_{n+1}\,x^{n+1}\,f(x)\,+\,\cdots\,+\,b_{n+m}\,x^{n+m}\,f(x)}$$

$$= F^{f(x)\,g(x)}.$$

Man kann also mit den formal eingeführten L-Polynomen als Exponenten ganz ähnlich wie mit ganzzahligen Exponenten rechnen.

14. Gruppen und Transformationsgruppen

Wir wollen eine Transformationsgruppe $\mathfrak{T}$, die zu einer beliebigen Gruppe $\mathfrak{F}$ isomorph ist, eine Darstellung von $\mathfrak{F}$ nennen und die verschiedenen Darstellungen einer Gruppe näher beleuchten.

Nehmen wir als Bereich $\mathfrak{X}$ der Gegenstände die rechtsseitigen Restklassen nach einer Untergruppe $\mathfrak{f}$, also $x = R\mathfrak{f}$, und erklären wir als die dem Gruppenelement F entsprechende Transformation dieses Bereichs

$$F(x) = F R\mathfrak{f} = x'.$$

Diese Abbildung ist eineindeutig, weil F^{-1} die inverse Abbildung liefert. Die Transformationen, welche das Element $x = \mathfrak{f}$ in sich überführen, sind gerade diejenigen, welche den Elementen von $\mathfrak{f}$ entsprechen. Die Transformationen, welche $R\mathfrak{f}$ in sich überführen, entsprechen den Elementen der zu $\mathfrak{f}$ konjugierten Gruppe $R\mathfrak{f}R^{-1}$. Wir können nun leicht ein Kriterium dafür angeben, ob die erklärte Gruppe einstufig oder mehrstufig isomorph zu $\mathfrak{F}$ ist.

Diejenigen Elemente, welche Transformationen entsprechen, die alle x festlassen, müssen nämlich dem Durchschnitt $\mathfrak{D}$ der zu $\mathfrak{f}$ konjugierten Gruppen $R\mathfrak{f}R^{-1}$ angehören. Die Gruppe $\mathfrak{T}$ ist also zur Faktorgruppe $\mathfrak{F}/\mathfrak{D}$ einstufig isomorph.

Ist $\mathfrak{f}$ eine invariante Untergruppe, so werden bei den Transformationen, die $\mathfrak{f}$ entsprechen und also das Element $x = \mathfrak{f}$ in sich überführen, alle übrigen x auch in sich übergeführt. Denn $\mathfrak{D}$ ist in diesem Falle gleich $\mathfrak{f}$. Die Transformationsgruppe ist dann einfach transitiv.

Ist umgekehrt irgendeine transitive Gruppe von Transformationen gegeben, welche zu der Gruppe $\mathfrak{F}$ einstufig isomorph ist, x_0 ein beliebiges Element und $\mathfrak{f}_{x_0}$ die Untergruppe von Transformationen, welche x_0 festlassen, so bilden die Transformationen, welche x_0 in x überführen, eine Restklasse nach $\mathfrak{f}_{x_0}$. Führt nämlich R_x das Element x_0 nach x über, so tun das auch die Transformationen $R_x \mathfrak{f}_{x_0}$, und ist R' irgendeine Transformation, welche x_0 nach x überführt, so führt $R_x^{-1} R'$ das Element x_0 in sich über und gehört daher zu $\mathfrak{f}_{x_0}$.

Ordnen wir jedem Gruppenelement

$$F(x) = x'$$

die Transformation im Bereich der Restklassen $R\,\mathfrak{f}_{x_0}$

$$F(R_x \mathfrak{f}_{x_0}) = F R_x \mathfrak{f}_{x_0}$$

zu, so ist

$$F R_x \mathfrak{f}_{x_0} = R_{x'} \mathfrak{f}_{x_0}.$$

Die neue Transformationsgruppe entsteht also aus der ursprünglichen einfach durch eine Umbenennung der transformierten Gegenstände. Eine Darstellung einer Gruppe $\mathfrak{F}$ durch eine transitive Transformationsgruppe ist nach dem oben Bemerkten zu $\mathfrak{F}$ einstufig isomorph dann und nur dann, wenn wir den Gegenstandsbereich als rechtsseitiges Restklassensystem nach einer solchen Untergruppe $\mathfrak{f}$ betrachten können, wo der Durchschnitt von $\mathfrak{f}$ und den zu $\mathfrak{f}$ konjugierten Untergruppen die Identität ist.

15. Das Gruppoid

Bei manchen topologischen Fragen ist eine Verallgemeinerung des Gruppenbegriffs, das Gruppoid[1]), ein nützlicher Hilfsbegriff.

Eine Gesamtheit $\mathfrak{G}$ von Elementen G mit einer Verknüpfungsoperation $G_1 G_2 = G_3$ heiße ein *Gruppoid*, wenn die folgenden Forderungen erfüllt sind:

A. 1. *Wenn zwischen drei Elementen G_1, G_2, G_3 eine Beziehung $G_1 G_2 = G_3$ besteht, so ist jedes der drei Elemente G_1, G_2, G_3 durch die beiden anderen eindeutig bestimmt.*

A. 2. *Wenn $G_1 G_2$ und $G_2 G_3$ existiert, so existiert auch $(G_1 G_2) G_3$ und $G_1 (G_2 G_3)$, wenn $G_1 G_2$ und $(G_1 G_2) G_3$ existiert, so existiert auch $G_2 G_3$ und $G_1 (G_2 G_3)$, wenn $G_2 G_3$ und $G_1 (G_2 G_3)$ existiert, so existiert auch $G_1 G_2$ und $(G_1 G_2) G_3$, und jedesmal ist $(G_1 G_2) G_3 = G_1 (G_2 G_3)$, so daß dafür auch $G_1 G_2 G_3$ geschrieben werden kann.*

---

[1]) H. Brandt, Math. Ann. **96**, 360 (1927).

A. 3. *Für irgendein Element G existieren stets die folgenden eindeutig bestimmten Elemente, die Rechtseinheit E, die Linkseinheit E' und das inverse Element G^{-1}, derart, daß die Beziehungen bestehen:*

$$GE = G, \quad E'G = G, \quad G^{-1}G = E.$$

A. 4. *Für irgend zwei Einheiten E, E' gibt es stets Elemente G, so daß E Rechtseinheit und E' Linkseinheit von G ist.*

Wie man sieht, beruht die Verallgemeinerung darin, daß gegenüber den Gruppenaxiomen auf die allgemeine Ausführbarkeit der Verknüpfung verzichtet wird und dafür verschiedene Einheiten eingeführt werden. Gruppoide mit nur einer Einheit sind Gruppen.

Ganz ähnlich wie in **1,** 1 kann man das sinngemäße Analogon des assoziativen Gesetzes für Produkte aus beliebig vielen Elementen beweisen.

Zwei Elemente G_1 und G_2 sind in dieser Reihenfolge dann und nur dann komponierbar, wenn die Rechtseinheit von G_1 mit der Linkseinheit von G_2 identisch ist. Die Unterklasse $\mathfrak{G}_i$ von Elementen G, für welche die Rechts- und Linkseinheit identisch gleich E_i sind, bildet eine Gruppe. Die zu den verschiedenen Einheiten gehörigen Gruppen $\mathfrak{G}_i$ sind zueinander einstufig isomorph.

Ein Beispiel für ein Gruppoid möge aus einer Gruppe $\mathfrak{T}$ von Transformationen T der Gegenstände x gebildet werden, welche insbesondere den Gegenstand x_1 in die endlich vielen Gegenstände

$$x_1, \ x_2, \ \ldots, \ x_n$$

überführen. Das Gruppoid möge dann dementsprechend n Einheiten $E_1, E_2, \ldots, E_n$ haben; ferner sei jedem Element des Gruppoids ein wohlbestimmtes Element $A(G) = T$ zugeordnet, wo T eine Transformation sein möge, welche x_a in x_b überführt, wenn G die Linkseinheit E_a und die Rechtseinheit E_b besitzt, und umgekehrt entspreche hierbei jedem solchen Element T ein wohlbestimmtes Element G mit den entsprechenden Einheiten. Man beachte, daß deswegen trotzdem einem Elemente T gerade n verschiedene G entsprechen, weil die T die x_i untereinander permutieren. Ferner sei

$$A(G_1 G_2) = A(G_1)\, A(G_2).$$

Durch diese Festsetzungen ist das Gruppoid eindeutig bestimmt. Die zu den Einheiten gehörigen Gruppen sind zu den Untergruppen von $\mathfrak{T}$, welche x_i festlassen, einstufig isomorph.

Zweites Kapitel

Die freien Gruppen und ihre Faktorgruppen

1. Erzeugende und definierende Relationen

Die Gruppen, die in der kombinatorischen Topologie auftreten, werden auf eine Weise erklärt, die selbst den Charakter des Kombinatorischen an der Stirn trägt. Die eigenartigen Schwierigkeiten der Topologie kann man nicht besser erkennen, als an Hand der ganz analogen Probleme der Gruppentheorie, die wir jetzt darstellen wollen.

Ist $\mathfrak{F}$ irgendeine Gruppe und $\mathfrak{m}$ eine Klasse von Elementen, durch deren Potenzprodukte sich alle Elemente von $\mathfrak{F}$ bilden lassen, so heißen die Elemente von $\mathfrak{m}$ ein *System von Erzeugenden* der Gruppe $\mathfrak{F}$. In der Gruppe der ganzen Zahlen bildet also die 1 und in einer Restklassengruppe mit additiver Verknüpfung die Restklasse [1] ein System von Erzeugenden. Schon diese Beispiele erinnern aber daran, daß formal verschiedene Potenzprodukte dasselbe Gruppenelement liefern können. Will man also die Verknüpfung der Elemente von $\mathfrak{F}$ aus der Verknüpfung der Potenzprodukte ablesen, so muß man entscheiden, welche Potenzprodukte gleiche Gruppenelemente darstellen. Dies läßt sich auf die Frage zurückführen, welche Produkte das Einheitselement darstellen.

Wir nennen jedes Produkt $R\,(\mathfrak{m})$ aus den Elementen von $\mathfrak{m}$, welches gleich dem Einheitselement der Gruppe ist, eine Relation, die Gesamtheit der Relationen nennen wir $\mathfrak{R}$. Ist nun P irgendein Potenzprodukt und R irgendeine Relation, so ist offenbar P und PR dasselbe Gruppenelement,

$$P = PR.$$

Sind umgekehrt P_1 und P_2 zwei Potenzprodukte, die dasselbe Gruppenelement bedeuten, und ist P_1^{-1} das zu P_1 formal inverse Produkt, so ist $P_1^{-1} P_2$ eine Relation R', und es geht das Potenzprodukt P_2 aus dem Produkt $P_1 R'$ dadurch hervor, daß man aneinanderstoßende Faktoren FF^{-1} streicht. Wir erhalten also alle Darstellungen des Elementes P in PR, wenn R die Klasse $\Re$ durchläuft und wir noch diejenigen Produkte hinzunehmen, die durch Streichen nebeneinanderstehender formal inverser Faktoren aus PR entstehen.

Die Potenzprodukte aus $\Re$ haben folgende Eigenschaften:

Gehört $R = P_1 P_2$ zu $\Re$, so gehört auch $R' = P_1 FF^{-1} P_2$ zu $\Re$, und umgekehrt gehört mit R' auch R zu $\Re$. Gehört R zu $\Re$, so gehört auch das formal inverse Potenzprodukt R^{-1} zu $\Re$. Ist P ein beliebiges Potenzprodukt und P^{-1} das formal inverse und gehört R zu $\Re$, so gehört auch PRP^{-1} zu $\Re$. Gehören R_1 und R_2 zu $\Re$, so gehört auch das Produkt $R_1 R_2$ zu $\Re$. Durch diese vier Prozesse lassen sich also aus vorgelegten Relationen neue, „Folgerelationen“ der ursprünglichen, gewinnen. Wir nennen nun eine Klasse $\mathfrak{r}$ von Relationen, aus denen sich alle Relationen in $\Re$ durch die vier angegebenen Prozesse gewinnen lassen, ein *System von definierenden Relationen*. Durch eine Klasse $\mathfrak{m}$ von Erzeugenden und eine Klasse $\mathfrak{r}$ von definierenden Relationen in diesen Erzeugenden sind dann offenbar die Verknüpfungsgesetze der Elemente von $\mathfrak{F}$ definiert, und damit ist auch der Name „definierende Relationen“ gerechtfertigt. Erzeugende und definierende Relationen einer auf anderem Wege gegebenen Gruppe aufzustellen, ist eine durchaus nicht triviale Aufgabe[1]).

Wie bei einer Gruppe, so kann man auch bei einem *Gruppoid* von *Erzeugenden* reden. Wir wollen überlegen, wie man aus solchen Erzeugenden S_i ($i = 1, 2, \ldots, m$) eines Gruppoids $\mathfrak{G}$ mit den Einheiten E_i ($i = 0, 1, \ldots, n$) ein System von Erzeugenden T_i der Gruppe $\mathfrak{G}_0$ der zu der Einheit E_0 doppelt zugehörigen Elemente finden kann.

A_i ($i = 1, 2, \ldots, n$) sei ein System von Elementen, deren linksseitige Einheit E_0 sei und unter deren rechtsseitigen Einheiten sämtliche E_i ($i = 1, 2, \ldots, n$) vorkommen mögen. Ferner sei $A_0 = E_0$. Besitzt nun S_i die Linkseinheit E_{l_i} und die Rechtseinheit E_{r_i}, so möge das Element

$$T_i = A_{l_i} S_i A_{r_i}^{-1} \tag{1}$$

---

[1]) Vgl. **2**, 9; **8**, 1 und z. B. J. Nielsen, Kgl. Dan. Vid. Selsk., Math. fys. Med. **V**, 12 (1924).

die S_i zugeordnete Erzeugende der Gruppe $\mathfrak{G}_0$ heißen. Die T_i $(i = 1, 2, \ldots, m)$ bilden in der Tat ein Erzeugendensystem von $\mathfrak{G}_0$. Ist nämlich

$$S_{\alpha_1}^{\varepsilon_1} S_{\alpha_2}^{\varepsilon_2} \ldots S_{\alpha_a}^{\varepsilon_a} \tag{2}$$

irgendein Element aus $\mathfrak{G}_0$, so ist die Linkseinheit von $S_{\alpha_1}^{\varepsilon_1}$ und die Rechtseinheit von $S_{\alpha_a}^{\varepsilon_a}$ die Einheit E_0 und ferner die Rechtseinheit von $S_{\alpha_i}^{\varepsilon_i}$ mit der Linkseinheit von $S_{\alpha_{i+1}}^{\varepsilon_{i+1}}$ identisch. Das Produkt

$$T_{\alpha_1}^{\varepsilon_1} T_{\alpha_2}^{\varepsilon_2} \ldots T_{\alpha_a}^{\varepsilon_a},$$

das aus (2) entsteht, indem S_i durch T_i ersetzt wird, läßt sich also mittels der Gleichung (1) und Fortstreichen formal inverser Faktoren S_i in (2) überführen.

2. Die freie Gruppe

Wir wollen jetzt, statt von einer Gruppe auszugehen und in ihr Erzeugende und definierende Relationen zu bilden, umgekehrt von einer Klasse $\mathfrak{m}$ von Symbolen ausgehend die Potenzprodukte aus diesen Symbolen erklären, irgendein willkürliches System $\mathfrak{r}$ aus diesen Potenzprodukten herausgreifen und zeigen, daß es dann stets eine Gruppe $\mathfrak{F}$ gibt, welche die Symbole aus $\mathfrak{m}$ als Erzeugende und die Produkte aus $\mathfrak{r}$ als definierende Relationen besitzt. Zu diesem Zwecke erklären wir zuerst die von Relationen freie oder kurz *freie Gruppe mit n freien Erzeugenden*.

$$S_1^{+1}, \ S_2^{+1}, \ \ldots, \ S_n^{+1}, \ S_1^{-1}, \ S_2^{-1}, \ \ldots, \ S_n^{-1}$$

seien Zeichen, die wir zu „Worten"

$$W = S_{\alpha_1}^{\varepsilon_1} S_{\alpha_2}^{\varepsilon_2} \ldots S_{\alpha_m}^{\varepsilon_m}$$
$$(\alpha_i = 1, 2, \ldots, n; \quad \varepsilon_i = \pm 1) \tag{1}$$

zusammensetzen. W_0 sei das „leere" Wort, das kein Zeichen $S_i^{\pm 1}$ enthält.

$$W^{-1} = S_{\alpha_m}^{-\varepsilon_m} \ldots S_{\alpha_2}^{-\varepsilon_2} S_{\alpha_1}^{-\varepsilon_1}$$

heiße das zu W formal inverse Wort. Sind

$$W_1 = S_{\alpha_1}^{\varepsilon_1} S_{\alpha_2}^{\varepsilon_2} \ldots S_{\alpha_m}^{\varepsilon_m}$$

und

$$W_2 = S_{\beta_1}^{\eta_1} S_{\beta_2}^{\eta_2} \ldots S_{\beta_{m'}}^{\eta_{m'}}$$

zwei solche Worte, so wollen wir -

$$W_1 W_2 = S_{\alpha_1}^{\varepsilon_1} S_{\alpha_2}^{\varepsilon_2} \ldots S_{\alpha_m}^{\varepsilon_m} S_{\beta_1}^{\eta_1} S_{\beta_2}^{\eta_2} \ldots S_{\beta_{m'}}^{\varepsilon_{m'}}$$

und

$$W_0 W_1 = W_1 W_0 = W_1$$

setzen.

Unter einer *elementaren Umformung* eines Wortes verstehen wir das Streichen oder Hinzufügen zweier Symbole

$$S_{\alpha_i}^{\varepsilon_i} S_{\alpha_{i+1}}^{\varepsilon_{i+1}}, \quad \text{wenn} \quad \alpha_i = \alpha_{i+1} \quad \text{und} \quad \varepsilon_i + \varepsilon_{i+1} = 0$$

ist. Eine elementare Umformung in W_1 ist stets auch eine solche von $W_1 W_2$, aber das Umgekehrte gilt nicht. Zwei Worte W_1, W_n mögen *äquivalent* heißen, in Zeichen

$$W_1 \equiv W_n,$$

wenn es eine Kette von Worten W_1, W_2, ..., W_n gibt, von denen je zwei benachbarte durch eine elementare Umformung auseinander hervorgehen. Ist $W_1 \equiv W_2$ und $W_2 \equiv W_3$, so ist auch $W_1 \equiv W_3$, und aus $W_1 \equiv W_2$ folgt $W_2 \equiv W_1$. Wir können also von der Klasse $[W]$ der zu W äquivalenten Worte reden, und es ist

$$[W_1] = [W_2]$$

dann und nur dann, wenn $W_1 \equiv W_2$ ist.

Für die Klassen $[W]$ erklären wir nun eine Verknüpfung, die, wie wir zeigen wollen, den Gruppenaxiomen genügt. Wir setzen

$$[W_1][W_2] = [W_1 W_2].$$

Diese Verknüpfung ist eindeutig. Ist nämlich $W_1' \equiv W_1$, $W_2' \equiv W_2$, so ist auch

$$W_1' W_2' \equiv W_1 W_2,$$

weil elementare Umformungen von W_i $(i = 1, 2)$ ja auch solche von $W_1 W_2$ sind. Die Verknüpfung ist assoziativ. $[W_0]$ ist das Einheitselement und $[W^{-1}]$ das zu $[W]$ inverse Element.

Die so erklärte Gruppe heißt die freie Gruppe mit n Erzeugenden. Denn die

$$\left[S_i^{+1} \right] \quad (i = 1, 2, \ldots, n)$$

bilden offenbar ein System von Erzeugenden dieser Gruppe. $[W]$ in (1) ist z. B. gleich

$$\left[S_{\alpha_1}^{+1} \right]^{\varepsilon_1} \left[S_{\alpha_2}^{+1} \right]^{\varepsilon_2} \ldots \left[S_{\alpha_m}^{+1} \right]^{\varepsilon_m}.$$

Die Worte W können wir von jetzt an als Zeichen für die Elemente $[W]$ und als Potenzprodukte aus den Elementen $\left[S_i^{+1}\right]$ auffassen. Für $\left[S_i^{+1}\right]$ schreiben wir auch S_i, S_i^n benutzen wir in der in **1**, 1 erklärten Weise.

Man kann ganz analog die freie Gruppe aus abzählbar vielen Erzeugenden erklären[1]).

3. Das Wortproblem in der freien Gruppe

Man kann die Darstellungen des Einheitselementes durch die Worte W bzw. die Gesamtheit der Relationen $\mathfrak{R}$ in den Erzeugenden S_i leicht übersehen und allgemein das Wortproblem lösen, d. h. direkt entscheiden, wann zwei Worte W_1 und W_2 äquivalent sind. Wir erklären zu diesem Zwecke den Begriff des reduzierten Wortes und zeigen, daß es in einer Klasse $[W]$ nur ein reduziertes Wort $|W|$ gibt. Ein Wort W heiße dabei *reduziert*, wenn in W nirgends zwei Zeichen $S_{\alpha_i}^{\varepsilon_i} S_{\alpha_{i+1}}^{\varepsilon_{i+1}}$ mit $\alpha_i = \alpha_{i+1}$, $\varepsilon_i + \varepsilon_{i+1} = 0$ vorkommen.

Um unseren Satz zu beweisen, geben wir ein eindeutiges Reduktionsverfahren für das Wort W in **2,** 1 (1) an. Es sei

$$W_1 = S_{\alpha_1}^{\varepsilon_1}, \ W_2 = S_{\alpha_1}^{\varepsilon_1} S_{\alpha_2}^{\varepsilon_2}, \ \ldots, \ W_m = W.$$

Es sei dann $|W_1| = W_1$. $|W_2|$ sei W_0, wenn $\alpha_1 = \alpha_2$ und $\varepsilon_1 + \varepsilon_2 = 0$ ist, sonst sei $|W_2| = W_2$. $|W_i|$ erklären wir induktiv: Ist $|W_{i-1}| = W_0$, so sei $|W_i| = S_{\alpha_i}^{\varepsilon_i}$; ist $|W_{i-1}| \neq W_0$, S_β^ε das letzte Zeichen in W_{i-1} und $\beta = \alpha_i$, $\varepsilon + \varepsilon_i = 0$, so sei $|W_i|$ das Wort, das durch Streichung von S_β^ε aus $|W_{i-1}|$ entsteht; ist nicht gleichzeitig $\beta = \alpha_i$ und $\varepsilon + \varepsilon_i = 0$, so sei $|W_i|$ das Wort $|W_{i-1}| S_{\alpha_i}^{\varepsilon_i}$. Offenbar sind alle Worte $|W_i|$ reduziert und $|W_m|$ also ein zu W selbst äquivalentes reduziertes Wort.

Es sei nun W' das Wort, das aus W durch Hinzufügen von $S_\alpha^\varepsilon S_\alpha^{-\varepsilon}$ zwischen $S_{\alpha_k}^{\varepsilon_k}$ und $S_{\alpha_{k+1}}^{\varepsilon_{k+1}}$ entsteht. Wir wollen zeigen, daß unser Verfahren, angewandt auf W', zu demselben reduzierten Wort $|W'| = |W|$ führt. Wir setzen

$$W_i' = W_i \quad (i = 1, 2, \ldots, k)$$
$$W_{k+1}' = W_k S_\alpha^\varepsilon, \ W_{k+2}' = W_k S_\alpha^\varepsilon S_\alpha^{-\varepsilon}, \ \ldots, \ W_{m+2}' = W'.$$

---

[1]) Eine andere Begründung der freien Gruppe bei O. Schreier, Hamb. Abhdl. **5**, 161 (1927).

Es ist dann

$$|W_i'| = |W_i| \quad (i = 1, 2, \ldots, k).$$

$|W_k'|$ endet entweder mit $S_\alpha^{-\varepsilon}$, dann ist $|W_{k+1}'|$ gleich dem durch Streichung von $S_\alpha^{-\varepsilon}$ aus $|W_k'|$ entstehenden Worte, und daher $|W_{k+2}'| = |W_k'| = |W_k|$, und daher allgemein $|W_{k+l+2}'| = |W_{k+l}|$. Oder aber $|W_k'|$ endet nicht mit $S_\alpha^{-\varepsilon}$, dann ist

$$|W_{k+1}'| = |W_k'| S_\alpha^\varepsilon = |W_k| S_\alpha^\varepsilon$$

und $|W_{k+2}'| = |W_k|$, und wieder allgemein

$$|W_{k+l+2}'| = |W_{k+l}| \quad (l = 1, 2, \ldots, m - k).$$

Sind nun W und W^* irgend zwei zueinander äquivalente Worte, so lassen sie sich in eine Kette von Worten einbetten, von denen jedes durch je eine elementare Umformung aus dem benachbarten hervorgeht, und unser Reduktionsverfahren muß also bei W und W^* zu demselben reduzierten Wort $|W| = |W^*|$ führen. Da nun bei reduzierten Worten $W = |W|$ ist, so können *reduzierte Worte nur äquivalent sein, wenn sie miteinander identisch sind.*

4. Das Transformationsproblem in der freien Gruppe

Nahe verwandt ist mit dem Wortproblem die etwas weitergehende Frage des Transformationsproblems. Sind zwei Worte W_1 und W_2 vorgelegt, so soll man entscheiden, ob es ein drittes Wort W_3 gibt, so daß

$$W_2 = W_3 W_1 W_3^{-1}$$

ist. W_2 heißt in diesem Fall ein „transformiertes“ Element von W_1; es geht durch *„Transformation mit W_3“* aus W_1 hervor.

Wir erklären zuerst eine spezielle Wortklasse, die *Kurzworte*. Dies seien solche reduzierten Worte

$$W = S_{\alpha_1}^{\varepsilon_1} S_{\alpha_2}^{\varepsilon_2} \ldots S_{\alpha_m}^{\varepsilon_m},$$

bei denen nicht gleichzeitig

$$\alpha_1 = \alpha_m \quad \text{und} \quad \varepsilon_1 + \varepsilon_m = 0$$

ist. Vertauscht man die Zeichen eines solchen Wortes zyklisch

$$W' = S_{\alpha_2}^{\varepsilon_2} \ldots S_{\alpha_m}^{\varepsilon_m} S_{\alpha_1}^{\varepsilon_1},$$

so ist auch W' ein Kurzwort. Unter $\{W\}$ verstehen wir die sämtlichen durch zyklische Vertauschung aus W entstandenen Kurzworte. Da

$$W' = S_{\alpha_1}^{-\varepsilon_1} S_{\alpha_1}^{\varepsilon_1} \ldots S_{\alpha_m}^{\varepsilon_m} S_{\alpha_1}^{\varepsilon_1}$$

ist, so sind alle Elemente, die zu den Worten aus $\{W\}$ gehören, transformierte Elemente von W.

Ist W ein beliebiges reduziertes Wort, das kein Kurzwort ist, so ist

$$W = S_{\alpha_1}^{\varepsilon_1} \left(S_{\alpha_2}^{\varepsilon_2} \ldots S_{\alpha_{m-1}}^{\varepsilon_{m-1}} \right) S_{\alpha_1}^{-\varepsilon_1},$$

und so fortfahrend bekommen wir daher

$$W = W_1 \overline{W} W_1^{-1},$$

wo $\overline{W}$ ein Kurzwort ist. $\overline{W}$ möge der Kern von W heißen. Unter $\{\{W\}\}$ wollen wir alle diejenigen Worte verstehen, welche einen Kern aus $\{W\}$ besitzen. Alle Worte aus $\{\{W\}\}$ entsprechen offenbar Elementen, die Transformierte irgendeines von ihnen sind.

Man sieht nun, daß mit W^* auch das Wort, das aus $S_i^{\varepsilon} W^* S_i^{-\varepsilon}$ durch Reduktion entsteht, zu $\{\{W\}\}$ gehört, und daraus folgt, daß die zu $\{\{W\}\}$ gehörigen Elemente aus den sämtlichen Transformierten irgendeines dieser Elemente bestehen.

5. Gruppen mit beliebigen Relationen

Wir wollen jetzt eine *Gruppe mit den Erzeugenden*

$$S_1, S_2, \ldots, S_n$$

und den definierenden Relationen

$$R_1(S), R_2(S), \ldots, R_m(S)$$

konstruieren, wo die R_i irgendwelche bestimmten Worte aus den S_i sind. Wir bilden zunächst die durch S_i bestimmte freie Gruppe $\mathfrak{S}$. Die R_i erweitern wir durch Hinzunahme aller $L R_i L^{-1}$, wo L ein beliebiges Element aus $\mathfrak{S}$ sei, und bilden die Untergruppe $\mathfrak{R}$ von $\mathfrak{S}$, welche aus den sämtlichen Potenzprodukten der R_i und der Transformierten $L R_i L^{-1}$ besteht. Dieselbe ist offenbar eine invariante Untergruppe von $\mathfrak{S}$. Wir können also nach **1**, 10 die Faktorgruppe $\mathfrak{F} = \mathfrak{S}/\mathfrak{R}$ von $\mathfrak{R}$ und $\mathfrak{S}$ bilden, und wir behaupten, daß die Restklassen

$$S_1 \mathfrak{R}, S_2 \mathfrak{R}, \ldots, S_n \mathfrak{R}$$

diese Gruppe erzeugen und daß die R_i ein System von definierenden Relationen von $\mathfrak{F}$ in den Erzeugenden $S \mathfrak{R}$ liefern, wenn hierin S_i

durch $S_i \Re$ ersetzt wird. Nun sind die Produkte $R_i(S\Re)$, die so entstehen, gewiß Relationen; denn aus

$$S_i^{\pm 1} \Re S_k^{\pm 1} \Re = S_i^{\pm 1} S_k^{\pm 1} \Re$$

folgt

$$R_i(S\Re) = R_i(S)\Re = \Re.$$

Ist umgekehrt $R(S\Re)$ irgendeine Relation der Gruppe $\mathfrak{S}/\Re$, so muß $R(S)\Re = \Re$ sein, $R(S)$ muß also zu $\Re$ gehören, d. h. aber $R(S)$ läßt sich als Potenzprodukt der $R_i(S)$ und ihren Transformierten $L R_i L^{-1}$ schreiben. Die $R_i(S\Re)$ sind also wirklich ein System definierender Relationen von $\mathfrak{S}/\Re$.

Da jedem Wort aus den S_i ein wohlbestimmtes Element der Gruppe $\mathfrak{S}/\Re$ entspricht, können wir sie als Bezeichnungen dieser Elemente auffassen und z. B. von dem Element S_i der Gruppe $\mathfrak{S}/\Re = \mathfrak{F}$ sprechen und somit $\mathfrak{F}$ die Gruppe mit den Erzeugenden S_i $(i = 1, 2, \ldots, n)$ und den definierenden Relationen R_k $(k = 1, 2, \ldots, m)$ nennen[1]. Ist andererseits $\mathfrak{F}'$ *eine Gruppe mit* den *Erzeugenden* S_i' $(i = 1, 2, \ldots, n')$ und den definierenden Relationen $R_k'(S')$ $(k = 1, 2, \ldots, m')$, so ist $\mathfrak{F}'$ *zu einer* bestimmten *Faktorgruppe der freien Gruppe* mit n' freien Erzeugenden *einstufig isomorph*.

Sind L und M beliebige Potenzprodukte aus $\mathfrak{S}$, und R ein Potenzprodukt aus $\Re$, so ist das Element LRM in $\mathfrak{F}$ gleich LM. Denn es ist ja LRM gleich $LMM^{-1}RM$.

Ist A irgendein Element aus $\mathfrak{F}$, so bilden die Potenzprodukte von A und den Transformierten von A eine invariante Untergruppe $\mathfrak{A}$ von $\mathfrak{F}$. Bilden wir nun $\mathfrak{F}/\mathfrak{A} = \mathfrak{F}'$, so repräsentiert jedes Potenzprodukt $F(S)$ der S_i ein bestimmtes Element auch in $\mathfrak{F}'$, und zwar repräsentiert es dann und nur dann die Einheit von $\mathfrak{F}'$, wenn es ein Element A' aus $\mathfrak{A}$ in $\mathfrak{F}$ repräsentiert, wenn also $F(S) = A'R$ in $\mathfrak{S}$ ist, wo R eine Folgerelation der R_i ist. Man sieht also, daß $F(S)$ als eine Folgerelation der R_i $(i = 1, 2, \ldots, m)$ und der Relation $A = R_{i+1}$ aufgefaßt werden kann.

Analog zeigt man: Sind $A_1, A_2, \ldots, A_l$ Elemente, welche mit ihren Transformierten eine invariante Untergruppe $\mathfrak{A}$ von $\mathfrak{F}$ erzeugen, so bilden die Relationen R_i $(i = 1, 2, \ldots, m)$ von $\mathfrak{F}$ und die Relationen $R_{m+i} = A_i$ $(i = 1, 2, \ldots, l)$ ein System definierender Relationen von $\mathfrak{F}' = \mathfrak{F}/\mathfrak{A}$.

---

[1] O. Schreier, Hamb. Abhdl. **5**, 161 (1927).

6. Das allgemeine Wortproblem

Die eigenartigen Schwierigkeiten kombinatorischer Probleme zeigen sich zum ersten Male, wenn man versuchen wollte, das Wortproblem in einer Gruppe mit beliebigen definierenden Relationen zu lösen, d. h. also zu entscheiden, wann zwei Produkte aus den S_i dasselbe Element der Gruppe $\mathfrak{F}$ bezeichnen. Man ist weit von der allgemeinen Lösung des Problems entfernt und kommt nur in wenigen Fällen zum Ziel.

Daß das in der Natur der Sache begründet ist, zeigt die folgende Bemerkung[1]):

Wir wollen die Annahme machen, daß es in einer Gruppe $\mathfrak{G}$ mit den Erzeugenden S_i ($i = 1, 2, \ldots, n$) für jedes Element G ein bestimmtes Potenzprodukt P_G in den Erzeugenden S_i gebe, welches der Bedingung

$$P_{G_1 G_2} = P_{G_1} P_{G_2} \tag{1}$$

genüge, d. h. der Bedingung, daß die beiden Seiten von (1) in der freien Gruppe $\mathfrak{S}$ der S_i identisch sind. Alsdann ist die Gruppe $\mathfrak{G}$ eine freie Gruppe. $\mathfrak{G}$ ist nämlich einstufig isomorph auf die von den P_G erzeugte Untergruppe der freien Gruppe $\mathfrak{S}$ abgebildet, und wie wir in **3, 9**; **4, 17**; **4, 20** und **7, 12** zeigen werden, sind die Untergruppen freier Gruppen frei.

Wir wollen als Beispiel[2]) das Wortproblem der *Gruppe $\mathfrak{F}$ mit den Erzeugenden S_1 und S_2 und den definierenden Relationen*

$$R_1 = S_1^{a_1}, \quad R_2 = S_2^{a_2} \quad (a_1, a_2 > 1) \tag{2}$$

betrachten. Hier ist

$$S_i^{m_i} \equiv S_i^{n_i}, \quad \text{wenn} \quad m_i \equiv n_i \pmod{a_i} \quad (i = 1, 2)$$

ist. Wir nennen ein Produkt

$$S_1^{r_{11}} S_2^{r_{21}} S_1^{r_{12}} S_2^{r_{22}} \ldots S_1^{r_{1l}} S_2^{r_{2l}} \tag{3}$$

„reduziert in $\mathfrak{F}$", wenn $0 \leqq r_{ik} < a_i$ ($k = 1, 2, \ldots, l$; $i = 1$ 2) und alle r_{ik} bis eventuell auf r_{11} und r_{2l} ungleich Null sind. Das in $\mathfrak{F}$ reduzierte Produkt

$$S_2^{r'_{2l}} S_1^{r'_{1l}} \ldots S_2^{r'_{21}} S_1^{r'_{11}}$$

---

[1]) W. Hurewicz, Hamb. Abhdl. **8**, 307 (1931).
[2]) O. Schreier, Hamb. Abhdl. **3**, 167 (1924).

ist das zu (3) inverse Element, wenn $r_{ik} + r_{ik}' = a_i$ ist. Wir wollen zeigen, daß sich jedes Element unserer Gruppe auf eine und nur eine Weise durch ein reduziertes Produkt darstellen läßt.

Wir geben zunächst ein Verfahren an, das jedem Wort W in 2, 2 (1) aus S_1 und S_2 eindeutig ein „äquivalentes" in $\mathfrak{F}$ reduziertes Wort zuordnet. Wir setzen $W_1 = S_{\alpha_1}^{\varepsilon_1}$ und $|W_1| = S_{\alpha_1}^{r_1}$, wo $\varepsilon_1 \equiv r_1$ (mod a_{α_1}), $0 \leqslant r_1 < a_{\alpha_1}$, $W_2 = S_{\alpha_1}^{\varepsilon_1} S_{\alpha_2}^{\varepsilon_2}$ und $|W_2| = S_{\alpha_1}^{r_2}$, wo $\varepsilon_1 + \varepsilon_2 \equiv r_2$ (mod a_{α_1}), $0 \leqslant r_2 < a_{\alpha_1}$, wenn $\alpha_1 = \alpha_2$ ist, und $|W_2| = S_{\alpha_1}^{r_1} S_{\alpha_2}^{r_2}$, wo $\varepsilon_2 \equiv r_2$ (mod a_{α_2}), $0 \leqslant r_2 < a_{\alpha_2}$, wenn $\alpha_1 \neq \alpha_2$ ist.

Allgemein sei $W_i = S_{\alpha_1}^{\varepsilon_1} S_{\alpha_2}^{\varepsilon_2} \ldots S_{\alpha_i}^{\varepsilon_i}$ und $|W_i| = W_i' S_\beta^{r_i}$. Ist $\alpha_{i+1} = \beta$, so sei $|W_{i+1}| = W_i' S_\beta^{r'}$, wo $r_i + \varepsilon_{i+1} \equiv r'$ (mod a_β), $0 \leqslant r' < a_\beta$. Ist $\alpha_{i+1} \neq \beta$, so sei $|W_{i+1}| = |W_i| S_{\alpha_{i+1}}^{r_{i+1}}$, wo $r_{i+1} \equiv \varepsilon_{i+1}$ (mod $a_{\alpha_{i+1}}$), $0 \leqslant r_{i+1} < a_{\alpha_{i+1}}$. $|W|$ sei gleich $|W_m|$.

Ist nun $W = W' W''$ und $W^* = W' S_\alpha^\varepsilon S_\alpha^{-\varepsilon} W''$, so sieht man, daß $|W'| = |W' S_\alpha^\varepsilon S_\alpha^{-\varepsilon}|$ und daher $|W| = |W^*|$ ist. Ist ferner

$$W = W' W''$$

und

$$W^* = W' S_\alpha^\varepsilon S_\alpha^\varepsilon \ldots S_\alpha^\varepsilon W'',$$

wo gerade a_α Faktoren S_α eingeschoben seien, so ist ebenfalls

$$|W'| = |W' S_\alpha^\varepsilon S_\alpha^\varepsilon \ldots S_\alpha^\varepsilon|$$

und daher auch

$$|W| = |W^*|.$$

Daraus folgt, daß jedes Wort, das ein Element aus der von R_i ($i = 1, 2$) und ihren Transformierten erzeugten Gruppe $\mathfrak{R}$ darstellt, durch Reduktion in $\mathfrak{F}$ in das leere Wort W_0 übergeht. Denn jedes solche Wort geht aus einem Worte

$$R = L_1 R_{\alpha_1}^{\varepsilon_1} L_1^{-1} L_2 R_{\alpha_2}^{\varepsilon_2} L_2^{-1} \ldots L_m R_{\alpha_m}^{\varepsilon_m} L_m^{-1} \quad (\alpha_i = 1, 2; \ \varepsilon_i = \pm 1)$$

durch Reduktion in der freien Gruppe der S_1, S_2 hervor; diese R entstehen aber aus W_0 durch sukzessive elementare Umformung und Einschieben von Faktoren $(S_\alpha^\varepsilon)^{a_\alpha}$. Sind ferner W und W' zwei Worte, die dasselbe Wort in $\mathfrak{F}$ bedeuten, so läßt sich W' durch elementare Umformung in $\mathfrak{S}$ in die Gestalt $W R$ setzen, wo R zu $\mathfrak{R}$ gehört, also gehen W und W' durch Reduktion in dasselbe in $\mathfrak{F}$ reduzierte Wort über.

Ganz analog lassen sich die Gruppen mit den Erzeugenden

$$S_1, S_2, \ldots, S_n$$

und den definierenden Relationen

$$R_i = S_i^{a_i} \quad (i = 1, 2, \ldots, n) \tag{4}$$

behandeln. — Aus der Lösung des Wortproblems folgert man leicht: Ist S ein Element endlicher Ordnung aus $\mathfrak{F}$, so ist

$$S = L S_i^s L^{-1} \quad (i = 1, 2, \ldots, n).$$

Das Wortproblem in der Gruppe $\mathfrak{F}'$ mit zwei Erzeugenden S_1 und S_2 und der einen Relation

$$R = S_1^{a_1} S_2^{a_2} \tag{5}$$

läßt sich leicht auf den oben behandelten Fall zurückführen [1]. Hier ist $S_1^{a_1} \equiv S_2^{-a_2}$; daraus folgt, daß das Element $S_1^{a_1}$ von $\mathfrak{F}'$ mit allen Elementen von $\mathfrak{F}'$ vertauschbar ist; denn es ist

$$S_1 S_1^{a_1} = S_1^{a_1} S_1$$

und

$$S_2 S_1^{a_1} \equiv S_2 S_2^{-a_2} = S_2^{-a_2} S_2 \equiv S_1^{a_1} S_2,$$

und daher ist $S_1^{a_1}$ auch mit allen Potenzprodukten aus den S_i vertauschbar. Jedes Element läßt sich daher in ein reduziertes Wort der Form

$$S_1^{r_{11}} S_2^{r_{21}} \ldots S_1^{r_{1m}} S_2^{r_{2m}} S_1^{k a_1} \quad \text{mit} \quad 0 \leqq r_{il} < a_i$$

verwandeln. Daß jedes Element durch ein reduziertes Wort nur auf eine Weise darstellbar ist, beweist man ganz analog wie bei den Gruppen mit den Relationen (2). Aus der Lösung des Wortproblems [2] folgert man leicht, daß die von $S_1^{a_1}$ erzeugte Untergruppe von $\mathfrak{F}'$ das Zentrum von $\mathfrak{F}'$ ist.

7. Das freie Produkt von Gruppen

Die Methoden von 2, 2 lassen sich unschwer zur Erklärung des sogenannten freien Produktes [3] von Gruppen ausbauen. Seien

[1] M. Dehn, Math. Ann. 75, 402 (1915) und O. Schreier, a. a. O.

[2] Weitere Lösungen von Wortproblemen findet man in 7, 14. Vergleiche ferner W. Magnus, Math. Ann. 105, 52 (1931) und 106, 295 (1932); E. Artin, Hamb. Abhdl. 4, 47 (1925); K. Reidemeister, ebenda 6, 56 (1928); M. Dehn, Math. Ann. 72, 413 (1912).

[3] O. Schreier, Hamb. Abhdl. 5, 161 (1927).

$\mathfrak{G}_1$ und $\mathfrak{G}_2$ zwei Gruppen mit den Elementen G_{1i} bzw. G_{2k}. Wir bilden aus diesen Elementen die Worte

$$W = G_1 G_2 \ldots G_n. \tag{1}$$

Hierin seien die G_i irgendwelche von der Einheit verschiedene Elemente aus $\mathfrak{G}_1$ oder $\mathfrak{G}_2$, also

$$G_i = G_{k_i\, l_i} \quad (k_i = 1 \text{ oder } 2).$$

Unter der elementaren Erweiterung dieser Worte W verstehen wir das Einschieben eines Wortes $G_{i1} G_{i2}$, welches als Produkt in $\mathfrak{G}_i$ aufgefaßt gleich der Identität ist oder die Ersetzung eines Zeichens $G_{k_i\, l_i}$ durch zwei $G'_{k_i\, l_i} G''_{k_i\, l_i}$, wo dies Produkt in $\mathfrak{G}_{k_i}$ gleich $G_{k_i\, l_i}$ ist. Unter Reduktion verstehen wir die inversen Prozesse.

Nun lassen sich die Worte W wieder in Klassen $[W]$ äquivalenter einteilen und das Produkt wie in 2, 2 als

$$[W_1]\,[W_2] = [W_1 W_2] \tag{2}$$

erklären. Die so entstehende Gruppe $\mathfrak{G} = \mathfrak{G}_1 \times \mathfrak{G}_2$ heißt das *freie Produkt von* $\mathfrak{G}_1$ *und* $\mathfrak{G}_2$. Durch Iteration kann man das freie Produkt von beliebig vielen Gruppen erklären.

Die freie Gruppe mit n freien Erzeugenden S_i ist das freie Produkt der n unendlichen durch die S_i erzeugten zyklischen Gruppen. Die Gruppen 2, 6 (4) sind das freie Produkt von den n endlichen zyklischen Gruppen der S_i mit $S_i^{a_i} = 1$. Für das Wortproblem ist diese Begriffsbildung von Wichtigkeit, weil man offenbar das Problem im freien Produkt $\mathfrak{G}$ lösen kann, sobald es in den ursprünglichen Gruppen $\mathfrak{G}_i$ gelöst ist. Denn es läßt sich analog zu 2, 3 das reduzierte Wort $|W|$ erklären — ein Wort (1) heißt reduziert, wenn je zwei benachbarte Faktoren G_i, G_{i+1} nicht zu derselben Gruppe $\mathfrak{G}_i$ gehören — und dann zeigen, daß zu einer Klasse äquivalenter Worte nur ein reduziertes gehört.

Sind

$$S_{1k}\,(k = 1, 2, \ldots, n_1), \quad S_{2k}\,(k = 1, 2, \ldots, n_2) \cdot$$

je ein System von Erzeugenden der Gruppe $\mathfrak{G}_1$ *und* $\mathfrak{G}_2$ *und*

$$R_{1l}(S_{1k})\ (l = 1, 2, \ldots, m_1) \ \textit{bzw.} \ R_{2l}(S_{2k})\ (l = 1, 2, \ldots, m_2)$$

die definierenden Relationen von $\mathfrak{G}_1$ *bzw.* $\mathfrak{G}_2$, *so sind die* S_{ik} *insgesamt und die* R_{il} *insgesamt ein System von Erzeugenden und definierenden Relationen des freien Produktes* $\mathfrak{G}$. Es ist klar, daß die R_{il} in $\mathfrak{G}$ erfüllt sind. Andererseits kann man aber die Erweiterung und die Reduktion für die Worte W, worin man sich jetzt die G_i als Potenzprodukte der S_{ik} geschrieben denke, auf Grund der Relationen R_{il} ausführen, denn diese Operationen beziehen sich ja nur auf Elemente einer der Gruppen $\mathfrak{G}_i$. Folglich sind die $R_{il}(S_{ik})$ $(i = 1, 2)$ tatsächlich definierende Relationen von $\mathfrak{G}$.

Hieraus folgt umgekehrt: Ist eine Gruppe mit den Erzeugenden S_{1k} und S_{2k} und einem System von definierenden Relationen vorgelegt, welche sich so in zwei Klassen R_{1l} und R_{2l} zerlegen lassen, daß in den R_{ik} nur die S_{il} vorkommen, so ist die fragliche Gruppe das freie Produkt der durch die S_{1k} und S_{2k} erzeugten Untergruppen.

Der Begriff des freien Produktes läßt sich in folgender Weise erweitern. Die Gruppe $\mathfrak{G}_1$ möge eine Untergruppe $\mathfrak{U}_1$ besitzen, welche zu einer Untergruppe $\mathfrak{U}_2$ von $\mathfrak{G}_2$ einstufig isomorph ist. $I(\mathfrak{U}_1) = \mathfrak{U}_2$ sei ein bestimmter Isomorphismus zwischen den $\mathfrak{U}_i$. Unter dieser Annahme fügen wir zu den Erweiterungen und Reduktionen der Worte (1) noch die folgende hinzu: Ist G_i ein Element aus $\mathfrak{U}_1$ oder $\mathfrak{U}_2$, so darf G_i durch $I(G_i)$ aus $\mathfrak{U}_2$ oder $I^{-1}(G_i)$ aus $\mathfrak{U}_1$ ersetzt werden. Die Klassifikation der Worte ist wieder durchführbar und daraufhin läßt sich wieder mit Hilfe der Gleichung (2) eine Gruppe $\mathfrak{G}$ erklären, die *das freie Produkt von* $\mathfrak{G}_1$ *und* $\mathfrak{G}_2$ *mit den vereinigten Untergruppen* $\mathfrak{U}_1$ *und* $\mathfrak{U}_2$ heißen möge.

Eine eindeutig bestimmte Normalform läßt sich hier nun so herstellen: In den Gruppen $\mathfrak{G}_i$ werde ein bestimmtes Repräsentantensystem der Restklassen nach $\mathfrak{U}_1$, etwa $\mathfrak{U}_1 N_{1k}$, bzw. der Restklassen nach $\mathfrak{U}_2$, etwa $\mathfrak{U}_2 N_{2k}$, gewählt; man kann alsdann jedes Wort W in die Form

$$U N_1 N_2 \ldots N_n$$

setzen, wo U zu $\mathfrak{U}_1$ gehört, N_i gewisse Repräsentanten N_{ik} sind und zwei benachbarte N_i, N_{i+1} nicht zu derselben Gruppe $\mathfrak{G}_i$ gehören.

Hiernach kann man in $\mathfrak{G}$ das Wortproblem lösen, wenn man in $\mathfrak{G}_i$ zu jedem Element G_i die Darstellung $U_i N_{ik}$ $(i = 1, 2)$ angeben kann. Sind S_{1k} $(k = 1, 2, \ldots, u)$ die Erzeugenden von $\mathfrak{U}_1$, S_{1k} $(k = 1, 2, \ldots, n_1)$ die Erzeugenden von $\mathfrak{G}_1$, analog S_{2k} $(k = 1, 2, \ldots, u)$ die Erzeugenden von $\mathfrak{U}_2$, S_{2k} $(k = 1, 2, \ldots, n_2)$ die von $\mathfrak{G}_2$ und $R_{1l}(S_{1k})$ $(l = 1, 2, \ldots, m_1)$ bzw. $R_{2l}(S_{2k})$

$(l = 1, 2, \ldots, m_2)$ die definierenden Relationen von $\mathfrak{G}_1$ bzw. $\mathfrak{G}_2$, und ist schließlich die Abbildung

$$I(S_{1k}) = S_{2k} \quad (k = 1, 2, \ldots, u)$$

ein Isomorphismus von $\mathfrak{U}_1$ auf $\mathfrak{U}_2$, so sind die S_{ik} $(k = 1, 2, \ldots, n_i;$ $i = 1, 2)$ nebst den Relationen $R_{il}(S)$, $(l = 1, 2, \ldots, m_i;$ $i = 1, 2)$ und $S_{1k} = S_{2k}$ $(k = 1, 2, \ldots, u)$ die Erzeugenden und definierenden Relationen des freien Produktes mit vereinigten Untergruppen, wie man analog zu dem Satz über das freie Produkt selbst beweist.

8. Ein Transformationsproblem

In den im Abschnitt 2, 6 behandelten Gruppen läßt sich unschwer auch das Transformationsproblem lösen. Wir wollen jedoch im Hinblick auf den folgenden Abschnitt nur den speziellen Fall der Relationen

$$R_1 = S_1^3, \quad R_2 = S_2^2$$

behandeln[1]). Wir ändern die Normierung des Abschnittes 2, 6 dahin ab, daß wir an Stelle von S_1^2 stets S_1^{-1} schreiben. Ist $\varepsilon_i = \pm 1$, so läßt sich jedes von der Einheit verschiedene Element in eine der reduzierten Gestalten

$$W = S_1^{\varepsilon_1} S_2 S_1^{\varepsilon_2} S_2 \ldots S_1^{\varepsilon_m}; \; W S_2; \; S_2 W; \; S_2 W S_2; \; S_2 \qquad (1)$$

bringen. Unter W^{-1} verstehen wir das zu W formalinverse Potenzprodukt $W^{-1} = S_1^{-\varepsilon_m} \ldots S_2 S_1^{-\varepsilon_2} S_2 S_1^{-\varepsilon_1}$ und entsprechend für die übrigen reduzierten Produkte. Zur Lösung des Transformationsproblems bemerken wir nun: Der erste und letzte Faktor eines der Produkte (1) sind entweder a) formalinvers zueinander oder b) nicht. Im ersten Falle a) können wir das Produkt in die Gestalt

$$H = L H' L^{-1}$$

setzen, wo L und L^{-1} formalinvers zueinander sind und wo H', der Kern des Produktes H, mit Faktoren beginnt und endigt, die nicht formalinvers zueinander sind. Der Kern H' hat die Gestalt W von (1) mit $\varepsilon_1 = \varepsilon_m$, wenn L mit S_2 endigt, oder aber er enthält nur den einen Faktor S_2, wenn L mit S_1^ε endigt. Im zweiten Falle b) hat das Produkt H eine der Gestalten S_2, W mit $\varepsilon_1 = \varepsilon_m$,

---

[1]) K. Reidemeister, Hamb. Abhdl. 8, 187 (1930).

WS_2 oder S_2W. Die Produkte S_1^ε, S_2, WS_2, S_2W nennen wir Kurzworte erster Art. Die Produkte S_1^ε, S_2, W mit $\varepsilon_1 = \varepsilon_m$ nennen wir Kurzworte zweiter Art. Zu jedem Element gibt es ein transformiertes Produkt, welches Kurzwort erster Art ist; denn entweder ist es ein Kurzwort erster oder zweiter Art, oder es besitzt einen Kern, der Kurzwort zweiter Art ist, und ein Kurzwort zweiter Art geht durch geeignete Transformation mit einem S_1^ε und Reduktion in ein Kurzwort erster Art über.

Wir verstehen jetzt unter K ein Kurzwort erster Art, und unter $\{K\}_1$ die Gesamtheit derjenigen Produkte, welche aus K durch zyklische Vertauschung der Faktoren hervorgehen. Unter $\{K\}_2$ verstehen wir alle diejenigen Kurzworte zweiter Art, welche aus einem Wort $WS_2 = S_1^{\varepsilon_1} S_2 \ldots S_2$ aus $\{K\}_1$ durch den Prozeß

$$S_1^{\varepsilon_1} W S_2 S_1^{-\varepsilon_1} = S_1^{-\varepsilon_1} S_2 S_1^{\varepsilon_2} S_2 \ldots S_1^{\varepsilon_m} S_2 S_1^{-\varepsilon_1}$$

hervorgehen, sowie diejenigen Kurzworte erster Art aus $\{K\}_1$, die auch solche zweiter Art sind. Unter $\{K\}_3$ verstehen wir alle diejenigen Worte H, welche einen Kern H' aus $\{K\}_2$ besitzen. Schließlich sei $\{K\}$ die Gesamtheit der Elemente aus den Klassen $\{K\}_i$ ($i = 1, 2, 3$).

Jedes Produkt läßt sich offenbar in eine und nur eine Klasse $\{K\}$ einreihen. Ferner ist einerseits klar, daß irgend zwei Produkte aus $\{K\}$ durch Transformation und Reduktion auseinander hervorgehen, und also transformierte Elemente unserer Gruppe bedeuten. Ist andererseits H irgendein Wort aus $\{K\}$, so geht $S_1^\varepsilon H S_1^{-\varepsilon}$, $S_2 H S_2$ durch Reduktion wieder in ein Wort aus $\{K\}$ über. Man bestätigt dies, indem man die Fälle unterscheidet, daß H in $\{K\}_1$, $\{K\}_2$ oder $\{K\}_3$ liegt. Hieraus folgt allgemein, daß MHM^{-1} durch Reduktion in ein Wort übergeht, das in dieselbe Klasse $\{K\}$ gehört wie H.

Da sich nun einerseits immer feststellen läßt, ob zwei reduzierte Produkte in dieselbe Klasse $\{K\}$ gehören, und da andererseits jedem Element unserer Gruppe ein eindeutig bestimmtes reduziertes Produkt entspricht, so ist damit das Transformationsproblem gelöst.

Noch eine Bemerkung über die Potenzen eines Elementes H: Gehört das Element H einer Klasse $\{K\}_i$ an, so gehört jede Potenz H^k einer Klasse $\{\overline{K}\}_i$ mit gleichem Index i an.

9. Erzeugende und definierende Relationen der Modulgruppe

Die in 1, 4 erklärte Modulgruppe ist zu der im vorigen Abschnitt behandelten Gruppe einstufig isomorph. Wir haben im vorigen Abschnitt das Transformationsproblem der Modulgruppe gelöst.

Man kann allerdings das Transformationsproblem auch lösen, indem man von der arithmetischen Darstellung der Substitutionen ausgeht und nach den Bedingungen fragt, welche die Koeffizienten

$$a, b, c, d \quad \text{und} \quad a', b', c', d'$$

erfüllen müssen, damit die zugeordneten Substitutionen durch Transformation innerhalb der Modulgruppe auseinander hervorgehen. Dieser Weg ist aber viel schwieriger. Er hängt eng mit der Frage zusammen, wann zwei binäre quadratische Formen

$$A x^2 + B x y + C y^2 \quad \text{und} \quad A' x'^2 + B' x' y' + C' y'^2$$

äquivalent sind, d. h. wann es ganzzahlige

$$a, b, c, d \quad \text{mit} \quad ad - bc = 1$$

gibt, so daß die ungestrichene Form in die gestrichene übergeht, wenn die x, y durch

$$x = a x' + b y', \qquad y = c x' + d y'$$

ersetzt werden.

Wir wenden uns jetzt dem Beweis zu, daß *die Modulgruppe sich durch zwei Elemente S_1 und S_2 erzeugen läßt, die den Relationen*

$$R_1 = S_1^3, \qquad R_2 = S_2^2$$

und keinen weiteren davon unabhängigen Relationen genügen.

Unter T verstehen wir die Substitution

$$z' = z + 1$$

und demgemäß unter T^n die Substitution

$$z' = z + n.$$

Unter S verstehen wir

$$z' = -\frac{1}{z}$$

Ist A die Substitution

$$x' = \frac{a x + b}{c x + d} \quad \text{mit} \quad |b| \geqq |d| > 0$$

und entspricht

$$A' = T^n A$$

der Substitution

$$x'' = \frac{a'x + b'}{c'x + d'},$$

so ist

$$b' = b + nd$$

und man kann daher durch geeignete Wahl von n erreichen, daß

$$|b'| < |d| \leqslant |b|$$

wird. Ist

$$0 < |b| < |d|,$$

so erfüllt die Substitution SA oder

$$x' = \frac{cx + d}{-ax - b}$$

die frühere Bedingung. Durch Induktion folgt daher: Zu jeder Transformation A gibt es ein Potenzprodukt

$$M = S^\varepsilon T^{n_1} S T^{n_2} S \ldots T^{n_m} S^\eta$$

(ε und η gleich 0 oder 1), so daß in der MA entsprechenden Transformation

$$x' = \frac{ax + b}{cx + d}$$

$d = 0$ ist; es muß alsdann $-bc = 1$ sein, d. h. es ist

$$x' = -\frac{1}{x} + a,$$

und dies ist $T^a S$ Folglich sind S und T Erzeugende der Modulgruppe.

Wir setzen nun $S_1 = TS$, $S_2 = S$ und bestätigen, daß $S_2^2 = 1$ ist; ferner entspricht S_1 der Substitution

$$x' = -\frac{1}{x} + 1 = \frac{x - 1}{x}.$$

S_1^2 entspricht

$$x'' = -\frac{1}{-\dfrac{1}{x} + 1} + 1 = \frac{x}{1 - x} + 1 = \frac{1}{-x + 1},$$

es ist also $S_1^3 = 1$. Da $T = S_1 S_2^{-1}$ ist, sind auch S_1 und S_2 Erzeugende der Modulgruppe. Sie genügen den beiden angegebenen

Relationen R_i, und es fehlt also nur noch der Beweis, daß S_1 und S_2 keiner weiteren Relation außer den Folgerelationen von R_1 und R_2 genügen. Wir wollen zeigen: berechnet man für ein reduziertes Wort **2**, 8 (1) die Substitution

$$x' = \frac{a\,x + b}{c\,x + d},$$

indem man S_i durch die ihm entsprechende Modulsubstitution ersetzt, so ist dieselbe niemals die identische Substitution. Es genügt, dies für die Worte der Form $W S_2$ nachzuweisen, da sich nach **2**, 8 jedes Element der Gruppe durch Transformation in S_1^s, S_2 oder ein Wort $W S_2$ verwandeln läßt.

Zum Beweise übersetzen wir $W S_2$ wieder rückwärts in ein bestimmtes Potenzprodukt aus S und T. Wir fassen nämlich alle benachbarten Elemente $S_1 S_2$ zu Potenzen $(S_1 S_2)^{\delta_i}$ und ebenso die Elemente $S_1^{-1} S_2$ zu Potenzen $(S_1^{-1} S_2)^{\delta_k}$ zusammen und setzen alsdann

$$(S_1 S_2)^{\delta_i} = T^{\delta_i}, \quad (S_1^{-1} S_2)^{\delta_k} = S\,T^{-\delta_k}\,S \quad (\delta_i,\ \delta_k > 0).$$

Man sieht, daß so ein Produkt aus S und T entsteht, in welchem die Exponenten alternierendes Vorzeichen haben. Es ist aber leicht zu sehen, daß ein solches Element niemals die identische Substitution ist, indem man die Koeffizienten a, b, c, d der zugehörigen Modulsubstitution berechnet [1]).

Eine andere Methode, Erzeugende und definierende Relationen der Modulgruppe zu bestimmen, bietet die Konstruktion ihrer Fundamentalbereiche in der Gaußschen Zahlenebene [2]).

10. Ein Satz von Tietze

Es ist klar, daß sich eine Gruppe auf verschiedene Weise durch Erzeugende und definierende Relationen erklären läßt. Bilden

$$S_1,\ S_2,\ \ldots,\ S_m$$

ein System von Erzeugenden einer Gruppe $\mathfrak{F}$ und die Menge $\mathfrak{r}$ der Produkte

$$R_1(S),\ R_2(S),\ \ldots,\ R_r(S)$$

---

[1]) Vgl. Dirichlet-Dedekind, Vorlesungen über Zahlentheorie, 2. Aufl., 1871, § 81.

[2]) Vgl. ein Lehrbuch der Funktionentheorie, z. B. das von Bieberbach, Bd. II.

aus den S_i ein System definierender Relationen und ist $R_{r+1}(S)$ irgendeine Relation, so ist z. B. auch die Menge, die aus $\mathfrak{r}$ durch Hinzunahme von R_{r+1} entsteht, ebenfalls ein System von definierenden Relationen. Ist andererseits $R_r(S)$ etwa eine Folgerelation aus $R_1(S)$, $R_2(S)$, ..., $R_{r-1}(S)$, so ist auch diese letztere Menge ein System definierender Relationen von $\mathfrak{F}$.

Ist ferner T ein Zeichen für irgendein Potenzprodukt der S_i

$$T = T(S),$$

so ist

$$R_{r+1} = T(S)\, T^{-1}$$

eine Relation, und es bilden demnach auch die

$$S_1, S_2, \ldots, S_m, T$$

ein System von Erzeugenden und, wie wir zeigen wollen, die

$$R_1(S), R_2(S), \ldots, R_r(S), R_{r+1}(S, T)$$

ein System definierender Relationen. Denn jede Relation, die nur die S enthält, ist eine Folgerelation von den R_i ($i = 1, 2, \ldots, r$), und mittels der Relation R_{r+1} läßt sich jedes Potenzprodukt, das den einen Faktor T enthält, in ein solches verwandeln, das nur aus den S besteht. Ist nämlich

$$F = A(S)\, T\, B(S, T),$$

so ist

$$F \equiv A(S)\, T\, T^{-1}(S)\, T(S)\, B(S, T) = A(S)\, R_{r+1}^{-1}\, T(S)\, B(S, T)$$
$$\equiv A(S)\, T(S)\, B(S, T),$$

und dies Produkt enthält einen Faktor T weniger als F. So läßt sich sukzessive jeder Faktor T^ε ($\varepsilon = \pm 1$) entfernen.

Ist andererseits S_m als ein Potenzprodukt aus S_1, S_2, ..., S_{m-1} darstellbar, so bilden S_1, S_2, ..., S_{m-1} offenbar ein System von Erzeugenden. Man kann dann sukzessive S_m aus allen Potenzprodukten herauswerfen. Enthalten ferner die definierenden Relationen R_1, R_2, ..., R_{r-1} nur die Erzeugenden S_1, S_2, ..., S_{m-1} und ist

$$R_r = S_m(S_1, S_2, \ldots, S_{m-1})\, S_m^{-1},$$

so bilden die R_i ($i = 1, 2, \ldots, r-1$) ein System definierender Relationen in den

$$S_1, S_2, \ldots, S_{m-1}.$$

Denn die durch

$$S_i\,(i = 1, 2, \ldots, m - 1), \quad R_k\,(k = 1, 2, \ldots, r - 1)$$

definierte Gruppe ist, wie wir soeben sahen, mit der durch

$$S_i\,(i = 1, 2, \ldots, m), \quad R_k\,(k = 1, 2, \ldots, r)$$

erklärten identisch.

Es ist nun ein wichtiger Satz [Satz von Tietze [1])], daß *sich zwei verschiedene Systeme von Erzeugenden und definierenden Relationen für dieselbe Gruppe stets durch sukzessive Anwendung der oben genannten Umformungen ineinander überführen lassen.*

Es seien

$$S_1, S_2, \ldots, S_m; \quad R_1\,(S), R_2\,(S), \ldots, R_r\,(S), \tag{1}$$

$$S_1{}', S_2{}', \ldots, S_{m'}'; \quad R_1{}'\,(S'), R_2{}'\,(S'), \ldots, R_{r'}'\,(S') \tag{2}$$

die beiden Systeme von Erzeugenden und definierenden Relationen derselben Gruppe $\mathfrak{F}$. Es müssen sich alsdann die $S_k{}'$ durch die S_i ausdrücken und umgekehrt die S_i durch die $S_k{}'$ ausdrücken lassen. Ist

$$S_k{}' = S_k{}'\,(S); \quad S_i = S_i\,(S'),$$

so setzen wir

$$U_k\,(S, S') = S_k{}'\,(S)\,S_k'^{\,-1}; \quad V_i\,(S, S') = S_i\,(S')\,S_i^{-1}.$$

Offenbar bilden auch die S_i, $S_k{}'$ ein System von Erzeugenden und die Relationen

$$R_l\,(S), \quad U_k\,(S, S') \tag{3}$$

einerseits, sowie die Relationen

$$R_l{}'\,(S'), \quad V_i\,(S, S') \tag{4}$$

andererseits je ein System von definierenden Relationen von $\mathfrak{F}$, die aus (1) bzw. (2) entstehen, indem man sukzessive die Erzeugende $S_k{}'$ bzw. S_i mit den entsprechenden Relationen U_k bzw. V_i hinzunimmt.

Nun müssen aber die (4) Folgerelationen von (3) sein. Denn die (4) sind ja Relationen in den Erzeugenden S_i, $S_k{}'$. Ebenso bilden aber auch die (4) Folgerelationen von (3). Man kann also durch Hinzunahme von Folgerelationen die beiden Systeme definierender Relationen (3) und (4) zu demselben System

$$S_i, S_k{}'; \quad R_l\,(S'), R_l{}'\,(S), U_k\,(S, S'), V_i\,(S, S') \tag{5}$$

erweitern und folglich das System (1) in das System (2) durch eine Kette der beschriebenen Umformungen überführen.

---

[1]) H. Tietze, Mon. f. Math. u. Phys., Jahrg. **19**, S. 1.

Man kann diesen Satz zu einer rein *kombinatorischen Kennzeichnung der Eigenschaften einer Gruppe* verwenden, die durch Erzeugende S_i und definierende Relationen R_k gegeben ist. Jede Eigenschaft eines Systems von Erzeugenden S_i und Relationen R_k, welche gleichzeitig jedem aus S_i und R_k durch obige Umformungen entstehenden System zukommt, ist eine Eigenschaft der durch S_i, R_k bestimmten Gruppe $\mathfrak{F}$. Eine solche Eigenschaft kommt nämlich allen Darstellungen der Gruppe durch Erzeugende und definierende Relationen zu und ist mithin eine Eigenschaft der Gruppe selbst. Trotz dieses einfachen Zusammenhangs zwischen verschiedenen Definitionen einer Gruppe durch Erzeugende und definierende Relationen ist man im allgemeinen nicht im entferntesten imstande, zu entscheiden, ob zwei so erklärte Gruppen zueinander isomorph sind. Man kann auch nicht entscheiden, ob eine solche Gruppe eine freie Gruppe in „nichtfreien" Erzeugenden ist oder ob aus den Relationen $R_k(S)$ folgt, daß alle S_i gleich der Identität E sind oder nicht.

Wir machen eine einfache Anwendung der Umformungsregeln auf die Darstellung der Modulgruppe durch die beiden Erzeugenden S_1, S_2 mit den Relationen

$$R_1 = S_1{}^3 \equiv 1; \quad R_2 = S_2{}^2 \equiv 1.$$

Wie wir gesehen haben, sind auch die beiden in **2**, 9 erklärten Transformationen S und T Erzeugende der Modulgruppe. Wir fragen nun nach den definierenden Relationen der Gruppe in $T = S_1$, S_2^{-1} und $S = S_2$. Zu diesem Zwecke nehmen wir zu S_1 und S_2 noch T als Erzeugende und

$$R_3 = S_1 S_2^{-1} T^{-1}$$

als dritte Relation hinzu.

Wir eliminieren nun mit Hilfe dieser Gleichung S_1 aus R_1, indem wir zunächst $R_1' = R_3^{-1} R_1 = T S_2 S_1{}^2$ bilden und alsdann R_1 als Folgerelation aus R_1' und R_3 fortlassen. Dann ersetzen wir R_1' durch $R_1'' = S_1 T S_2 S_1$ und dieses wieder durch

$$R_1''' = R_3^{-1} R_1'' S_1^{-1} R_3^{-1} S_1 = (T S_2)^3.$$

Wir erhalten so als definierende Relationen der Modulgruppe in den Erzeugenden $S_2 = S$ und T

$$R_1 = (T S)^3 \equiv 1 \quad \text{und} \quad R_2 = S^2 \equiv 1.$$

11. Kommutative Gruppen

Wir wollen den Satz von Tietze dazu verwenden, um die kommutative oder „Abelsche" Gruppe $\mathfrak{F}$ mit endlich vielen Erzeugenden und definierenden Relationen durch Eigenschaften dieser Relationen zu kennzeichnen. In einer kommutativen Gruppe mit den Erzeugenden S_i $(i = 1, 2, \ldots, n)$ gelten jedenfalls die Relationen

$$R_{ik}(S) = S_i S_k S_i^{-1} S_k^{-1}, \tag{1}$$

die ja besagen, daß S_i und S_k miteinander vertauschbar sind. Aus ihnen folgt, daß alle Potenzprodukte aus den S_i miteinander vertauschbar sind. Es läßt sich daher jede weitere Relation $R(S)$ in die Gestalt

$$R(S) = S_1^{r_1} S_2^{r_2} \ldots S_n^{r_n}$$

bringen. Wir können also auch das System der übrigen definierenden Relationen in der Gestalt

$$R_k(S) = S_1^{r_{i1}} S_2^{r_{i2}} \ldots S_n^{r_{in}} \quad (i = 1, 2, \ldots, m) \tag{2}$$

annehmen. Die kennzeichnenden Eigenschaften einer kommutativen Gruppe müssen aber allein in den Relationen (2) stecken, weil die Relationen (1) ja in jeder kommutativen Gruppe erfüllt sind. Wir bilden nun die Matrix

$$\varrho = (r_{ik}) \quad (i = 1, 2, \ldots, m; \; k = 1, 2, \ldots, n)$$

und zeigen, daß sich $\mathfrak{F}$ durch gewisse Zahlen kennzeichnen läßt, die sich aus ϱ ablesen lassen, die sogenannten Elementarteiler von ϱ.

Unter $\delta_i^{(k)}$ $(i = 1, 2, \ldots; \; k \leq m, n)$ verstehen wir die sämtlichen k-reihigen Unterdeterminanten, die sich aus der Matrix ϱ durch Streichen von $m - k$ Zeilen und $n - k$ Spalten bilden lassen. Sind alle $\delta_i^{(s+1)} = 0$, während es ein $\delta_i^{(s)} \neq 0$ gibt, so heißt s der Rang von ϱ. Unter $\delta^{(k)} > 0$ verstehen wir den größten gemeinsamen Teiler aller $\delta_i^{(k)}$ mit $k \leq s$. Alsdann sind die $\delta^{(k)}$ stets durch $\delta^{(k-1)}$ teilbar, weil alle k-reihigen Determinanten lineare Kombinationen von $(k-1)$-reihigen sind. Wir setzen nun

$$d_1 = \delta^{(1)}; \quad \delta^{(k)} = d_k \delta^{(k-1)} \quad (k = 2, 3, \ldots, s)$$

und nennen d_k den k-ten Elementarteiler von ϱ. Wir behaupten

Satz 1. *Die $d_k \neq 1$ und $n - s$ sind für alle Relationensysteme von $\mathfrak{F}$ dieselben.*

Satz 2. *Es lassen sich neue Erzeugende*

$$T_1, T_2, \ldots, T_n$$

einführen, in denen die definierenden Relationen die Gestalt

$$R_i(T) = T_i^{d_i} \quad (i = 1, 2, \ldots, s)$$

annehmen.

Indem man hiervon die Erzeugenden T_j und Relationen mit $d_j = 1$ fortläßt, erhält man also eine eindeutige Normalform für $\mathfrak{F}$; die Anzahl der relationsfreien Erzeugenden T_k ist $n - s$. Auf Grund von Satz 1 und 2 ergibt sich daher: $\mathfrak{F}$ *ist gekennzeichnet durch die von 1 verschiedenen Elementarteiler der Matrix ϱ und die Differenz $n - s$ der Erzeugendenanzahl n und des Ranges s von ϱ.*

12. Ein Satz über Matrizen

Zum Beweise der Sätze des vorigen Abschnittes erklären wir zunächst die Äquivalenz von Matrizen durch folgende Umformungen. Die Matrix $\varrho = (r_{ik})$ heißt zur Matrix $\varrho' = (r'_{ik})$ äquivalent,

1. wenn ϱ' durch eine Vertauschung der Zeilen oder Kolonnen aus ϱ entsteht,

2. wenn ϱ' aus ϱ entsteht, indem die Elemente der ersten Zeile r_{1i} oder Kolonne r_{i1} durch $r'_{1i} = r_{1i} + a r_{2i}$ oder durch $r'_{i1} = r_{i1} + a r_{i2}$ (a beliebig ganz) ersetzt werden, während alle übrigen Zeilen oder Kolonnen unverändert bleiben,

3. wenn in einer Zeile oder Kolonne alle Elemente durch die entgegengesetzt gleichen ersetzt werden und

4. wenn es eine Kette von Matrizen

$$\varrho_1 = \varrho, \; \varrho_2, \; \varrho_3, \; \ldots, \; \varrho_n = \varrho'$$

gibt, in der ϱ_{i+1} aus ϱ_i durch eine elementare Umformung 1, 2 oder 3 entsteht. Es ist z. B. eine erlaubte Umformung, zu irgendeiner Zeile oder Kolonne das k-fache einer anderen Zeile oder Kolonne zu addieren.

Satz 1. *Äquivalente Matrizen haben denselben Rang und dieselben Elementarteiler.*

Für Matrizen, die durch Umformung 1 auseinander entstehen, ist dies klar. Geht ϱ' aus ϱ durch eine Zeilenumformung 2 hervor, so ist irgendeine Determinante $\delta_i'^{(k)}$, die aus $\delta_i^{(k)}$ hervorgeht, indem die r_{ik} durch r'_{ik} ersetzt werden, gleich $\delta_i^{(k)}$, wenn in $\delta_i^{(k)}$ Elemente der ersten Zeile nicht vorkommen. Andernfalls werden wir $\delta_i'^{(k)}$ nach der ersten Zeile entwickeln und erhalten dann

$$\delta_i'^{(k)} = \delta_i^{(k)} \quad \text{oder} \quad \delta_i'^{(k)} = \delta_i^{(k)} + a\,\delta_j^{(k)},$$

je nachdem in $\delta_i'^{(k)}$ die zweite Zeile vorkommt oder nicht. Daraus folgt, daß der Rang s' von ϱ' $s' \leqq s$ und daß die Elemente $\delta'^{(k)}$ von ϱ' durch $\delta^{(k)}$ teilbar sind. Da aber umgekehrt auch ϱ durch eine Zeilenumformung 2 aus ϱ' hervorgeht, da $r_{1i} = r_{1i}' - a\,r_{2i}'$ ist, so folgt $s = s'$ und $\delta^{(k)} = \delta'^{(k)}$. Daraus folgt Satz 1 auch für beliebige äquivalente Matrizen.

Indem wir an die Erklärung der d_k anknüpfen, behaupten wir jetzt

Satz 2. *Die Matrix* ϱ *ist zur Matrix* $\delta = (d_{ik})$ *äquivalent, wo* $d_{ik} = 0$, *falls* $i \neq k$, $d_{ii} = d_i$ ($i = 1, 2, \ldots, r$) *und* $d_{ii} = 0$, $i > s$.

Wir beweisen zunächst den folgenden Hilfssatz 1: *Ist für alle* r_{ik} *ungleich Null* $|r_{ik}| > d_1$, *so gibt es eine zu* ϱ *äquivalente Matrix, die ein* $r_{i_1 k_1}' \neq 0$ *enthält, welches kleiner als alle* $|r_{ik}|$ *ist.*

Sei nämlich $r_{i_1 k_1}$ ein Glied aus ϱ von dem kleinsten absoluten Betrag:

$$|r_{ik}| \geqq |r_{i_1 k_1}|.$$

Entweder gibt es nun Elemente $r_{i_1 k_2}$ der i_1-ten Zeile oder ein Element $r_{i_2 k_1}$ der k_1-ten Kolonne, welche ungleich Null und nicht durch $r_{i_1 k_1}$ teilbar sind. Dann kann man durch Subtraktion eines geeigneten Vielfachen der k_1-ten Kolonne oder der i_1-ten Zeile von der k_2-ten Kolonne oder der i_2-ten Zeile eine Matrix der behaupteten Art bilden.

Sind alle $r_{i_1 k}$ und $r_{i k_1}$ durch $r_{i_1 k_1}$ teilbar, so kann man durch Umformungen eine äquivalente Matrix ϱ' bilden, bei der alle Elemente $r_{i_1 k}' = r_{i k_1}' = 0$ sind außer $r_{i_1 k_1}' = r_{i_1 k_1}$. Ist dabei eines der $|r_{ik}'|$

$$|r_{ik}'| < |r_{i_1 k_1}|$$

geworden, so ist nichts mehr zu beweisen. Sind alle

$$|r_{ik}'| \geqq |r_{i_1 k_1}|,$$

so sind also gewiß nicht alle r_{ik}' durch $r_{i_1 k_1}$ teilbar, denn es war

$$d_1 = d_1' < |r_{i_1 k_1}|.$$

Ist $r'_{i_2 k_2}$ nicht durch $r_{i_1 k_1}$ teilbar, so bilde ich ϱ'', indem ich die k_2-te Spalte zur k_1-ten Spalte addiere. Alsdann ist

$$r''_{i k_1} = r'_{i k_2}\ (i \neq i_1);\quad r''_{i_1 k_1} = r_{i_1 k_1};$$

dadurch ist der zweite Fall auf den ersten zurückgeführt.

Nun folgt Hilfssatz 2: *Zu jeder Matrix ϱ gibt es eine äquivalente* $\varrho' = (r'_{i k})$ *mit*

$$r'_{11} = d_1;\quad r'_{1i} = r'_{i1} = 0\quad (i \neq 1).$$

Nach dem Hilfssatz 1 gibt es zunächst eine äquivalente Matrix, welche ein Element enthält, das gleich $\pm d_1$ ist. Dies kann ich in die erste Zeile und die erste Kolonne bringen, und alsdann alle übrigen Elemente der ersten Kolonne und Zeile durch Subtraktion geeigneter Vielfache der ersten Zeile oder Kolonne von den übrigen Zeilen oder Kolonnen zu Null machen. Dies ist die gesuchte Matrix ϱ'.

Unter ϱ^* wollen wir die Matrix verstehen, die aus ϱ' durch Streichen der ersten Zeile und Kolonne entsteht.

$$\varrho^* = (r^*_{i k});\qquad r^*_{i k} = r'_{i+1,\,k+1}.$$

Der Rang von ϱ^* ist gleich $s - 1$, wenn s der Rang von ϱ bzw. ϱ' ist, im wesentlichen weil sich aus jeder l-reihigen Determinante von ϱ^*, die ungleich Null ist, eine $(l + 1)$-reihige Determinante von ϱ' bilden läßt, die ebenfalls ungleich Null ist.

Nun ergibt sich Satz 2 folgendermaßen:

Unter $d_2^* = \bar{r}_{22}$ verstehen wir den größten gemeinsamen Teiler aller $r^*_{i k}$, wenn es $r^*_{i k} \neq 0$ gibt. Alsdann ist d_1 ein Teiler von d_2^*, da d_1 ein Teiler aller $r^*_{i k}$ ist, und nach Hilfssatz 2 läßt sich eine zu ϱ^* äquivalente Matrix $\varrho^{*'} = (r^{*'}_{i k})$ angeben mit

$$r^{*'}_{11} = d_2^*;\quad r^{*'}_{1i} = r^{*'}_{k1} = 0\quad (i, k \neq 1).$$

Alsdann ist aber ϱ selbst äquivalent zu der Matrix $\varrho'' = (r''_{i k})$ mit

$$r''_{11} = d_1;\ r''_{22} = d_2^*,$$
$$r''_{1i} = r''_{k1} = 0\ (i, k \neq 1);\quad r''_{2i} = r''_{k2} = 0\ (i, k \neq 2),$$
$$r''_{i+2,\,k+2} = r^*_{i k}\ (i, k > 1).$$

Durch Iterierung dieses Verfahrens ergibt sich, daß ϱ zu einer Matrix $\bar{\varrho} = (\bar{r}_{i k})$ äquivalent ist mit

$$\bar{r}_{i k} = 0\ (i \neq k);\quad \bar{r}_{ii} > 0\ (i = 1, \ldots, s),\quad \bar{r}_{ii} = 0\ (i > s),$$

$\bar{r}_{ii}$ ist Teiler von $\bar{r}_{i+1,\,i+1}$.

Die $\bar{r}_{ii}$ sind aber die Elementarteiler von $\bar{\varrho}$ und damit auch von ϱ. Denn alle k-reihigen Unterdeterminanten aus $\bar{\varrho}$, die ungleich Null sind, haben den Wert

$$\bar{r}_{i_1 i_1} \bar{r}_{i_2 i_2} \dots \bar{r}_{i_k i_k},$$

wo alle i_l ($l = 1, 2, \dots, k$) voneinander verschieden sind. Ein jedes solches Produkt ist aber durch $\bar{r}_{11} \bar{r}_{22} \dots \bar{r}_{kk}$ teilbar, also ist

$$\bar{\delta}^{(k)} = \bar{r}_{11} \bar{r}_{22} \dots \bar{r}_{kk}$$

und daher

$$\bar{r}_{kk} = \bar{d}_k = d_k.$$

Noch eine Bemerkung: Ist $d_i \neq 1$, so ist auch $d_{i+1} \neq 1$, weil d_i ein Teiler von d_{i+1} ist.

13. Kennzeichnung der kommutativen Gruppen

Wir kehren jetzt zu der kommutativen Gruppe $\mathfrak{F}$ zurück und sehen zu, wie sich die Matrix $\varrho = (r_{ik})$ aus den Exponenten r_{ik} der definierenden Relationen 2, 11, (2) ändert, wenn wir Erzeugende und definierende Relationen wie in Abschnitt 2, 10 umformen.

Ist R eine Folgerelation der R_i, so läßt sich R mittels der Relationen 2, 11 (1) durch Vertauschung der Faktoren einerseits als Potenzprodukt $R_1^{p_1} R_2^{p_2} \dots R^{p_m}$ schreiben und andererseits auf die Form

$$S_1^{r_1} S_2^{r_2} \dots S_n^{r_n}$$

bringen. Es muß daher

$$r_i = \sum_{k=1}^{m} p_k r_{ki}$$

sein. Erweitern wir also die definierenden Relationen R_i durch Hinzunahme von $R_{m+1} = R$ und bilden für das neue System die Matrix der Koeffizienten $\varrho' = (r'_{ik})$, so ist

$$r'_{ik} = r_{ik}; \quad r'_{m+1,\,k} = \sum_{i=1}^{m} p_i r_{ik}; \quad (i = 1, 2, \dots, m;\ k = 1, 2, \dots, n).$$

Man kann nun ϱ' durch eine äquivalente Matrix ϱ'' ersetzen, die in der $(m+1)$-ten Zeile lauter Nullen enthält, indem man sukzessive das p_i-fache der i-ten Zeile von der letzten Zeile subtrahiert. Da ϱ aus ϱ' durch Fortlassen der $(m+1)$-ten Zeile entsteht, sind Elementarteiler und Rang von ϱ und ϱ'' und somit auch von ϱ und ϱ' identisch.

Sei ferner T irgendein Potenzprodukt

$$T = S_1^{q_1} S_2^{q_2} \ldots S_n^{q_n},$$

und nehmen wir T als neue Erzeugende, und

$$S_1^{q_1} S_2^{q_2} \ldots S_n^{q_n} T^{-1}$$

als neue Relation hinzu. Die neue Koeffizientenmatrix $\varrho' = (r'_{ik})$ ist alsdann $r'_{ik} = r_{ik}$ $(i = 1, \ldots, m; \; k = 1, \ldots, n)$; $r_{i\,n+1} = 0$ $(i \neq m+1)$; $r_{m+1\,k} = q_k$ $(k \neq n+1)$; $r_{m+1\,n+1} = -1$. Wir können ϱ' in eine Matrix ϱ'' verwandeln, indem wir das q_k-fache der letzten Kolonne zu der k-ten Kolonne sukzessive addieren. In ϱ'' sind alle Elemente der $(m+1)$-ten Zeile und der $(n+1)$-ten Kolonne bis auf $r''_{m+1,\,n+1} = -1$ gleich Null. Nun ist d''_1 gewiß gleich 1, weil $r''_{m+1,\,n+1} = -1$ ist. Es ist ferner $d''_i = d_{i-1}$. Denn alle i-reihigen von Null verschiedenen Determinanten aus ϱ'' sind entweder zugleich Determinanten aus ϱ oder aber sie enthalten das Element $r''_{m+1,\,n+1}$ und sind also gleich einer $(i-1)$-reihigen Determinante aus ϱ. Umgekehrt läßt sich aus jeder $(i-1)$-reihigen Determinante aus ϱ eine i-reihige aus ϱ'' bilden, die bis aufs Vorzeichen denselben Wert hat, indem man geeignete Elemente aus der $(m+1)$-ten Zeile und $(n+1)$-ten Kolonne hinzunimmt. Da alle $\delta_i^{(k)}$ durch $\delta^{(k-1)}$ teilbar sind, ist also

$$\delta''^{(k)} = \delta^{(k-1)}.$$

Daher sind die Elementarteiler d'_i $(i > 1)$ von ϱ' gleich d_{i-1} und $d'_1 = 1$. Aus dem Zusammenhang zwischen den Determinanten von ϱ und ϱ'' folgt auch, daß der Rang s'' von ϱ'' gleich $s+1$ ist. Folglich ist auch der Rang s' von ϱ' gleich $s+1$. Hieraus folgt Satz 1 in **2,** 11.

Um den Satz 2 in **2,** 11 zu beweisen, zeigen wir: *Die in Abschnitt* **2,** *12 erklärten Matrizenumformungen in der Matrix ϱ der Exponenten r_{ik} lassen sich durch Abänderung der Erzeugenden und Relationen bewirken.* Die Umformungen 1 lassen sich durch Abänderung der Numerierung der Erzeugenden und Relationen und die Umformungen 3 durch Übergang zu dem Inversen einer Erzeugenden oder einer Relation erreichen. Die Zeilenumformung 2 bewirken wir, indem wir zuerst die Folgerelation $R_1 R_2^k$

$$S_1^{r_{11}+k\,r_{21}} S_2^{r_{12}+k\,r_{22}} \ldots S_n^{r_{1n}+k\,r_{2n}} = R_1'$$

hinzunehmen. Dann ist $R_1 = R_1' R_2^{-k}$ eine Folgerelation von R_1', R_2, ..., R_m und kann daher fortgelassen werden. Die Kolonnenumformung 2 bewirken wir, indem wir die neue Erzeugende S_2' und Relation $R_{m+1} = S_2'^{-1} S_1^{-k} S_2$ hinzunehmen. Dann ist $S_2 = S_1^k S_2'$, und ersetzen wir jetzt S_2 in allen Relationen mittels R_{m+1} durch $S_1^k S_2'$, so wird

$$R_i' = S_1^{r_{i1} + k\, r_{i2}} S_2'^{r_{i2}} \ldots S_n^{r_{in}}.$$

Die R_i' sind Folgerelationen der R_i $(i = 1, 2, \ldots, m+1)$. Umgekehrt sind aber auch die R_i Folgerelationen von R_i' $(i = 1, 2, \ldots, m)$ und R_{m+1}, da ja $R_i = R_i' R_{m+1}^{-r_{i2}}$ ist. Folglich bilden die R_i' und R_{m+1} ein System definierender Relationen und daher auch die R_i' selbst, wenn S_2 und R_{m+1} wieder fortgelassen werden. Nun folgt Satz 2 in 2, 11 aus Satz 2 in 2, 12.

In einer kommutativen Gruppe in der Normalgestalt von Satz 2 in 2, 11 läßt sich das *Wortproblem* einfach lösen. Alle Darstellungen der Einheit erhält man in

$$R_1^{k_1} R_2^{k_2} \ldots R_s^{k_s} = T_1^{k_1\, d_1} T_2^{k_2\, d_2} \ldots T_s^{k_s\, d_s}.$$

d_i für $i > s$ sei gleich Null. Sind

$$T_1^{n_1} T_2^{n_2} \ldots T_n^{n_n} \quad \text{und} \quad T_1^{n_1'} T_2^{n_2'} \ldots T_n^{n_n'}$$

zwei Worte aus den T, so sind sie dann und nur dann dasselbe Element, wenn

$$n_i \equiv n_i' \pmod{d_i}$$

ist.

Sind alle $d_i = 0$, so heißt die Gruppe eine *freie kommutative* oder Abelsche *Gruppe*. Freie Abelsche Gruppen sind durch die Angabe der Erzeugendenanzahl charakterisiert.

14. Kommutative Gruppen mit Operatoren

Mit den in 1, 13 erklärten Koeffizienten in kommutativen Gruppen mit einem Operator x lassen sich die Begriffe „Erzeugende", „Relation", „definierende Relation" folgendermaßen erweitern[1]. *Die Elemente*

$$S_1, S_2, \ldots, S_n \tag{1}$$

---

[1] J. W. Alexander, Transact. o. Am. Math. Soc. **30**, 275 (1928).

heißen Erzeugende der kommutativen Gruppe $\mathfrak{F}_x$ mit Operator, wenn sich jedes Element aus $\mathfrak{F}$ als Potenzprodukt

$$\prod_{i=1}^{n} S_i^{f_i(x)} \tag{2}$$

schreiben läßt. Ein solches Produkt heißt eine Relation, wenn es gleich dem Einheitselement der Gruppe ist. *Die Relationen*

$$R_1, R_2, \ldots, R_m$$

heißen definierende Relationen von $\mathfrak{F}_x$ in den Erzeugenden S, wenn sich jede Relation $R(S)$ durch Umordnung der Glieder aus einem Produkt

$$\prod_{i=1}^{m} R_i^{g_i(x)} \tag{3}$$

erzielen läßt.

Ist umgekehrt *irgendein System von Erzeugenden*

$$S_1, S_2, \ldots, S_n$$

und ein System von Relationen

$$R_i(S) = S_1^{r_{i1}(x)} S_2^{r_{i2}(x)} \ldots S_n^{r_{in}(x)} \quad (i = 1, 2, \ldots, m)$$

gegeben, so gibt es immer eine kommutative Gruppe mit Operator, welche hierdurch definiert wird. Wir führen zum Beweis die neuen Symbole

$$S_i^{x^k} = S_{i,k} \quad (i = 1, 2, \ldots, n; \quad k = 0, \pm 1, \pm 2, \pm \cdots)$$

ein, und setzen

$$S_i^{a_n x^n + a_{n+1} x^{n+1} + \cdots + a_{n+m} x^{n+m}} = S_{i,n}^{a_n} S_{i,n+1}^{a_n+1} \ldots S_{i,n+m}^{a_n+m}.$$

Es lassen sich die Relationen $R_l(S_i)$ in Relationen der $S_{i,k}$ zu $R_l(S_{i,k})$ umschreiben: Hierzu nehmen wir noch alle Relationen $(R_l)^{x^p} = R_{l,p}(S_{i,k})$ $(p = 0, \pm 1, \pm 2, \ldots)$, in den $S_{i,k}$ ausgedrückt, hinzu. Es gibt dann eine kommutative Gruppe $\mathfrak{F}$, welche durch die $S_{i,k}$ erzeugt und durch die Relationen

$$R_l^{x^p} = R_{l,p}(S_{i,k})$$

definiert wird.

In dieser Gruppe liefert die durch

$$A(S_{i,k}) = S_{i,k+1},$$
$$A(F_1 F_2) = A(F_1)\, A(F_2)$$

definierte Abbildung der Potenzprodukte F aus den $S_{i,k}$ aber einen Automorphismus; denn jedes der Potenzprodukte $R_{l,k}$ geht bei dieser Abbildung in das Potenzprodukt $R_{l,k+1}$, also jede Relation wieder in eine Relation über. Sind also F_1 und F_2 zwei verschiedene Potenzprodukte der $S_{i,k}$, die dasselbe Element in $\mathfrak{F}$ bedeuten, ist also

$$F_1 = F_2 R,$$

d. h. geht F_1 durch Umordnung und Anwendung der Relation $S_{i,k}^a S_{i,k}^b = S_{i,k}^{a+b}$ aus $F_2 R$ hervor, so ist

$$A(F_1) = A(F_2)\, A(R)$$

und also auch

$$A(F_1) \equiv A(F_2).$$

Ebenso erschließt man, daß aus

$$F_1 F_2 \equiv F_{12}$$

auch

$$A(F_1)\, A(F_2) \equiv A(F_{12})$$

folgt.   Außerdem ist die Abbildung A umkehrbar, und folglich ist sie ein Automorphismus von $\mathfrak{F}$.

Führen wir in dieser Gruppe nun die Exponenten x durch die Festsetzung

$$A(F) = F^x$$

ein, so sieht man, daß

$$S_{i,k} = S_{i,0}^{x^k} = S_i^{x^k}$$

ist und daß wir in den S_i ein System von Erzeugenden und in den $R_l(S_k)$ die definierenden Relationen unserer Gruppe erhalten, wenn wir die Exponenten $f(x)$ zulassen.

15. Kennzeichnung der Gruppen mit Operatoren

Man kann nun wie bei gewöhnlichen Gruppen auch hier danach fragen, wie die verschiedenen Möglichkeiten, eine Gruppe mit Operator durch Erzeugende und definierende Relationen zu erklären, miteinander zusammenhängen. Es ist klar, daß man zu den definierenden Relationen irgendeine Folgerelation hinzunehmen darf, oder daß man die Relation R_m fortlassen kann, wenn sie eine Folgerelation der übrigen ist.   Desgleichen ist es sicher erlaubt, eine neue Erzeugende S_{n+1} einzuführen, indem wir sie mit Hilfe einer neuen Relation R_{m+1} als Potenzprodukt der $S_1, S_2, \ldots, S_n$

erklären, oder eine Erzeugende S_n, die sich durch die übrigen ausdrücken läßt, zu eliminieren. Und man kann nun durch die ganz ähnlichen Überlegungen wie in 2, 10 beweisen, daß man irgend zwei Systeme von Erzeugenden und definierenden Relationen durch solche Schritte ineinander überführen kann.

Infolgedessen kann man die Eigenschaften der definierenden Relationen, welche für die Gruppe $\mathfrak{F}$ und den Operator x charakteristisch sind, wieder rein formal als Matrizeneigenschaften definieren. Sind

$$R_i(S_k) = \prod_{k=1}^{n} S_k^{r_{ik}\,(x)}$$

die definierenden Relationen von $\mathfrak{F}_x$ und

$$\varrho = \big(r_{ik}(x)\big)$$

die Matrix der Exponenten $r_{ik}(x)$ und

$$R_{m+1} = \prod_{k=1}^{m} R_k^{p_k\,(x)} = \prod_{i=1}^{n} S_i^{r_{m+1,\,i}\,(x)}$$

eine Folgerelation, so ist

$$r_{m+1,\,i} = \sum_{k=1}^{m} p_k\, r_{ki}.$$

Nehmen wir R_{m+1} als definierende Relation zu den übrigen hinzu, so werde die Matrix der Exponenten des neuen Systems mit $\varrho' = (r'_{ik})$ bezeichnet. Der Übergang von ϱ zu ϱ' sowie von ϱ' zu ϱ heiße eine Umformung I von Matrizen. Ist

$$\prod_{i=1}^{n} S_i^{r_{m+1,\,i}}$$

ein beliebiges Potenzprodukt, S_{n+1} eine neue Erzeugende und $r_{m+1,\,n+1} = -1$, so wird S_{n+1} als Erzeugende und

$$R_{m+1} = \prod_{i=1}^{n+1} S_i^{r_{m+1,\,i}}$$

als Relation hinzugefügt, so werde die dem neuen System entsprechende Matrix mit ϱ'' bezeichnet. Der Übergang von ϱ zu ϱ'' oder umgekehrt heiße eine Matrizenumformung II.

Die Eigenschaften von Exponentenmatrizen, welche bei Umformung erster und zweiter Art erhalten bleiben, kennzeichnen die Gruppe $\mathfrak{F}$.

Es läßt sich nun zeigen, daß sich auch in diesem Fall Elementarteiler von ϱ erklären lassen und daß die Elementarteiler $\neq x^n$ für alle Relationensysteme von $\mathfrak{F}_x$ dieselben sind, daß sie dagegen $\mathfrak{F}_x$ nicht kennzeichnen.

Dazu führen wir den *Begriff der Teilbarkeit und des größten gemeinsamen Teilers von L-Polynomen mit ganzzahligen Koeffizienten* ein. Wir nennen $f(x)$ teilbar durch $g(x)$, wenn es ein Polynom $h(x)$ gibt, so daß

$$f(x) = g(x)\, h(x)$$

ist. Unter einem größten gemeinsamen Teiler $d(x)$ der Polynome $f_i(x)$ $(i = 1, 2, \ldots, r)$,

$$d(x) = (f_1(x),\, f_2(x),\, \ldots,\, f_r(x)),$$

verstehen wir ein Polynom, welches Teiler von sämtlichen $f_i(x)$ ist und welches durch jeden gemeinsamen Teiler $t(x)$ derselben teilbar ist. Wir zeigen: Größte gemeinsame Teiler existieren immer, und sind $d_1(x)$ sowie $d_2(x)$ größte gemeinsame Teiler von $f_i(x)$, so ist

$$d_2(x) = \pm\, x^n d_1(x).$$

Ferner gilt: Ist $d(x)$ größter gemeinsamer Teiler von $f_i(x)$ $(i = 1, 2, \ldots, r)$, und ist

$$f_{r+1}(x) = \Sigma\, n_i(x)\, f_i(x)$$

eine Linearkombination der $f_i(x)$, so ist $d(x)$ ebenfalls ein größter gemeinsamer Teiler von

$$f_i(x) \quad (i = 1, 2, \ldots, r + 1).$$

Nun lassen sich die Elementarteiler einer Matrix $\varrho(x)$ genau wie die Elementarteiler der Matrix ϱ in **2, 11** erklären. Ferner läßt sich analog wie in **2, 12** die Äquivalenz für Matrizen $\varrho(x)$ erklären, indem wir in der Definition der Umformungen 2 die ganzen Zahlen durch beliebige L-Polynome ersetzen. Es folgt dann, daß *äquivalente Matrizen die gleichen Elementarteiler besitzen* und durch Überlegungen wie in **2, 12** und **2, 13** folgt dann, daß die Elementarteiler $\neq x^n$ einer Exponentenmatrix bei Matrizenumformungen I und II erhalten bleiben. Die Beweise für diese Sätze bei ganzzahligen Matrizen lassen sich deswegen ohne weiteres übertragen, weil in ihnen nur Eigenschaften des größten gemeinsamen Teilers $d(x)$ verwandt werden.

Daß Matrizen mit denselben Elementarteilern nicht äquivalent zu sein brauchen, und daß Gruppen $\mathfrak{F}_x$ daher auch durch die Elementarteiler der Exponentenmatrix ihrer definierenden Relationen nicht gekennzeichnet werden können, wird durch ein Beispiel belegt.

16. Teilbarkeitseigenschaften der L-Polynome

Wir führen die Teilbarkeitsbeziehungen ganzzahliger L-Polynome auf die Teilbarkeitsbeziehungen ganzer rationaler Polynome zurück. Den *Integritätsbereich der ganzzahligen L-Polynome nennen wir* $\mathfrak{J}$, *den der ganzen rationalen ganzzahligen Polynome* $\mathfrak{J}_g$; das ganze Polynom $f(x)$ heißt durch das ganze Polynom $g(x)$ in $\mathfrak{J}_g$ teilbar, wenn es ein ganzes Polynom $h(x)$ gibt, so daß

$$f(x) = g(x)\, h(x)$$

ist.

Ist

$$f(x) = a_n x^n + a_{n+1} x^{n+1} + \cdots + a_{n+m} x^{n+m}, \quad a_n \neq 0,$$

so verstehen wir unter $|f(x)|$ das ganze Polynom $x^{-n} f(x)$. Wir behaupten nun: *Ist $f(x)$ durch $g(x)$ teilbar, so ist $|f(x)|$ durch $|g(x)|$ in $\mathfrak{J}_g$ teilbar, und umgekehrt ist $|f(x)|$ durch $|g(x)|$ in $\mathfrak{J}_g$ teilbar, so ist auch $f(x)$ durch $g(x)$ teilbar.*

Ist nämlich

$$f(x) = g(x)\, h(x),$$

und

$$|f(x)| = x^{-n} f(x), \quad |g(x)| = x^{-m} g(x),$$

so ist

$$|f(x)| = |g(x)|\, x^{m-n} h(x).$$

$x^{m-n} h(x)$ muß nun gleich

$$c_0 + c_1 x + \cdots + c_l x^l$$

mit $c_0 \neq 0$ sein, und also ist

$$|x^{m-n} h(x)| = x^{m-n} h(x)$$

und $|g(x)|$ ist in $\mathfrak{J}_g$ teilbar durch $|f(x)|$. Die Umkehrung ist trivial.

Um die Teiler von $f(x)$ zu ermitteln, brauchen wir also nur die Teiler $t(x)$ von $|f(x)|$ in $\mathfrak{J}_g$ zu ermitteln; $x^n t(x)$ liefert die sämtlichen Teiler von $f(x)$, wenn n alle ganzen Zahlen und $t(x)$ alle Teiler von $|f(x)|$ in $\mathfrak{J}_g$ durchläuft.

Um nunmehr die Teiler eines ganzen Polynoms in $\mathfrak{J}_g$ zu ermitteln, müssen wir noch einen neuen Bereich von Polynomen und einen neuen Teilbarkeitsbegriff einführen. Unter $\mathfrak{J}_r$ wollen wir die Gesamtheit der ganzen rationalen Polynome einer Veränderlichen mit rationalen Koeffizienten verstehen. Polynome aus $\mathfrak{J}_g$ bezeichnen wir mit dem Index g, Polynome aus $\mathfrak{J}_r$ mit dem Index r. $\mathfrak{J}_g$ ist in $\mathfrak{J}_r$ enthalten. Addition und Multiplikation der Polynome aus $\mathfrak{J}_r$ läßt sich wie in 1, 13 erklären. Man bestätigt, daß $\mathfrak{J}_r$ wieder einen Integritätsbereich bildet. $f_r(x)$ heißt in $\mathfrak{J}_r$ teilbar durch $g_r(x)$, wenn es ein Polynom $h_r(x)$ gibt, so daß

$$f_r(x) = g_r(x)\, h_r(x)$$

ist.

Um den Zusammenhang der Teilbarkeit in $\mathfrak{J}_g$ und $\mathfrak{J}_r$ beschreiben zu können, nennen wir ein Polynom $f_g(x)$ aus $\mathfrak{J}_g$

$$f_g(x) = a_0 + a_1 x + \cdots + a_n x^n$$

primitiv, wenn der größte gemeinsame Teiler der Zahlen

$$(a_0,\, a_1,\, \ldots,\, a_n) = a$$

gleich 1 ist. Ist

$$f_r(x) = b_0 + b_1 x + \cdots + b_m x^m$$

ein Polynom aus $\mathfrak{J}_r$, so bringen wir die rationalen Zahlen aus b_i auf den kleinsten gemeinsamen Nenner $n \geqq 1$

$$b_i = \frac{b_i{}'}{n},$$

bezeichnen mit b den größten gemeinsamen Teiler der b_i' und setzen

$$b_i' = b\, b_i'' \quad (i = 0, 1, \ldots, m).$$

Das Polynom $\sum\limits_{i=0}^{n} b_i'' x^i$ ist alsdann ein durch $f_r(x)$ eindeutig bestimmtes primitives Polynom, das mit $\| f_r \|$ bezeichnet werden möge, und es ist

$$f_r^{(x)} = \frac{b}{n} \cdot \| f_r^{(x)} \|.$$

Für das Polynom $f_g(x)$ ist

$$f_g(x) = a\ \| f_g^{(x)} \|,$$

wo a wie oben der größte gemeinsame Teiler der Koeffizienten von $f_g(x)$ ist.

Der Zusammenhang zwischen den Teilern t_g von f_g in $\Im_g$ und den Teilern t_r von f_g in $\Im_r$ ist nun der folgende:

Ist t_r ein Teiler von f_g in $\Im_r$ und $f_g = a \, \| f_g \|$, so ist $t \cdot \| t_r \|$ ein Teiler von f_g in $\Im_g$, wenn t ein Teiler von a ist. Ist andererseits t_g ein Teiler von f_g in $\Im_g$, so ist t_g auch ein Teiler von f_g in $\Im_r$ und ist $t_g = t \cdot \| t_r \|$, so ist t ein Teiler von a. In $t \cdot \| t_r \|$ erhalten wir also alle Teiler von f_g in $\Im_g$. Der Beweis beruht im wesentlichen auf dem Satz von der Eigenschaft primitiver Polynome: Das Produkt zweier primitiver Polynome ist wieder ein primitives Polynom.

Ist $t_r(x)$ ein Teiler von $f_g(x)$ in $\Im_r$, so ist $t_r(x)$ auch ein Teiler von $\| f_g(x) \|$. Es sei nun

$$\| f_g(x) \| = t_r(x) \cdot h_r(x)$$

$$t_r(x) = \frac{c_1}{n_1} \| t_r(x) \|, \qquad h_r(x) = \frac{c_2}{n_2} \| h_r(x) \|;$$

es ist dann

$$n_1 n_2 \| f_g(x) \| = c_1 c_2 \| t_r^{(x)} \| \cdot \| h_r^{(x)} \|.$$

Da $\| t_r \| \cdot \| h_r \|$ ein primitives Polynom ist, so ist der größte gemeinsame Teiler der Koeffizienten der rechten Seite gleich $c_1 c_2$, der der linken Seite ist $n_1 n_2$ und folglich

$$c_1 c_2 = n_1 n_2,$$

also

$$\| f_g^{(x)} \| = \| t_r^{(x)} \| \cdot \| h_r^{(x)} \|$$

und $\| t_r \|$ also ein Teiler von $\| f_g \|$ in $\Im_g$ und mithin auch ein Teiler von f_g in $\Im_g$. Dann ist aber auch $t \, \| t_r(x) \|$ ein Teiler von $f_g(x)$, wenn t ein Teiler von a ist.

Ist andererseits $t_g(x)$ ein Teiler von $f_g(x)$ in $\Im_g$, also

$$f_g(x) = t_g(x) \, h_g(x)$$

und

$$f_g(x) = a \cdot \| f_g(x) \|, \quad t_g(x) = t \cdot \| t_g(x) \|, \quad h_g(x) = h \cdot \| h_g(x) \|.$$

so ist $a = t h$. Daraus folgt die Umkehrung.

17. Größter gemeinsamer Teiler

Im Bereich der $\Im_g$ und $\Im_r$ erklären wir den größten gemeinsamen Teiler von n Polynomen

$$f_{g\,1}(x),\ f_{g\,2}(x),\ \ldots,\ f_{g\,n}(x)$$

bzw.

$$f_{r\,1}(x),\ f_{r\,2}(x),\ \ldots,\ f_{r\,n}(x)$$

in der üblichen Weise so: $d_g(x)$ bzw. $d_r(x)$ heißt ein größter gemeinsamer Teiler von f_{gi} bzw. f_{ri}, wenn $d_g(x)$ bzw. $d_r(x)$ gemeinsamer Teiler von sämtlichen $f_{gi}(x)$ bzw. $f_{ri}(x)$ ist und jeder gemeinsame Teiler der sämtlichen $f_{gi}(x)$ bzw. $f_{ri}(x)$ auch ein Teiler von $d_g(x)$ bzw. $d_r(x)$ ist.

In der Algebra zeigt man, daß ein größter gemeinsamer Teiler von n Polynomen in $\mathfrak{J}_r$ existiert und sich bestimmen läßt und daß zwei verschiedene größte gemeinsame Teiler derselben Polynome $f_{ri}(x)$, etwa $d_r(x)$ und $d_r{}'(x)$, sich nur um einen konstanten Faktor unterscheiden

$$d_r{}'(x) = c\, d_r(x).$$

Also ist $\pm \| d_r(x) \|$ eindeutig bestimmt. Wir behaupten nun:

Ist $d_r(x)$ ein größter gemeinsamer Teiler der Polynome

$$f_{g1}(x),\ f_{g2}(x),\ \ldots,\ f_{gn}(x)$$

in $\mathfrak{J}_r$ und a der größte gemeinsame Teiler der Koeffizienten der $f_{gi}(x)$, so ist $a \| d_r(x) \|$ der größte gemeinsame Teiler der Polynome f_{gi} in $\mathfrak{J}_g$. $a \| d_r(x) \|$ ist nämlich ein Teiler von $f_{gi}(x)$. Denn ist

$$f_{gi}(x) = a^{(i)} \| f_{gi}(x) \|,$$

so ist a ein Teiler von $a^{(i)}$ und $d_r(x)$ ein Teiler von $f_{gi}(x)$ in $\mathfrak{J}_r$ und daher $\| d_r(x) \|$ ein Teiler von $f_{gi}(x)$ in $\mathfrak{J}_g$. Ist umgekehrt $t_g(x)$ ein Teiler sämtlicher $f_{gi}(x)$ in $\mathfrak{J}_g$ und $t_g = t \| t_g(x) \|$, so muß t in sämtlichen $a^{(i)}$ aufgehen und somit auch in a, und $\| t_g(x) \|$ ist ein Teiler sämtlicher $f_{gi}(x)$ in $\mathfrak{J}_r$, also ist $\| t_g(x) \|$ ebenfalls ein Teiler von $d_r(x)$ in $\mathfrak{J}_r$ und folglich ist $\| t_g(x) \|$ auch ein Teiler von $\| d_r(x) \|$ in $\mathfrak{J}_g$. Also ist $a \| d_r(x) \| = d_g(x)$ größter gemeinsamer Teiler der Polynome $f_{gi}(x)$ in $\mathfrak{J}_g$. Ist $d_g'(x)$ ein anderer größter gemeinsamer Teiler in $\mathfrak{J}_g$, so ist $d_g'(x)$ auch ein größter gemeinsamer Teiler in $\mathfrak{J}_r$ und es muß daher $d_g'(x) = c \| d_g(x) \|$ sein. Ferner muß c in allen $a^{(i)}$ aufgehen und ebenfalls a in c aufgehen, also ist $c = \pm a$ und also ist $d_g(x) = \pm d_g'(x)$.

Schließlich kehren wir in den ursprünglichen Integritätsbereich $\mathfrak{J}$ der Polynome $f(x)$ zurück. Sind $f_i(x)$ $(i = 1, 2, \ldots, m)$ Polynome aus $\mathfrak{J}$ und ist $d_g(x)$ größter gemeinsamer Teiler der $|f_i(x)|$, so ist $d_g(x)$ auch größter gemeinsamer Teiler der $f_i(x)$. Denn $d_g(x)$ ist Teiler von den $|f_i(x)|$ und somit auch von den $f_i(x)$, und ist $t(x)$ gemeinsamer Teiler der $f_i(x)$, so ist $|t(x)|$ auch gemeinsamer Teiler der $|f_i(x)|$ in $\mathfrak{J}_g$, also Teiler von $d_g(x)$.

Ist $d(x)$ irgendein größter gemeinsamer Teiler von den $f_i(x)$, so ist $|d(x)|$ ein Teiler der $|f_i(x)|$ in $\Im_g$, also $|d(x)|$ ein Teiler von $d_g(x)$ in $\Im_g$, das heißt $d_g(x) = |d(x)| h_g(x)$. Umgekehrt ist $d_g(x)$ ein gemeinsamer Teiler der $|f_i(x)|$, also auch der $f_i(x)$, und mithin ist $d_g(x)$ unter den Teilern von $d(x)$ in $\Im$ enthalten, also

$$d(x) = d_g(x)\, h(x),$$

folglich ist

$$|d(x)| = |d_g(x)|\,|h(x)|.$$

Da auch

$$|d_g(x)| = |d(x)|\,|h_g(x)|,$$

folgt hieraus

$$|d(x)| = |d(x)|\,|h_g(x)|\,|h(x)|,$$

also muß

$$|h_g(x)|\,|h(x)| = 1$$

und folglich

$$|h_g(x)| = \pm 1, \quad |h(x)| = \pm 1$$

sein. Folglich ist

$$d(x) = \pm\, d_g(x)\, x^n$$

Endlich sei

$$f_{m+1}(x) = \sum_{i=1}^{m} n_i(x)\, f_i(x).$$

Wir behaupten: *Ein größter gemeinsamer Teiler in $\Im$ der $f_i(x)$ ($i = 1, 2, \ldots, m$) ist auch größter gemeinsamer Teiler von $f_i(x)$ und $f_{m+1}(x)$ und umgekehrt.* Jeder gemeinsame Teiler der $f_i(x)$ ist nämlich auch einer von $f_i(x)$ und $f_{m+1}(x)$ und umgekehrt.

18. Ein Beispiel

Ein einfaches Beispiel dafür, daß eine Gruppe $\mathfrak{F}_x$ durch die Elementarteiler ihrer Exponentenmatrix nicht gekennzeichnet wird, finden wir in der Gruppe mit den Relationen

$$R_1 = S^{x^2+1} \equiv 1, \quad R_2 = S^2 \equiv 1. \tag{1}$$

Der größte gemeinsame Teiler $d_g(x)$ von x^2+1 und 2 ist offenbar 1. Eine andere Matrix mit denselben Elementarteilern wird durch

$$R_1' = S \equiv 1$$

geliefert.

Wir wollen zeigen, daß in der durch (1) bestimmten Gruppe das Element S nicht gleich dem Einheitselement ist. Alsdann müßte S nämlich eine Folgerelation sein, also nach 2, 14 bei geeigneten $n_i(x)$

$$S = S^{(x^2+1)\, n_1(x)\, +\, 2\, n_2(x)},$$

d. h.

$$1 = (x^2+1)\, n_1(x) + 2\, n_2(x) \tag{2}$$

sein. Diese Beziehung für Polynome müßte nun für alle Werte von x richtig sein; setzen wir aber $x = 1$, so sehen wir, daß die rechte Seite durch 2 teilbar und also bestimmt ungleich 1 ist.

Setzen wir $S_i = S^{x^i}$ und führen wir die S_i in R_1 ein, so folgt

$$S_{i+2} = S_i^{-1}, \quad \text{also} \quad S_{i+4} = S_i.$$

Nehmen wir S_1, S_2 als Erzeugende, so werden die Relationen

$$S^{x^n\,(x^2+1)} = 1$$

gerade damit aufgebraucht, die übrigen S_i durch S_1, S_2 auszudrücken. R_2 besagt dann noch

$$S_1^2 = 1, \quad S_2^2 = 1,$$

und es ist

$$S_1^x = S_2^{-1} = S_2, \quad S_2^x = S_1^{-1} = S_1.$$

Daß die Gleichung (2) nicht erfüllbar ist, zeigt zugleich eine Eigenschaft des größten gemeinsamen Teilers $d_g(x)$ zweier Polynome $f_{g\,1}(x)$ und $f_{g\,2}(x)$ in $\mathfrak{J}_g$. Es läßt sich $d_g(x)$ im allgemeinen nicht als Linearkombination von $f_{g\,1}(x)$ und $f_{g\,2}(x)$ darstellen.

19. Die Faktorgruppe von Kommutatorgruppen

Aus jeder Gruppe mit den Erzeugenden S_1, S_2, ..., S_n und Relationen $R_1(S)$, $R_2(S)$, ..., $R_m(S)$ läßt sich eine kommutative Gruppe bilden, indem man die Relationen

$$R_{ik} = S_i S_k S_i^{-1} S_k^{-1} \tag{1}$$

hinzunimmt. Die Gruppe, die so aus $\mathfrak{F}$ entsteht, heiße $\mathfrak{F}'$. Wir behaupten, daß $\mathfrak{F}'$ die *Faktorgruppe der Kommutatorgruppe* $\mathfrak{K}_1$ von $\mathfrak{F}$ in $\mathfrak{F}$, $\mathfrak{F}' = \mathfrak{F}/\mathfrak{K}_1$ ist. Jedenfalls gehören die Elemente R_{ik} zu $\mathfrak{K}_1$ und folglich auch alle Transformierten der R_{ik} und deren Potenzprodukte, mithin alle Folgerelationen der R_{ik}. Sind aber A und B irgendwelche Potenzprodukte aus den S_i ($i = 1, 2, ..., n$), so ist infolge (1) das Element A mit B vertauschbar, also ist

$$A B A^{-1} B^{-1}$$

eine Folgerelation der R_{ik}. Da sich also jedes Kommutatorelement aus $\mathfrak{F}$ als Potenzprodukt aus den R_{ik} und ihren Transformierten darstellen läßt, so erzeugen die R_{ik} und ihre Transformierten die Gruppe $\mathfrak{K}_1$, und $\mathfrak{F}'$ ist tatsächlich gleich $\mathfrak{F}/\mathfrak{K}_1$.

Ähnlich kann man auch die *Faktorgruppe der zweiten Kommutatorgruppe* $\mathfrak{K}_2$ von $\mathfrak{F}$ in $\mathfrak{F}$, $\mathfrak{F}'' = \mathfrak{F}/\mathfrak{K}_2$ bilden, indem man statt (1) die Relationen

$$R_{ikl} = S_l\,R_{ik}\,S_l^{-1}\,R_{ik}^{-1} \quad (i,\,k,\,l = 1,\,2,\,\ldots,\,n) \tag{2}$$

hinzunimmt. Denn da infolge dieser Relationen für jedes Element F aus $\mathfrak{F}$

$$F\,R_{ik}F^{-1} \equiv R_{ik}$$

ist, so ist S_l also auch mit $F\,R_{ik}F^{-1}$ vertauschbar, und daher mit allen Elementen aus $\mathfrak{K}_1$ vertauschbar. Die Gleichungen (2) lassen sich nun auswerten, indem man ähnlich wie bei den kommutativen Gruppen eine vereinfachte Darstellung aller Elemente durch Potenzprodukte angibt.

Das Potenzprodukt $F\,(S)$ der S_l ist in $\mathfrak{F}''$ äquivalent zu einem Produkt

$$S_1^{r_1}\,S_2^{r_2}\,\ldots\,S_n^{r_n}\,K,$$

wo K zur Kommutatorgruppe $\mathfrak{K}_1$ gehört und daher ein Produkt der R_{ik} und ihrer Transformierten ist. Führen wir nun die neuen Erzeugenden T_{ik} durch die Relationen

$$T_{ik}^{-1}\,R_{ik} \equiv 1 \quad (i < k)$$

ein, so ist infolge der Relationen (2)

$$F\,T_{ik}F^{-1} \equiv T_{ik}$$

und

$$T_{ik}\,T_{lm} \equiv T_{lm}\,T_{ik},\; T_{ik} \equiv R_{ki}^{-1},$$

also ist

$$K \equiv T_{12}^{r_{12}}\,\ldots\,T_{1n}^{r_{1n}}\,T_{23}^{r_{23}}\,\ldots\,T_{n-1,n}^{r_{n-1,n}}.$$

Bei dieser Umformung gehen die Produkte R_{ikl} in das leere Wort über.

Insbesondere kann man auch die Relationen $R_i\,(S)$ von $\mathfrak{F}$ in die angegebene Gestalt setzen, es wird dann

$$R_i\,(S) \equiv S_1^{r_{i1}}\,S_2^{r_{i2}}\,\ldots\,S_n^{r_{in}}\,T_{12}^{r_{i,12}}\,\ldots\,T_{n-1,n}^{r_{i,n-1,n}}.$$

Streicht man die T_{ik}, so erhält man die Relationen von $\mathfrak{F}' = \mathfrak{F}/\mathfrak{K}_1$.

Wir wollen nun den einen Fall näher behandeln, daß alle $r_{ik} = 0$ sind, daß also die Gruppe $\mathfrak{F}' = \mathfrak{F}/\mathfrak{K}_1$ eine freie ABELsche Gruppe mit n Erzeugenden ist. Dann sind die

$$R_i \equiv T_{12}^{r_{i,12}}\,\ldots\,T_{n-1,n}^{r_{i,n-1,n}}$$

auch die definierenden Relationen der durch die T_{ik} erzeugten
Untergruppe von $\mathfrak{F}''$, der Kommutatorgruppe $\mathfrak{K}_1''$ von $\mathfrak{F}''$. Diese ist
eine kommutative Gruppe, die durch die Elementarteiler der Matrix
$(r_{i,\,ik})$ vollständig charakterisiert wird. Da $\mathfrak{K}_1''$ auch als die Faktor-
gruppe von $\mathfrak{K}_2$ in $\mathfrak{K}_1$, $\mathfrak{K}_1'' = \mathfrak{K}_1/\mathfrak{K}_2$ aufgefaßt werden kann, haben
wir also in den Elementarteilern von $(r_{i,\,ik})$ Zahlen, welche durch
die Gruppe $\mathfrak{F}$ selbst bestimmt sind und nicht von der speziellen
Darstellung von $\mathfrak{F}$ durch Erzeugende und definierende Relationen
abhängen [1]).

---

[1]) Vgl. K. Reidemeister, Hamb. Abhdl. **5**, 33 (1926), und H. Adels-
berger, Journ. f. r. u. a. Math. **163**, 103 (1930).

Drittes Kapitel

Bestimmung von Untergruppen

1. Erzeugende von Untergruppen

Viel tieferen Einblick in die Struktur einer Gruppe erhält man durch ein Verfahren, die Erzeugenden und definierenden Relationen von Untergruppen zu bestimmen[1]). Dies Verfahren gestattet z. B. stets die Kommutatorgruppe einer Gruppe zu bilden. Eine geometrische Veranschaulichung der folgenden Überlegungen findet man in **4**, 20 und **6**, 14.

Es sei $\mathfrak{m}$ *die Menge der Erzeugenden* $S_1, S_2, \ldots, S_n$ *einer Gruppe* $\mathfrak{F}$, $\mathfrak{U}$ *sei eine Untergruppe von* $\mathfrak{F}$ *und* $\mathfrak{g}$ *sei ein Repräsentantensystem*

$$G_1, G_2, \ldots$$

der linksseitigen Restklassen $\mathfrak{U}G$ *von* $\mathfrak{U}$ *in* $\mathfrak{F}$. Die Restklasse $\mathfrak{U}$ selbst möge durch das Einheitselement $E = 1$ repräsentiert sein, die übrigen G_i seien festgewählte Potenzprodukte aus den S. Ist F irgendein Element aus $\mathfrak{F}$ und gehört F in die Restklasse $\mathfrak{U}G$, so erklären wir $\overline{F}$ durch

$$\overline{F} = G.$$

Gehört U zu $\mathfrak{U}$, so ist also $\overline{UF} = \overline{F}$ und insbesondere $\overline{U} = 1$. Unter diesen Voraussetzungen behaupten wir, daß *die Elemente*

$$U_{G,S} = GS\overline{GS}^{-1}$$

ein System $\mathfrak{u}$ *von Erzeugenden der Untergruppe* $\mathfrak{U}$ *bilden, wenn die* G *und* S *unabhängig voneinander die Klassen* $\mathfrak{g}$ *und* $\mathfrak{m}$ *durchlaufen.*

Zum Beweise bemerken wir zunächst, daß die $U_{G,S}$ selbst zur Untergruppe $\mathfrak{U}$ gehören. Da nämlich GS und $\overline{GS}$ zur selben Restklasse nach $\mathfrak{U}$ gehören, ist

$$GS = U\overline{GS},$$

---

[1]) Zu den folgenden Abschnitten vgl. K. Reidemeister, Hamb. Abhdl. **5**, 8 (1926), und O. Schreier, Hamb. Abhdl. **5**, 161 (1926).

wo U ein geeignetes Element aus $\mathfrak{U}$ ist. Mithin ist

$$U_{G,\,S} \equiv U\,\overline{GS}\,\overline{GS}^{\,-1} = U.$$

Indem wir nun beachten, daß

$$G\,S^{-1}\overline{\overline{G\,S^{-1}}}^{\,-1}$$

formalinvers zu $\overline{GS^{-1}}\,SG^{-1}$ und dies letztere eines der Elemente $U_{G,\,S}$ ist (nämlich das Element $U_{G'\,S}$ mit $G' = \overline{GS^{-1}}$, da ja $\overline{G'\,S} = \overline{\overline{GS^{-1}}\,S} = G$ ist), können wir leicht einsehen, daß jedes Potenzprodukt der S_i $(i = 1, 2, \ldots, n)$

$$S_{\alpha_1}^{\varepsilon_1}\,S_{\alpha_2}^{\varepsilon_2}\,\ldots\,S_{\alpha_m}^{\varepsilon_m} \quad (\varepsilon_k = \pm\,1,\ k = 1, 2, \ldots, m), \qquad (1)$$

welches ein Element aus $\mathfrak{U}$ liefert, sich auch als Potenzprodukt der $U_{G\,S}$ schreiben läßt. Wir setzen nämlich

$$W_0 = 1, \quad W_1 = S_{\alpha_1}^{\varepsilon_1}, \quad W_2 = S_{\alpha_1}^{\varepsilon_1}\,S_{\alpha_2}^{\varepsilon_2}, \ldots, W_m = S_{\alpha_1}^{\varepsilon_1}\,S_{\alpha_2}^{\varepsilon_2}\,\ldots\,S_{\alpha_m}^{\varepsilon_m}$$

und bilden

$$\overline{W}_0\,S_{\alpha_1}^{\varepsilon_1}\,\overline{W}_1^{-1}\,\overline{W}_1\,S_{\alpha_2}^{\varepsilon_2}\,\overline{W}_2^{-1}\,\overline{W}_2\,\ldots\,\overline{W}_{\alpha_{m-1}}^{-1}\,\overline{W}_{\alpha_{m-1}}\,S_{\alpha_m}^{\varepsilon_m}\,\overline{W}_m^{-1};$$

da $\overline{W}_0 = \overline{1} = 1$ und $\overline{W}_m$ ebenfalls $= 1$ ist, weil ja W_m zu $\mathfrak{U}$ gehört, geht dieses Potenzprodukt aus (1) durch elementare Umformungen in der freien Gruppe der S hervor. Jeder der Faktoren

$$\overline{W}_{i-1}\,S_{\alpha_i}^{\varepsilon_i}\,\overline{W}_i^{-1}$$

ist aber ein bestimmtes $U_{G\,S}$ oder das inverse eines solchen Elementes. Damit sind die $U_{G\,S}$ als ein System von Erzeugenden von $\mathfrak{U}$ erkannt. Man sieht, daß es wesentlich ist, daß wir $\overline{U} = 1$ festgesetzt hatten.

Da es verschiedene Repräsentantensysteme $\mathfrak{g}$ für die Restklassen $\mathfrak{U}G_i$ nach $\mathfrak{U}$ gibt, die dieser letzteren Forderung genügen, so gibt es auch natürlich verschiedene Systeme von Erzeugenden von $\mathfrak{U}$. Dies werden wir uns in **3,** 6 zunutze machen, um die definierenden Relationen von $\mathfrak{U}$ in eine übersichtliche Form zu bringen. Vorher müssen wir die Bestimmung dieser Relationen ausführen.

2. Erzeugende der Untergruppe als spezielle Erzeugende der Gesamtgruppe

Es ist ganz einfach, Relationen anzugeben, welche die Erzeugenden $U_{G,\,S}$ erfüllen müssen: irgendeine Relation R aus den S_i liefert ja gewiß ein Element, das auch zu $\mathfrak{U}$ gehört, es läßt sich also durch die $U_{G,S}$ ausdrücken, und das so entstandene Produkt ist als Darstellung des Einheitselementes von $\mathfrak{U}$ alsdann eine Relation in den $U_{G,S}$. Schwieriger ist es, sich klarzumachen, wie man alle Relationen in den $U_{G,S}$ erhält. Denn es ist natürlich nicht gesagt, daß jede Relation in den U_{GS} durch Übersetzung einer Relation in den S_i entsteht, dies ist sogar im allgemeinen, wie wir sehen werden, falsch.

Wir bereiten die Lösung dieser Frage vor, indem wir die U_{GS} mit Hilfe der Relationen

$$U_{GS}^{-1}\, GS\, \overline{GS}^{-1} \equiv 1$$

als neue Erzeugende der Gruppe $\mathfrak{F}$ einführen und ein etwas modifiziertes Verfahren angeben, die Potenzprodukte aus den S_i und $U_{G,S}$, welche Elemente aus $\mathfrak{U}$ liefern, durch die U_{GS} allein auszudrücken. Der bequemeren Schreibweise halber bezeichnen wir die neuen Erzeugenden von $\mathfrak{F}$ mit T_1, T_2, $\ldots$ und ihre Gesamtheit mit t; ein T_i ist also entweder ein bestimmtes S_k oder ein bestimmtes U_{GS}. Ist nun

$$F = T_{\alpha_1}^{\varepsilon_1}\, T_{\alpha_2}^{\varepsilon_2} \cdots T_{\alpha_m}^{\varepsilon_m} \tag{1}$$

ein beliebiges Potenzprodukt der T, so bilden wir die Teilprodukte

$$W_0 = 1,\ W_1 = T_{\alpha_1}^{\varepsilon_1},\ W_2 = T_{\alpha_1}^{\varepsilon_1} T_{\alpha_2}^{\varepsilon_2},\ \ldots,\ W_m = T_{\alpha_1}^{\varepsilon_1} \cdots T_{\alpha_m}^{\varepsilon_m},$$

und indem wir $\overline{W}$ wie im vorigen Abschnitt als ein bestimmtes Potenzprodukt G aus den S_i auffassen, das die Restklasse repräsentiert, zu welcher W gehört, setzen wir

$$F' = \overline{W}_0\, T_{\alpha_1}^{\varepsilon_1}\, \overline{W}_1^{-1}\, \overline{W}_1\, T_{\alpha_2}^{\varepsilon_2}\, \overline{W}_2^{-1} \cdots \overline{W}_{m-1}^{-1}\, \overline{W}_{m-1}\, T_{\alpha_m}^{\varepsilon_m}\, \overline{W}_m^{-1}. \tag{2}$$

Es ist wieder $\overline{W}_0 = 1$, und wenn F zu $\mathfrak{U}$ gehört, ist auch $\overline{W}_m = 1$, und F' geht also durch elementare Umformungen aus F hervor. Wenn wir auch die Ausdrücke $\overline{W}_{i-1}\, T_{\alpha_i}^{\varepsilon_1}\, \overline{W}_i^{-1}$ bzw. allgemein die Ausdrücke

$$G\, T^\varepsilon\, \overline{G\,T^\varepsilon}^{-1} \qquad \varepsilon = \pm 1, \tag{3}$$

wo die G und T unabhängig voneinander die Klassen $\mathfrak{g}$ und t durchlaufen, in bestimmter Weise durch die $U_{G,S}$ ausdrücken, so erhalten wir wieder eine neue Vorschrift, jedes F, das zu $\mathfrak{U}$ gehört, durch die $U_{G,S}$ darzustellen.

Es werde nun wieder

$$G\, T^{-1}\, \overline{G\,T^{-1}}^{-1} = (G'\, T\, \overline{G'\,T}^{-1})^{-1}$$

mit $G' = \overline{G\,T^{-1}}$ gesetzt, ferner, falls $T_i = S_k$,

$$G\,T_i \overline{G\,T_i}^{-1}, \qquad\qquad (4)$$

durch $U_{G\,S_k}$, in Zeichen

$$\left|G\,T_i \overline{G\,T_i}^{-1}\right|_u = U_{G\,S_k}$$

ersetzt. Für die Ausdrücke (4), bei denen T einem $U_{G'\,S}$ entspricht und $G = 1$ und also $\overline{G\,T_i}^{-1} = 1$ ist, schreiben wir für (4) $U_{G'\,S}$. Ist $G \neq 1$ und $T_i = U_{G'\,S}$, so denken wir irgendeine bestimmte Vorschrift festgelegt, die wir nicht näher zu kennen brauchen, um einen solchen Ausdruck (4) in ein Potenzprodukt $\left|G\,T_i \overline{G\,T_i}^{-1}\right|_u$ der $U_{G''\,S}$ zu übersetzen. Da G und $\overline{G\,T_i}^{-1}$ nur Erzeugende S enthalten, können wir z. B. so vorgehen, daß wir $T_i = U_{G'\,S}$ durch das Produkt $G'S\,\overline{G'S}^{-1}$ aus den S ersetzen und das so aus $G\,U_{G'\,S}\,\overline{G\,U_{G'S}}^{-1}$ entstehende Produkt dann durch die $U_{G,\,S}$ nach dem vorigen Abschnitt ausdrücken. Auch dies Produkt bezeichnen wir mit $\left|G\,T_i\overline{G\,T_i}^{-1}\right|_u$. Ist F ein beliebiges Potenzprodukt aus den T, das ein Element aus $\mathfrak{U}$ liefert, so verstehen wir unter F_u dasjenige Potenzprodukt aus den $U_{G,\,S}$, das aus $F' = F$ entsteht, indem die Faktoren $\overline{W}_{i-1}\,T_{\alpha_i}^{a_i}\,\overline{W}_i^{-1}$ in der vorgeschriebenen Weise durch $\left|\overline{W}_{i-1}\,T_{\alpha_i}\,\overline{W}_i^{-1}\right|_u$ bzw. $\left(\left|\overline{W}_i\,T_{\alpha_i}\,\overline{W}_{i-1}^{-1}\right|_u\right)^{-1}$ ersetzt werden.

Um Irrtümern vorzubeugen, sei hervorgehoben, daß das Zeichen $|F|_u$ nur für die speziellen Elemente (4) erklärt ist und daß $|F|_u$ im allgemeinen von F_u verschieden ist. Zur Abkürzung setzen wir noch

$$\left|F^{-1}\right|_u = \left(|F|_u\right)^{-1}.$$

3. Eigenschaften des Ersetzungsverfahrens

Den Zusammenhang der Produkte F und F_u beleuchten wir durch die folgenden Sätze:

Satz 1. *Ist F ein Produkt, das allein aus den $U_{G\,S}$ besteht, so ist F_u mit F identisch.*

Bilden wir nämlich für ein solches Element F in **3**, 2 (1) das Produkt F' in **3**, 2 (2), so ist $\overline{W}_i = 1$ $(i = 1, 2, \ldots, m)$, weil ja alle Faktoren von F zu $\mathfrak{U}$ gehören.

Satz 2. *Ist $F_1F_2 = F_{12}$ ein Produkt, das aus F_1 und F_2 durch Nebeneinanderschreiben entsteht, und gehören F_1 und F_2 zu $\mathfrak{U}$, so ist*

$$F_{1u}F_{2u} = F_{12u}.$$

Ist nämlich

$$F_k = \prod_{l=1}^{m_k} T_{\alpha_{l,k}}^{\varepsilon_{l,k}} \ (k=1,2), \quad W_{i,k} = \prod_{l=1}^{i} T_{\alpha_{l,k}}^{\varepsilon_{l,k}} \ (i=1,2,\ldots,m_k;\ k=1,2),$$

so ist

$$F_{12} = \prod_{l=1}^{m_1} T_{\alpha_{l,1}}^{\varepsilon_{l,1}} \prod_{l=1}^{m_2} T_{\alpha_{l,2}}^{\varepsilon_{l,2}}.$$

Die Teilprodukte sind

$$W_{i,12} = \prod_{l=1}^{i} T_{\alpha_{l,1}}^{\varepsilon_{l,1}} = W_{i,1} \quad (i \leqslant m_1),$$

und für die Teilprodukte

$$W_{i,12} = W_{m_1,12} \prod_{l=1}^{i-m_1} T_{\alpha_{l,2}}^{\varepsilon_{l,2}} \quad (i > m_1)$$

ist

$$\overline{W}_{i,12} = \overline{W}_{i-m_1,2},$$

weil $W_{m_1,12}$ zu $\mathfrak{U}$ gehört und ja $\overline{UF} = \overline{F}$ ist. Es ist also $F_{12}' = F_1' F_2'$, und daraus folgt das Behauptete.

Satz 3. *Ist F ein Potenzprodukt mit*

$$\alpha_{i-1} = \alpha_i, \quad \varepsilon_{i-1} + \varepsilon_i = 0$$

und F^* das Produkt, das aus F durch Streichung von $T_{\alpha_{i-1}}^{\varepsilon_{i-1}} T_{\alpha_i}^{\varepsilon_i}$ entsteht, so geht auch $F_\mathfrak{u}$ aus $F_\mathfrak{u}^*$ durch elementare Umformungen im Bereich der $U_{G,S}$ hervor.

Denn ist

$$F = \prod_{i=1}^{m} T_{\alpha_i}^{\varepsilon_i}, \quad F^* = \prod_{i=1}^{m-2} T_{\beta_i}^{\eta_i}, \quad W_j = \prod_{l=1}^{j} T_{\alpha_l}^{\varepsilon_l}, \quad W_j^* = \prod_{l=1}^{j} T_{\beta_l}^{\eta_l},$$

so ist $W_j = W_j^*$ für $j \leqslant i - 2$. Für $j > i - 2$ geht W_j^* durch eine elementare Umformung aus W_{j+2} hervor, also ist $\overline{W}_j^* = \overline{W}_j$ für $j \leqslant i - 2$ und $\overline{W}_j^* = \overline{W}_{j+2}$ für $j > i - 2$. Bilden wir nun F' und F^*, so ist

$$F' = \prod_{l=1}^{i-2} \overline{W}_{l-1} T_{\alpha_l}^{\varepsilon_l} \overline{W}_l^{-1} \cdot \overline{W}_{i-2} T_{\alpha_{i-1}}^{\varepsilon_{i-1}} \overline{W}_{i-1}^{-1} \cdot$$
$$\cdot \overline{W}_{i-1} T_{\alpha_i}^{\varepsilon_i} \overline{W}_i^{-1} \cdot \prod_{l=i+1}^{m} \overline{W}_{l-1} T_{\alpha_l}^{\varepsilon_l} \overline{W}_l^{-1}$$

und nach der soeben festgestellten Identität

$$F^{*\prime} = \prod_{l=1}^{i-2} \overline{W}_{l-1} T_{\alpha_l}^{\varepsilon_l} \overline{W}_l^{-1} \prod_{l=i+1}^{m} \overline{W}_{l-1} T_{\alpha_l}^{\varepsilon_l} \overline{W}_l^{-1}.$$

Ist nun etwa $\varepsilon_{i-1} = 1$, also $\varepsilon_i = -1$, so ist

$$\overline{W}_{i-1}\, T_{\alpha_i}^{\varepsilon_i}\, \overline{W}_i^{-1} = \left(\overline{W}_{i-2}\, T_{\alpha_{i-1}}\, \overline{W}_{i-1}^{-1}\right)^{-1},$$

und drücken wir jetzt die Faktoren

$$\overline{W}_{l-1}\, T_{\alpha_l}^{\varepsilon_l}\, \overline{W}_l^{-1}$$

in F' und $F^{*\prime}$ vorschriftsmäßig durch die U_{GS} aus, so liefern die beiden Faktoren für $l = i-1$ und $l = i$ in $F_\mathfrak{u}$ tatsächlich formalinverse Bestandteile in den U_{GS}.

Hieraus folgt ferner Satz 4: *Sind F und F^{-1} zwei formalinverse Potenzprodukte in den T, die Elemente aus $\mathfrak{U}$ darstellen, so sind die daraus entstehenden Produkte $F_\mathfrak{u}$ und $(F^{-1})_\mathfrak{u}$ ebenfalls formalinvers zueinander.* Denn da sich FF^{-1} durch Reduktion in der freien durch die T erzeugten Gruppe in die Identität verwandeln läßt, gilt dies auch für $(FF^{-1})_\mathfrak{u} = F_\mathfrak{u}(F^{-1})_\mathfrak{u}$ in der freien von den U_{GS} erzeugten Gruppe.

4. Definierende Relationen

Nunmehr haben wir alle Vorbereitungen getroffen, um die definierenden Relationen von $\mathfrak{U}$ in den Erzeugenden $U_{G,S}$ anzugeben. *Sind*

$$R_1(T),\ R_2(T),\ \ldots,\ R_r(T)$$

ein System $\mathfrak{r}$ definierender Relationen der Gruppe $\mathfrak{F}$ in den Erzeugenden T, so erhalten wir ein System definierender Relationen von $\mathfrak{U}$ in den Erzeugenden $U_{G,S}$, indem wir die Potenzprodukte

$$G\,R\,G^{-1}$$

durch die $U_{G',S}$ ausdrücken; hierin durchlaufe R alle Relationen aus $\mathfrak{r}$ und G ein volles Repräsentantensystem $\mathfrak{g}$ der linksseitigen Restklassen $\mathfrak{U}G$ von $\mathfrak{U}$ in $\mathfrak{F}$. Sei nämlich R irgendeine Relation in den $U_{G,S}$, wir können sie alsdann auch als eine Relation in den T auffassen, und also ist sie eine Folgerelation der Relationen R_i aus $\mathfrak{r}$, mithin ist $R(U_{GS})$ bzw. nach Umbenennung der U_{GS} in die entsprechenden T

$$R(T) \equiv \prod_i L_i(T)\, R_{\alpha_i}^{\varepsilon_i}(T)\, L_i^{-1}(T),$$

d. h. wir erhalten ein Produkt $R(T)$, das durch elementare Umformungen in der freien von sämtlichen T erzeugten Gruppe sich in ein Produkt von Transformierten der R aus $\mathfrak{r}$ und ihren Inversen verwandeln läßt. Durch weitere elementare Umformungen in der freien Gruppe der T erhalten wir

$$R\,(T) \equiv \Pi L_i\,(T)\,R_{\alpha_i}^{\varepsilon_i}(T)\,L_i^{-1}(T)$$
$$\equiv \Pi\big(L_i\,(T)\,\overline{L}_i^{-1}\big)\big(\overline{L}_i\,R_{\alpha_i}^{\varepsilon_i}\overline{L}_i^{-1}\big)\big(\overline{L}_i\,L_i^{-1}\,(T)\big).$$

Darin gehören die drei eingeklammerten Elemente zu $\mathfrak{U}$, und die Produkte $L_i\overline{L}_i^{-1}$ und $\overline{L}_i L_i^{-1}$ sind formalinvers zueinander. Nun geht einerseits nach **3**, 3, Satz 1 und Satz 3

$$\big(\Pi\;L_i\overline{L}_i^{-1}\,\overline{L}_i\,R_{\alpha_i}^{\varepsilon_i}\,\overline{L}_i^{-1}\overline{L}_i\,L_i^{-1}\big)_{\mathfrak{u}}$$

durch elementare Umformungen im Bereich der U_{GS} aus $R\,(U_{GS})$ hervor, und es ist dies Produkt andererseits nach **3**, 3, Satz 2 gleich

$$\Pi\big(L_i\overline{L}_i^{-1}\big)_{\mathfrak{u}}\big(\overline{L}_i\,R_{\alpha_i}^{\varepsilon_i}\overline{L}_i^{-1}\big)_{\mathfrak{u}}\big(\overline{L}_i\,L_i^{-1}\big)_{\mathfrak{u}}.$$

Die $(L_i L_i^{-1})_{\mathfrak{u}}$ und $(\overline{L}_i L_i^{-1})_{\mathfrak{u}}$ sind nach **3**, 3, Satz 4 auch formalinvers zueinander, und mithin ist $R\,(U_{GS})$ eine Folgerelation der $(G\,R\,G^{-1})_{\mathfrak{u}}$.

5. Normierung der Ersetzungsvorschriften nach Schreier

Die definierenden Relationen von $\mathfrak{F}$ in den Erzeugenden T zerfallen naturgemäß in zwei Klassen, einerseits in die Klasse der Relationen, durch welche die Erzeugenden U_{GS} definiert worden sind, andererseits in die Klasse der Relationen, welche aus den definierenden Relationen von $\mathfrak{F}$ in den Erzeugenden S hervorgegangen sind. Entsprechend können wir auch die definierenden Relationen von $\mathfrak{U}$ in zwei Klassen einteilen, in die *Relationen erster Art*

$$(G\,R\,(S)\,G^{-1})_{\mathfrak{u}} = 1 \tag{1}$$

und *die Relationen zweiter Art*

$$(G'\,U_{GS}\,[G S\overline{G S}^{-1}]^{-1}\,G'^{-1})_{\mathfrak{u}} = 1. \tag{2}$$

Wir wollen nun nach Schreier zeigen, daß man durch geschickte *Ausnutzung der Freiheit, die wir in der Erklärung des Prozesses $F_{\mathfrak{u}}$ noch haben,* die Relationen zweiter Art auflösen und zum Fortfall bringen kann. Wir können noch über die Vorschrift verfügen, wie wir

$$G'\,U_{GS}\,\overline{G'\,U}_{GS}^{-1}$$

durch die U_{GS} ausdrücken wollen $(G' \neq 1)$, d. h. wie wir

$$\big|G'\,U_{GS}\,\overline{G'\,U}_{GS}^{-1}\big|_{\mathfrak{u}}$$

erklären wollen, und wir können die Repräsentanten der Restklassen G_i auf mannigfache Weise wählen. Wir wollen zunächst die Operation $|F|_u$ näher bestimmen. Es sei

$$G' U_{GS} [GS \overline{GS}^{-1}]^{-1} G'^{-1} = \prod_{i=1}^{m} T_{\alpha_i}^{\varepsilon_i},$$

W_i seien die Teilprodukte dieses Ausdrucks und insbesondere

$$W_k = G', \quad \text{also} \quad T_{\alpha_{k+1}}^{\varepsilon_{k+1}} = U_{GS}.$$

Bilden wir

$$\left(\prod_{i=1}^{m} T_{\alpha_i}^{\varepsilon_i} \right)' = \prod_{i=1}^{m} \overline{W}_{i-1} T_{\alpha_i}^{\varepsilon_i} \overline{W}_i^{-1},$$

so entsprechen allen T_{α_i} $(i \neq k+1)$ Erzeugende S, weil die Repräsentanten G der Restklassen Potenzprodukte allein aus den S sind. Daher ist

$$\left| \overline{W}_{i-1} T_{\alpha_i}^{\varepsilon_i} \overline{W}_i^{-1} \right|_u \quad (i \neq k+1)$$

ein fest erklärtes Potenzprodukt der U_{GS}. Wir setzen nun

$$\left| \overline{W}_k T_{\alpha_{k+1}}^{\varepsilon_{k+1}} \overline{W}_{k+1}^{-1} \right|_u \quad \text{bzw.} \quad \left| G' U_{GS} \overline{G'} \overline{U}_{GS}^{-1} \right|_u$$

$$= \left(\prod_{i=1}^{k} \left| W_{i-1} T_{\alpha_i}^{\varepsilon_i} \overline{W}_i^{-1} \right|_u \right)^{-1} \left(\prod_{i=k+2}^{m} \left| \overline{W}_{i-1} T_{\alpha_i}^{\varepsilon_i} \overline{W}_i^{-1} \right|_u \right)^{-1}.$$

Das ist eine erlaubte Festsetzung, weil das Produkt der U_{GS} rechter Hand auf Grund der Relation wirklich das Element

$$G' U_{GS} \overline{G'} \overline{U}_{GS}^{-1}$$

darstellt. Die Festsetzung bewirkt, daß die Relationen

$$(G' U_{GS} [GS \overline{GS}^{-1}]^{-1} G'^{-1})_u$$

identisch erfüllt sind, sobald $G' \neq 1$.

6. Auswahl der Repräsentanten G nach Schreier

Es bleiben jetzt von den Relationen zweiter Art nur die

$$(U_{GS} [GS \overline{GS}^{-1}]^{-1})_u \equiv 1$$

übrig. Wir vereinfachen sie durch geeignete Auswahl der Repräsentanten G. Wir legen nämlich den G die folgende Bedingung (Schreiersche Bedingung) auf:

(Σ) *Jedesmal, wenn*

$$G = \prod_{i=1}^{r} S_{\alpha_i}^{\varepsilon_i}$$

Repräsentant seiner Restklasse ist, sollen auch die Abschnitte des Produkts

$$\prod_{i=1}^{j} S_{\alpha_i}^{a_i} \quad (j = 1, 2, \ldots, r-1)$$

die Repräsentanten ihrer Restklassen sein.

Diese Forderung ist stets erfüllbar:

Es gibt in jeder Restklasse mindestens ein Potenzprodukt

$$\prod_{i=1}^{l} S_{\alpha_i}^{\eta_i} \quad (\eta_i = \pm 1) \tag{1}$$

mit möglichst geringer Faktorenzahl l.   Wir nennen l die Länge der durch (1) bestimmten Restklasse. $\mathfrak{U}$ ist die einzige Restklasse der Länge Null; in ihr werde das leere Potenzprodukt 1 ausgewählt, das schon früher Repräsentant von $\mathfrak{U}$ war.   Nehmen wir nun an, es sei uns bereits gelungen, in allen Restklassen, deren Länge kleiner als l ($l > 0$) ist, einen Ausdruck als Repräsentanten zu wählen, dessen Faktorenzahl gleich der Länge der Restklasse ist und der Forderung (Σ) genügt.

Wir wollen zeigen, daß sich auch für alle Restklassen der Länge l unserer Forderung genügen läßt.   Sei $\mathfrak{U}F$ eine Restklasse der Länge l und (1) ein gewähltes Potenzprodukt der Länge l aus $\mathfrak{U}F$.   Dann betrachten wir die Restklasse

$$\mathfrak{U} \prod_{i=1}^{l-1} S_{\alpha_i}^{\eta_i}. \tag{2}$$

Ihre Länge ist $l-1$.   Denn zunächst enthält sie nach (2) einen Ausdruck von bloß $l-1$ Faktoren; enthielte sie aber einen kürzeren Ausdruck

$$F = U \prod_{i=1}^{l-1} S_{\alpha_i}^{\eta_i},$$

so gehörte

$$F S_{\alpha_l}^{\eta_l} = U \prod_{i=1}^{l} S_{\alpha_i}^{\eta_i}$$

zu der durch (1) bestimmten Restklasse und hätte doch weniger als l Faktoren, was unserer Annahme über $\mathfrak{U}F$ widerspricht.   Nach der Induktionsannahme gibt es daher in der Restklasse (2) ein Produkt

$$\prod_{i=1}^{l-1} S_{\beta_i}^{a_i},$$

das (Σ) genügt. Nun nehmen wir

$$\prod_{i=1}^{l-1} S_{\beta_i}^{\varepsilon_i}\, S_{\alpha_l}^{\eta_l}$$

als Repräsentanten von $\mathfrak{U}F$, der die Länge l besitzen muß; ebenso verfahren wir für alle Restklassen der Länge l. Damit ist unsere Behauptung bewiesen.

7. Die Relationen zweiter Art

Denken wir uns jetzt die Repräsentanten G irgendwie gemäß (Σ) bestimmt. Wir teilen dann die Elemente U_{GS} in zwei Klassen: U_{GS} heiße von erster Art oder zur Klasse $\mathfrak{u}_1$ gehörig, wenn

$$\overline{GS} \equiv GS$$

in der freien Gruppe der S ist. Die übrigen U_{GS} nennen wir von zweiter Art und fassen sie zur Klasse $\mathfrak{u}_2$ zusammen. Ist nun U_{GS} von erster Art, so ist demnach

$$GS\,\overline{GS}^{-1} \equiv 1$$

in der freien Gruppe der S folglich auch

$$(GS\,\overline{GS}^{-1})_{\mathfrak{u}} \equiv 1$$

in der freien Gruppe der U_{GS}, d. h. die betreffende Gleichung **3,** 5 (2) kann durch

$$U_{GS} \equiv 1$$

ersetzt werden. Mit anderen Worten: *Die Erzeugenden U_{GS} der Klasse $\mathfrak{u}_1$ können gestrichen werden, da sie der Einheit gleich sind.*

Wir untersuchen jetzt die Elemente der Klasse $\mathfrak{u}_2$. Sei

$$G = \prod_{i=1}^{r} S_{\alpha_i}^{\varepsilon_i}, \qquad \overline{GS} = \prod_{k=1}^{s} S_{\beta_k}^{\eta_k}.$$

Gemäß der Vorschrift zur Berechnung von

$$(GS\,\overline{GS}^{-1})_{\mathfrak{u}}$$

haben wir die Repräsentanten derjenigen Restklassen einzuführen, die durch die Abschnitte des Produkts

$$\prod_{i=1}^{r} S_{\alpha_i}^{\varepsilon_i}\, S \prod_{k=s}^{1} S_{\beta_k}^{-\eta_k}$$

bestimmt sind. Gemäß Forderung (Σ) sind es der Reihe nach folgende Ausdrücke:

$$\overline{W}_0 = \overline{W}_{r+s+1} = 1,\ \overline{W}_j = \prod_{i=1}^{j} S_{\alpha_i}^{\varepsilon_i}\ (j = 1, 2, \ldots, r),$$

$$\overline{W}_{r+1} = \overline{GS} = \prod_{k=1}^{s} S_{\beta_k}^{\eta_k},\quad \overline{W}_{r+i} = \prod_{k=1}^{s-i+1} S_{\beta_k}^{\eta_k}\ (i = 2, 3, \ldots, s).$$

Es gelten die Beziehungen: Für $\varepsilon_j = +1$ ist

$$\overline{W}_{j-1} S_{\alpha_j}^{\varepsilon_j} = \overline{\overline{W}_{j-1} S_{\alpha_j}} = \overline{W}_j\ (j \leqslant r)$$

und für $\eta_{s-i+1} = -1$ ist

$$\overline{W}_{r+i} S_{\beta_{s-i+1}}^{-\eta_{s-i+1}} = \overline{\overline{W}_{r+i}\ S_{\beta_{s-i+1}}} = \overline{W}_{r+i+1}.$$

Für $\varepsilon_j = -1$ ist

$$\overline{W}_j S_{\alpha_j}^{-\varepsilon_j} = \overline{\overline{W}_j S_{\alpha_j}} = \overline{W}_{j-1}\ (j \leqslant r)$$

und für $\eta_{s-i+1} = +1$

$$\overline{W}_{r+i+1} S_{\beta_{s-i+1}}^{\eta_{s-i+1}} = \overline{\overline{W}_{r+i+1} S_{\beta_{s-i+1}}} = \overline{W}_{r+i},$$

eventuell nach Anwendung einer elementaren Umformung in der freien Gruppe der S. Folglich sind die Elemente

$$\left| \overline{W}_{j-1} S_{\alpha_j}^{\varepsilon_i} \overline{W}_j^{-1} \right|_{\mathfrak{u}},\quad \left| \overline{W}_{r+i} S_{\beta_{s-i+1}}^{\eta_{s-i+1}} \overline{W}_{r+i+1}^{-1} \right|_{\mathfrak{u}}$$

sämtlich gleich U_{GS} aus Klasse $\mathfrak{u}_1$ oder Inverse solcher Elemente, also jedenfalls gleich 1, und es ist also

$$(GS\,\overline{GS}^{-1})_{\mathfrak{u}} = |GS\,\overline{GS}^{-1}|_{\mathfrak{u}},$$

so daß die in Frage stehende Gleichung sich auf die Identität

$$U_{GS} U_{GS}^{-1} = 1$$

reduziert.

Zusammenfassend haben wir also folgendes erreicht: Durch geeignete Wahl der Ausdrücke $|F|_{\mathfrak{u}}$ in **3,** 5, auf die es im übrigen nicht mehr ankommt, werden die Gleichungen **3,** 5 (2) für $G \neq 1$ eliminiert, so daß nur die Gleichungen für $G = 1$ übrigbleiben. Werden überdies die Repräsentanten der Restklassen gemäß der Forderung (Σ) in **3,** 6 gewählt, so ergibt sich, daß die Relationen zweiter Art durch die Feststellung ersetzt werden dürfen, daß diejenigen U_{GS}, für die $\overline{GS} = \overline{G}\overline{S}$ gilt, der Einheit gleich sind.

Noch eine Bemerkung zur Berechnung der Relationen: Ist

$$G = S_{\alpha_1}^{\varepsilon_1} S_{\alpha_2}^{\varepsilon_2} \cdots S_{\alpha_m}^{\varepsilon_m}$$

und

$$R = S_{\beta_1}^{\eta_1} S_{\beta_2}^{\eta_2} \cdots S_{\beta_n}^{\eta_n},$$

so sind die Teilprodukte W_i von $G R G^{-1}$:

$$W_j = \prod_{i=1}^{j} S_{\alpha_i}^{\varepsilon_i} \quad (j = 1, 2, \ldots, m),$$

$$W_{m+k} = G \prod_{i=1}^{k} S_{\beta_i}^{\eta_i} \quad (k = 1, 2, \ldots, n),$$

$$W_{m+n+l+1} = G R \prod_{r=m}^{m-l} S_{\alpha_r}^{-\varepsilon_r} \quad (l = 0, 1, \ldots, m-1).$$

Da

$$\overline{G R G'} = \overline{G G'}$$

ist, weil RF und F dasselbe Element in $\mathfrak{F}$ bedeuten, ist also

$$\overline{W}_l = \overline{W}_{m+n+m-l}$$

und daher

$$\left| \overline{W}_l \, S_{\alpha_l+1}^{\varepsilon_l+1} \, \overline{W}_{l+1}^{-1} \right|_u = \left| \overline{W}_{m+n+m-l} \, S_{\alpha_l+1}^{\varepsilon_l+1} \, \overline{W}_{m+n+m-l-1}^{-1} \right|_u.$$

Mithin geht

$$(G R G^{-1})_u$$

durch geeignete Transformation aus

$$\prod_{i=1}^{n} \left| \overline{W}_{m+i-1} \, S_{\beta_i}^{\eta_i} \, \overline{W}_{m+i}^{-1} \right|_u$$

hervor. Wenn die G der Forderung (Σ) genügen, so gehören die sämtlichen durch die Faktoren von G bestimmten Elemente U_{GS} zur Klasse u_1 und können daher fortgelassen werden.

Die gewonnenen Beziehungen zwischen den Erzeugenden und definierenden Relationen einer Untergruppe zu denen der Gesamtgruppe wollen wir noch einmal ganz kurz auf einem etwas anderen Wege[1]) ableiten. $\mathfrak{T}$ sei die freie Gruppe der Erzeugenden T_i von $\mathfrak{F}$, $\mathfrak{R}$ die von den definierenden Relationen $R_i(T)$ bestimmte invariante Untergruppe, $\mathfrak{F}$ also gleich $\mathfrak{T}/\mathfrak{R}$, $\mathfrak{U}$ sei eine Untergruppe von $\mathfrak{F}$, und $\mathfrak{U}_\mathfrak{T}$ diejenige Untergruppe von $\mathfrak{T}$, deren Potenz-

---

[1]) W. Hurewicz, Hamb. Abhdlg. 8, 307 (1930).

produkte Elemente aus $\mathfrak{U}$ liefern. $\mathfrak{U}_\mathfrak{T}$ enthält $\mathfrak{R}$, da ja sämtliche Elemente aus $\mathfrak{R}$ das Einheitselement von $\mathfrak{F}$, also auch von $\mathfrak{U}$ darstellen. Also bestehen die Restklassen $\mathfrak{U}G$ nach $\mathfrak{U}$ in $\mathfrak{F}$ genau aus den Potenzprodukten der Restklassen $\mathfrak{U}_\mathfrak{T}L$ nach $\mathfrak{U}_\mathfrak{T}$ in $\mathfrak{T}$, und ein volles Repräsentantensystem $N_i(T)$ $(i = 1, 2, \ldots)$ der $\mathfrak{U}G$ ist zugleich ein volles Repräsentantensystem der $\mathfrak{U}_\mathfrak{T}L$.

Wir erhalten also: Die Erzeugenden U_{GS} von $\mathfrak{U}$ sind zugleich ein System von Erzeugenden der Untergruppe $\mathfrak{U}_\mathfrak{T}$ von $\mathfrak{T}$, und zwar liefern sie ein System von freien Erzeugenden von $\mathfrak{U}_\mathfrak{T}$, wenn die N_i der SCHREIERschen Bedingung genügen und diejenigen U_{GS}, welche gleich 1 sind, fortgelassen werden.

Wir fragen nun weiterhin nach der Bestimmung von $\mathfrak{R}$ als Untergruppe von $\mathfrak{U}_\mathfrak{T}$. Die Elemente R von $\mathfrak{R}$ sind Potenzprodukte der Elemente $L(T)\,R_k(T)\,L^{-1}(T)$, wo L ein beliebiges Element aus $\mathfrak{T}$ ist. Ist nun $L = U\overline{L}$, wo $\overline{L}$ Repräsentant der Restklasse $\mathfrak{U}_\mathfrak{T}L$ ist und U zu $\mathfrak{U}_\mathfrak{T}$ gehört, so ist $LRL^{-1} = U\overline{L}R\overline{L}^{-1}U^{-1}$; die Elemente von $\mathfrak{R}$ lassen sich also aus den Elementen $N_i R_k N_i^{-1}$ und ihren Transformierten in $\mathfrak{U}_\mathfrak{T}$ zusammensetzen. Mithin liefern diese $N_i R_k N_i^{-1}$, durch die U_{GS} ausgedrückt, die definierenden Relationen von $\mathfrak{U}$.

8. Invariante Untergruppen

Ist die Untergruppe $\mathfrak{U}$ eine invariante Untergruppe von $\mathfrak{F}$, so liefert jedes F aus $\mathfrak{F}$ durch Transformation

$$F U F^{-1} = U'$$

einen Automorphismus der Gruppe $\mathfrak{U}$, wie wir in **1**, 12 gesehen und näher ausgeführt haben. Wir wollen jetzt zeigen, daß wir diese Automorphismen bestimmen können.

Offenbar ist ein Automorphismus

$$A(F) = F'$$

einer Gruppe $\mathfrak{F}$ bestimmt, wenn für alle Erzeugenden S

$$A(S) = S'$$

gegeben ist. Denn da

$$A(F_1)\,A(F_2) = A(F_1 F_2)$$

ist, gilt für jedes Potenzprodukt der S

$$A\left(S_{\alpha_1}^{\varepsilon_1} S_{\alpha_2}^{\varepsilon_2} \ldots S_{\alpha_m}^{\varepsilon_m}\right) = A\left(S_{\alpha_1}\right)^{\varepsilon_1} A\left(S_{\alpha_2}\right)^{\varepsilon_2} \ldots A\left(S_{\alpha_m}\right)^{\varepsilon_m}.$$

Wenden wir dies auf die Gruppe $\mathfrak{U}$ mit den Erzeugenden U_{GS} an, so brauchen wir also nur die Elemente

$$F\,U_{GS}F^{-1}$$

zu bestimmen, d. h. aber, wir brauchen nur die Produkte

$$F\,U_{GS}F^{-1}$$

für alle G aus $\mathfrak{g}$ und S aus $\mathfrak{m}$ durch die U_{GS} auszudrücken. Das ist aber nach dem Verfahren aus **3, 2** ohne weiteres möglich. Durchläuft F alle Elemente von $\mathfrak{F}$, so erhalten wir eine Gesamtheit von Automorphismen von $\mathfrak{U}$, die eine Gruppe ist. Die Automorphismen

$$S\,U\,S^{-1} = U'$$

können offenbar als Erzeugende dieser Gruppe gewählt werden, wenn S die Klasse $\mathfrak{m}$ durchläuft.

9. Untergruppen spezieller Gruppen

Wir wollen jetzt zu einigen Anwendungen übergehen. Ist $\mathfrak{F}$ eine freie Gruppe, so ist, wie sich aus **3, 7** sofort ergibt, jede Untergruppe $\mathfrak{U}$ in $\mathfrak{F}$ ebenfalls eine freie Gruppe, die von den U_{GS} der Klasse $\mathfrak{u}_2$ erzeugt wird[1]). Ferner gilt: *Ist $\mathfrak{F}$ eine Gruppe mit den Erzeugenden*

$$S_1,\, S_2,\, \ldots,\, S_n$$

und den Relationen

$$S_i^{a_i} \equiv 1, \qquad a_i \geqslant 0,$$

so läßt sich jede Untergruppe $\mathfrak{U}$ von $\mathfrak{F}$ mit den Erzeugenden U_{GS} ebenfalls durch Relationen der Form

$$U_{GS}^{u_{GS}} \equiv 1$$

definieren.

Wir wollen dies für den Fall beweisen, daß die $a_i \neq 0$ sämtlich Primzahlen sind. Die Restklassen

$$G\,S_i^r, \qquad 0 \leqslant r < a_i$$

---

[1]) Andere Beweise hierfür findet man in **4, 17; 4, 20** und **7, 12.** Zur Literatur vgl. die S. 69 zitierte Arbeit von O. Schreier und F. Levi, Math. Zeitschr. **32,** 315 (1930).

sind entweder sämtlich voneinander verschieden oder alle miteinander identisch. Ist nämlich

$$\mathfrak{U}\, G\, S_i^{r_1} = \mathfrak{U}\, G\, S_i^{r_2}, \qquad r_1 < r_2,$$

so ist auch

$$\mathfrak{U}\, G = \mathfrak{U}\, G\, S_i^{(r_2 - r_1)},$$

ferner

$$\mathfrak{U}\, G\, S_i^{(r_2 - r_1)} = \mathfrak{U}\, G\, S_i^{2\,(r_2 - r_1)},$$

also

$$\mathfrak{U}\, G = \mathfrak{U}\, G\, S_i^{2\,(r_2 - r_1)}$$

und daher allgemein

$$\mathfrak{U}\, G = \mathfrak{U}\, G\, S_i^{k\,(r_2 - r_1)}.$$

Hierin durchläuft aber $k\,(r_2 - r_1)$ nach 1, 3 alle Restklassen $(\mathrm{mod}\, a_i)$ und folglich $\mathfrak{U}\, G\, S_i^{k\,(r_2 - r_1)}$ alle Restklassen $\mathfrak{U}\, G\, S_i^{r}$.

Ist ferner

$$\mathfrak{U}\, G\, S_i^{r_i} = \mathfrak{U}\, G'\, S_i^{r_i'},$$

so stimmen die Restklassen

$$\mathfrak{U}\, G' \quad \text{und} \quad \mathfrak{U}\, G\, S_i^{r_i - r_i'}$$

und allgemein die Restklassen

$$\mathfrak{U}\, G'\, S_i^{r'} \quad \text{und} \quad \mathfrak{U}\, G\, S_i^{r_i - r_i' + r'}.$$

überein.

Wir betrachten jetzt die aus $S_i^{a_i}$ folgenden Relationen in den U_{GS}. Sie lauten

$$\prod_{r=0}^{a_i - 1} \left| \overline{G\, S_i^{r}}\, S_i\, \overline{G\, S_i^{r+1}}^{-1} \right|_u \equiv 1. \tag{1}$$

Kommen nun in zwei verschiedenen solchen Relationen dieselben Erzeugenden vor, so muß für verschiedene Repräsentanten G und G'

$$\left| \overline{G\, S_i^{r_i}}\, S_i\, \overline{G\, S_i^{r_i+1}}^{-1} \right|_u = \left| \overline{G'\, S_i^{r_i}}\, S_i\, \overline{G'\, S_i^{r_i+1}}^{-1} \right|_u$$

und daher auch

$$\mathfrak{U}\, G'\, S_i^{r_i} = \mathfrak{U}\, G\, S_i^{r_i},$$

$$\mathfrak{U}\, G'\, S_i^{r} = \mathfrak{U}\, G\, S_i^{r_i - r_i' + r}$$

sein, folglich geht das Produkt

$$\prod_{r=0}^{a_i - 1} \left| \overline{G'\, S_i^{r}}\, S_i\, \overline{G'\, S_i^{r+1}}^{-1} \right|_u$$

durch eine zyklische Vertauschung aus (1) hervor, und ist also eine Folgerelation von (1). Durch Fortlassen dieser überflüssigen Relationen können wir erreichen, daß jede Erzeugende U_{GS} in höchstens einer definierenden Relation von $\mathfrak{U}$ auftritt. In einer solchen Relation sind aber entweder alle U_{GS} einander gleich, alsdann hat die Relation also die Gestalt

$$U_{GS}^{u_{GS}} \equiv 1$$

oder aber die in den Relationen auftretenden U_{GS} sind formal sämtlich voneinander verschieden. Entweder gehören nun alle diese U_{GS} oder alle bis auf eines der Klasse $\mathfrak{u}_1$ an, und sind somit gleich der Identität, alsdann bleibt eine Relation $U_{GS}^{u_{GS}} \equiv 1$, oder es können verschiedene Elemente der Klasse $\mathfrak{u}_2$ vorkommen, alsdann kann man eine dieser Erzeugenden durch die übrigen ausdrücken und eliminieren. Damit ist unsere Behauptung bewiesen.

10. Erzeugende und definierende Relationen der Kongruenzuntergruppen $\mathfrak{U}_p$

Aus dem Ergebnis des vorigen Abschnittes folgt z. B., daß alle Untergruppen der Modulgruppe bei geeigneter Wahl der Erzeugenden S_i nur Relationen der Form

$$S_i^{a_i} \equiv 1 \ \text{ mit } \ a_i = 2 \text{ oder } 3$$

besitzen. Wir wollen dies bei den Untergruppen $\mathfrak{U}_p$ nachprüfen und die Anzahl dieser Relationen feststellen [1]).

Wir nehmen als Erzeugende der Modulgruppe S und T mit den definierenden Relationen

$$S^2 \equiv 1, \ (S\,T)^3 \equiv 1.$$

Die in **1**, 9 eingeführten Repräsentanten der Restklassen $\mathfrak{U}_p M$ sind $G_\varkappa = S\,T^k$ $(k = 0, 1, \ldots, p-1)$. Diese Produkte erfüllen die Forderung (Σ) in **3**, 6. Bilden wir nun die Erzeugenden U nach **3**, 1:

$$U_{G_k\,T} = G_k\,T\,\overline{G_k\,T}^{-1} = S\,T^k\,T\,(S\,T^{k+1})^{-1} \ (k = 0, 1, \ldots, p-2),$$

$$U_{ES} = S\,\overline{S}^{-1} = S\,S^{-1}$$

---

[1]) Zu den beiden folgenden Abschnitten vgl. H. Rademacher, Hamb. Abhdl. 7, 134 (1929).

gehören zur Klasse $\mathfrak{u}_1$, die übrigen zur Klasse $\mathfrak{u}_2$. Es ist

$$U_{E\,T} = T; \quad U_{G_{p-1}T} = G_{p-1}\,T\,\overline{G_{p-1}\,T}^{-1} = S\,T^p\,S^{-1},$$
$$U_{G_0\,S} = S^2; \quad U_{G_k\,S} = G_k\,S\,\overline{G_k\,S}^{-1} = S\,T^k\,S\,\overline{S\,T^k\,S}^{-1}$$
$$(k = 1, 2, \ldots, p-1).$$

Um den Repräsentanten

$$\overline{G_k\,S} = \overline{S\,T^k\,S} = G_{k^*}$$

zu bestimmen, berechnen wir die

$$S\,T^k\,S = G_k\,S$$

entsprechende Substitution

$$x' = \frac{-1}{-\dfrac{1}{x} + k} = \frac{-x}{k\,x - 1}.$$

Nach **1**, 9 ist

$$k\,k^* \equiv -1 \ (\mathrm{mod}\ p), \ 0 < k^* < p$$

und also

$$U_{G_k\,S} = S\,T^k\,S\,T^{-k^*}\,S^{-1}.$$

Nun zu den Relationen! Sie lauten:

$$(S^2)_\mathfrak{u} \equiv 1; \ ((S\,T)^3)_\mathfrak{u} \equiv 1; \ (G_k\,S^2\,G_k^{-1})_\mathfrak{u} \equiv 1; \ (G_k\,(T\,S)^3\,G_k^{-1})_\mathfrak{u} \equiv 1$$
$$(k = 0, 1, \ldots, p-1).$$

Zuerst die Folgerelation der ersten Relation

$$\left.\begin{aligned}
(S^2)_\mathfrak{u} &= |\,S\,G_0^{-1}\,|_\mathfrak{u}\,|\,G_0\,S\,|_\mathfrak{u} = U_{E\,S}\,U_{G_0\,S} = U_{G_0\,S} \equiv 1,\\
(G_0\,S^2\,G_0^{-1})_\mathfrak{u} &= |\,G_0\,S\,|_\mathfrak{u}\,|\,S\,G_0\,|_\mathfrak{u} = U_{G_0\,S}\,U_{E\,S} = U_{G_0\,S} \equiv 1,\\
(G_k\,S^2\,G_k^{-1})_\mathfrak{u} &= |\,G_k\,S\,\overline{G_k\,S}^{-1}\,|_\mathfrak{u}\,|\,\overline{G_k\,S}\,S\,G_k^{-1}\,|_\mathfrak{u} = U_{G_k\,S}\,U_{G_{k^*}\,S} \equiv 1.
\end{aligned}\right\} (1)$$

Die Relationen für G_k und G_{k^*} gehen durch zyklische Vertauschung auseinander hervor. Durch Fortlassen von überflüssigen Relationen kann man also erreichen, daß jede Erzeugende nur in einer Relation auftritt.

Nun zu den Folgerelationen der zweiten Relation:

$$(S\,T\,S\,T\,S\,T)_\mathfrak{u} = |\,S\,G_0^{-1}\,|_\mathfrak{u}\,|\,G_0\,T\,G_1^{-1}\,|_\mathfrak{u}\,|\,G_1\,S\,\overline{G_1\,S}^{-1}\,|_\mathfrak{u}\,|\,\overline{G_1\,S}\,T\,\overline{G_1\,S\,T}^{-1}\,|_\mathfrak{u}$$
$$\cdot\,|\,\overline{G_1\,S\,T}\,S\,\overline{G_1\,S\,T\,S}^{-1}\,|_\mathfrak{u}\,|\,\overline{G_1\,S\,T\,S}\,T\,\overline{G_1\,S\,T\,S\,T}^{-1}\,|_\mathfrak{u}.$$

Beachten wir, daß $\overline{G_1 S} = G_{p-1}$ und also $\overline{G_1 S T} = G_0$ ist, so folgt, indem wir die als 1 bereits erkannten Erzeugenden fortlassen,

$$U_{G_1 S}\, U_{G_{p-1} T}\, U_{E T} \equiv 1. \tag{2}$$

Ferner ist

$$\left(G_k (ST)^3 G_k^{-1}\right)_u = |G_k S \overline{G_k S}^{-1}|_u\, |\overline{G_k S T G_k S T}^{-1}|_u\, |\overline{G_k S T S G_k S T S}^{-1}|_u$$

$$\cdot |\overline{G_k S T S T G_k S T S T}^{-1}|_u\, |\overline{G_k S T S T S G_k S T S T S}^{-1}|_u\, |\overline{G_k S T S T S T G_k S T S T S T}^{-1}|_u$$

$$= |G_k S \overline{G_k S}^{-1}|_u\, |\overline{G_k S T \, G_k S T}^{-1}|_u\, |\overline{G_k S T S \, G_k S T S}^{-1}|_u$$

$$\cdot |\overline{G S T S T G_k T^{-1} S}^{-1}|_u\, |\overline{G_k T^{-1} S S G_k T^{-1}}^{-1}|_u\, |\overline{G_k T^{-1} T G_k^{-1}}|_u.$$

Um die Faktoren U_{GT} näher zu ermitteln, müssen wir die Restklassen $\overline{G_k S}$, $\overline{G_k S T S}$, $\overline{G_k T^{-1}}$ ermitteln: es ist

$$\overline{G_k S} = G_{k*} \text{ für } k \neq 0, \quad \overline{G_0 S} = E,$$

$$\overline{G_k S T S} = \overline{G_k T^{-1} S T^{-1}} = G_{(k-1)*-1} \text{ für } k \neq 1, \; = E \text{ für } k = 1$$

$$\overline{G_k T^{-1}} = G_{k-1} \text{ für } k \geqq 1, \; = G_{p-1} \text{ für } k = 0.$$

Es treten also U_{GT}, die nicht zu u_1 gehören, auf für $k = 0$ und 1 an erster Stelle, für $k = 1$ an zweiter Stelle, für $k = 0$ an letzter Stelle. Wir bestimmen daher zunächst die Relationen für G_0 und G_1 vollständig. Nun sieht man, daß

$$G_1 (ST)^3 G_1^{-1} \equiv (ST)^3$$

in der freien Gruppe der S und T und daher auch

$$\left(G_1 (ST)^3 G_1^{-1}\right)_u \equiv \left((ST)^3\right)_u$$

in der freien Gruppe der U, und daß

$$G_0 (ST)^3 G_0^{-1} = \overline{S (ST)^3 S^{-1}} \equiv S^2 T (ST)^3 T^{-1} S^{-2}$$

in der freien Gruppe der S und T und daher

$$\left(G_0 (ST)^3 G_0^{-1}\right)_u = (S^2 T)_u \left((ST)^3\right)_u (T^{-1} S^{-2})_u$$

in der freien Gruppe der U, und mithin können diese Relationen fortgelassen werden, als Folgerelationen aus $\left((ST)^3\right)_u$.

Es bleiben die von den U_{GT} freien Relationen

$$\left(G_k (ST)^3 G_k^{-1}\right)_u$$

$$= |G_k S \overline{G_k S}^{-1}|_u\, |\overline{G_k S T S G_k S T S}^{-1}|_u\, |\overline{G_k S T S T S G_k S T S T S}^{-1}|_u \tag{3}$$

$$(k = 2, 3, \ldots, p-1).$$

Man sieht, daß die Relationen für

$$G_k, \; G_{k^*+1} = \overline{G_k S T} \quad \text{und} \quad G_{(k^*+1)^*+1} = \overline{G_k (S T)^2}$$

durch zyklische Vertauschung auseinander hervorgehen und schließt wie in 3, 9, daß zwei Relationen (3) immer durch zyklische Vertauschung auseinander hervorgehen, wenn sie dieselben Erzeugenden enthalten. Man kann also durch Fortlassen von überflüssigen Relationen erreichen, daß jede Erzeugende in (3) nur in einer Relation auftritt. Ebenfalls ist nach 3, 9 klar, daß die drei Erzeugenden, die in einer Relation auftreten, sämtlich einander gleich oder sämtlich voneinander verschieden sind.

Für die Prozesse $k' = k^* + 1$ besagt das: es ist

$$k''' = ((k^* + 1)^* + 1)^* + 1 = k,$$

und: sind zwei der Zahlen

$$k, \; k' = k^* + 1, \; k'' = (k^* + 1)^* + 1$$

gleich, so sind alle untereinander gleich.

11. Die Relationen U_{GS}^{uGS} der Gruppe $\mathfrak{U}_p$

Wie sich durch Elimination geeigneter U_{GT} die Relationen der Gruppe $\mathfrak{U}_p$ reduzieren lassen, bis nur die Relationen der Gestalt

$$U_{GS}^{uGS} \equiv 1 \tag{1}$$

übrigbleiben, wollen wir nicht allgemein ausführen. Hier sei nur festgestellt, wann Relationen (1) wirklich auftreten, d. h. wann $k = k^*$ und wann $k^* + 1 = k$ wird. Zu der Anzahl der Relationen (1), die nach Fortlassen der überflüssigen übrigbleiben, vergleiche man die auf S. 84 zitierte Arbeit. Man findet dort den Eliminationsprozeß der U_{GS} beschrieben.

Ist $x^* = x$, so ist

$$x^2 \equiv -1 \quad (\bmod \, p),$$

und umgekehrt, und ist $y = y^* + 1$, so ist

$$y y^* = y(y - 1) \equiv -1 \quad (\bmod \, p).$$

Es muß dann

$$y^2 - y + 1 \equiv 0 \qquad (\bmod \, p) \tag{2}$$

oder

$$(2y - 1)^2 \equiv -3 \quad (\bmod \, p) \tag{3}$$

sein.

Und umgekehrt folgt für jede Lösung der Kongruenz (3) die Kongruenz (2) und damit

$$y = y^* + 1.$$

Die Theorie der quadratischen Formen zeigt nun, daß die Kongruenz

$$x^2 \equiv a \quad (\mathrm{mod}\, p) \tag{4}$$

(p eine ungerade Primzahl) entweder keine oder gerade zwei Lösungen besitzt, wenn a nicht durch p teilbar, und a heißt ein quadratischer Rest, wenn die Kongruenz (4) auflösbar ist, sonst ein Nichtrest. Unter

$$\left(\frac{a}{p}\right)$$

versteht man ein Symbol, das gleich $+1$ oder -1 ist, je nachdem a ein quadratischer Rest oder Nichtrest $(\mathrm{mod}\, p)$ ist.

Nun ist $\left(\dfrac{-1}{p}\right) = +1$, wenn $p = 4n + 1$ ist, wo n irgendeine ganze Zahl ist, sonst $= -1$, und es ist $\left(\dfrac{-3}{p}\right) = +1$, wenn $p = 3n + 1$ ist, sonst $= -1$.

Danach gibt es gerade zwei U_{GS} mit $U_{GS}^2 \equiv 1$ oder keine solche U_{GS}, je nachdem $p = 4n + 1$ ist oder nicht, und es gibt zwei U_{GS} mit $U_{GS}^3 \equiv 1$, je nachdem $p = 3n + 1$ ist oder nicht. Für $p = 2$ hat (4) die eine Lösung $x \equiv 1$, für $p = 3$ hat (3) die eine Lösung $y \equiv -1$ $(\mathrm{mod}\, 3)$.

Wir geben noch einige Zahlenbeispiele:

Wir können zunächst nach 3, 10 (1) stets $U_{G_0 S}$ und mit Hilfe von 3, 10 (2) $U_{G_{p-1} T}$ eliminieren.

Bei $p = 2$ bleiben dann nur die Erzeugenden

$$U_{ET},\; U_{G_1 S}$$

und die Relation

$$U_{G_1 S}^2 \equiv 1.$$

Bei $p = 3$ bleiben die Erzeugenden

$$U_{ET},\; U_{G_i S} \quad (i = 1,\, 2)$$

und die Relationen

$$U_{G_1 S} U_{G_2 S} \equiv 1, \quad U_{G_i S}^3 \equiv 1.$$

Wir können $U_{G_2 S}$ eliminieren und behalten $U_{G_1 S}$ mit $U_{G_1 S}^3 \equiv 1$.

Bei $p = 5$ bleiben zunächst

$$U_{ET}, \ U_{G_i S} \quad (i = 1, 2, 3, 4)$$

$$U_{G_1 S} \, U_{G_4 S} \equiv 1, \quad U_{G_2 S}^2 \equiv 1, \quad U_{G_3 S}^2 \equiv 1,$$

$$U_{G_2 S} \, U_{G_3 S} \, U_{G_4 S} \equiv 1.$$

Wir eliminieren $U_{G_1 T}$ und $U_{G_4 T}$ und behalten

$$U_{ET}, \ U_{G_i S}; \quad U_{G_i S}^2 \equiv 1 \quad (i = 2, 3).$$

Für $p = 7$ ergibt sich

$$U_{ET}, \ U_{G_i S}; \quad U_{G_i S}^3 \equiv 1 \quad (i = 3, 5).$$

Für $p = 11$ die freie Gruppe mit den Erzeugenden

$$U_{ET}, \ U_{G_i S} \quad (i = 4, 6).$$

12. Kommutatorgruppen

Da sich die Faktorgruppe der Kommutatorgruppe stets übersehen und feststellen läßt, ob zwei Potenzprodukte in dieselbe Restklasse nach der Kommutatorgruppe gehören, so läßt sich stets ein System von Repräsentanten für diese Restklassen, und daraus die Erzeugenden der Kommutatorgruppe angeben. Da die Kommutatorgruppe eine invariante Untergruppe ist, lassen sich auch die in der Kommutatorgruppe induzierten Automorphismen $FKF^{-1} = K'$ (K aus der Kommutatorgruppe, F beliebig) bestimmen.

Wir wollen den Fall näher ins Auge fassen, daß $\mathfrak{F}$ durch zwei Erzeugende S_1, S_2 und eine Relation $R\,(S_1, S_2)$ bestimmt und daß die Faktorgruppe $\mathfrak{A}$ nach der Kommutatorgruppe $\mathfrak{K}$ eine unendliche zyklische Gruppe ist.

Sei

$$R\,(S) = \prod_{i=1}^{m} S_1^{s_{1i}} S_2^{s_{2i}}$$

und

$$s_k = \sum_{i=1}^{m} s_{ki} \quad (k = 1, 2),$$

dann ist

$$R'\,(S) = S_1^{s_1} S_2^{s_2} \equiv 1$$

die definierende Relation von $\mathfrak{A}$, und damit $\mathfrak{A}$ eine unendliche zyklische Gruppe ist, muß der größte gemeinsame Teiler von s_1 und s_2 $(s_1, s_2) = 1$ sein. Ist $s_2 = 0$, so muß $s_1 = \pm 1$ sein. Sind s_1

und s_2 beide $\neq 0$, so lassen sich stets neue Erzeugende S_1' und S_2' so einführen und dadurch die Relation $R(S)$ zu

$$R(S') = \prod_{i=1}^{m'} S_1'{}^{s'_{1i}} S_2'{}^{s'_{2i}}$$

umformen, daß

$$s_1' = \sum_{i=1}^{m'} s'_{1i} = 0$$

wird. Dies folgt durch Induktion aus folgender Tatsache: Ist

$$|s_1| > |s_2| \quad \text{und} \quad s_1 = n s_2 + r_1, \quad 0 \leq r_1 < |s_2|,$$

und werden an Stelle von S_i $(i = 1, 2)$ die Erzeugenden

$$S_2' = S_2 S_1^n, \quad S_1' = S_1$$

eingeführt, so ist

$$R(S') = \prod_{i=1}^{m} S_1'{}^{s_{1i}} (S_2' S_1'{}^{-n})^{s_{2i}}$$

und daher

$$s_1' = s_1 + n s_2 = r_1.$$

Wir nehmen jetzt an, daß

$$s_1' = 0, \quad s_2' = 1$$

sei und schreiben für S_1', S_2' bzw. S und K, um anzudeuten, daß $S_2' = K$ zur Kommutatorgruppe $\Re$ gehört.

$$G_s = S^s \quad (s = 0, \pm 1, \pm 2, \ldots)$$

repräsentieren alsdann die sämtlichen Restklassen $\Re F$. Sie genügen der Forderung (Σ). Ein Element

$$\prod_{i=1}^{l} S^{s_i} K^{k_i} \quad \text{gehört zur Restklasse } \Re G_s \text{ mit} \quad s = \sum_{i=1}^{m} s_i.$$

Erzeugende von $\Re$ sind danach die Elemente

$$U_{G_s S} = S^s S \overline{S^{s+1}}^{-1},$$

die zur Klasse $\mathfrak{u}_1$ gehören und

$$U_{G_s K} = S^s K S^{-s} = K_s \quad (s = 0, \pm 1, \pm \cdots),$$

die zur Klasse $\mathfrak{u}_2$ gehören.

Es sei nun

$$R(S, K) = \prod_{i=1}^{m} S^{r_i} K^{e_i} S^{-r_i}, \tag{1}$$

alsdann ist

$$G_s R G_s^{-1} = \prod_{i=1}^{m} S^{r_i + s} K^{e_i} S^{-r_i - s} \tag{2}$$

und es gehen daher alle Relationen

$$(G_s R G_s^{-1})_\mathfrak{u} \tag{3}$$

aus $(R)_\mathfrak{u}$ hervor, indem K_i durch K_{i+s} ersetzt wird.

Der durch Transformation mit S in $\mathfrak{K}$ induzierte Automorphismus ist durch

$$S K_s S^{-1} = K_{s+1}$$

bestimmt. —

Die Gesamtheit der Elemente aus der Restklasse $\mathfrak{K} S^{gn}$ (g fest; $n = 0, \pm 1, \pm 2, \ldots$) bilden eine invariante Untergruppe $\mathfrak{K}_g$ von $\mathfrak{F}$.

$$G_i = S^i \quad (i = 0, 1, \ldots, g-1)$$

bilden ein volles Repräsentantensystem für die Restklassen $\mathfrak{K}_g F$. Folglich bilden die Elemente

$$U'_{G_i S}, \; U'_{G_i K} \quad (i = 0, 1, \ldots, g-1)$$

ein System von Erzeugenden von $\mathfrak{K}_g$. Die

$$U'_{G_i S} \quad (i = 0, 1, \ldots, g-2)$$

gehören zu der Klasse $\mathfrak{u}_1$,

$$U'_{G_{g-1} S} = S^g, \quad U'_{G_i K} = S^i K S^{-i} \quad (i = 0, \ldots, g-1)$$

in die Klasse $\mathfrak{u}_2$.

$$R_i = (S^i R S^{-i})_\mathfrak{u} \quad (i = 0, 1, \ldots, g-1)$$

sind die definierenden Relationen von $\mathfrak{K}_g$. Sie gehen aus den Relationen (2) hervor, indem man

$$U_{G_k S} = U'^{\,l}_{G_{g-1} S} \, U'_{G_i S} \, U'^{\,-l}_{G_{g-1} S}$$

setzt, wenn

$$lg + i = k \quad \text{mit} \quad (0 \leqq i < g).$$

Machen wir die Elemente der Kommutatorgruppe $\mathfrak{K}$ vertauschbar und setzen $S K S^{-1} = K^x$, so erhalten wir eine Gruppe mit Operatoren, welche durch die Erzeugende K und die eine aus (1) folgende Relation

$$K^{f(x)} = 1 \tag{4}$$

bestimmt wird. Denn die Relationen, die sich aus (2) ergeben, sind

$$K^{x^i f(x)}$$

und mithin Folgerelationen im Sinne von 2, 14 aus (4).

13. Der Freiheitssatz

Durch Betrachtung von invarianten Untergruppen mit unendlichen zyklischen Faktorgruppen kann man das Wortproblem für Gruppen mit einer definierenden Relation lösen. Dies vermittelt der folgende von DEHN aufgestellte sogenannte Freiheitssatz [1]), welcher besagt:

Sind S_i ($i = 1, 2, \ldots, n$) die Erzeugenden einer Gruppe $\mathfrak{G}$ mit der einen definierenden Relation $R\,(S_i)$, welche ein Kurzwort im Sinne von 2, 4 sei, und S_n wirklich enthält, so ist die von den S_i ($i = 1, 2, \ldots, n-1$) erzeugte Untergruppe eine freie Gruppe.

Der Satz ist richtig, falls R die Erzeugenden S_i ($i = 1, 2, \ldots, n-1$) nicht enthält, weil die Gruppe alsdann das freie Produkt der freien von den S_i ($i = 1, 2, \ldots, n-1$) und der durch S_n mit $R\,(S_n) \equiv 1$ erzeugten Gruppe ist.

Wir können daher den Beweis durch vollständige Induktion erbringen, indem wir dem Potenzprodukt R als Länge $l\,(R)$ die Summe der absoluten Beträge der Exponenten aller S_i als Maßzahl zuordnen und den Satz für $l-1$ als bewiesen annehmen; denn für $l = 1$ muß $R = S_n^{\pm 1}$ sein. Ferner können wir annehmen, daß sämtliche S_i in R wirklich auftreten.

R lasse sich durch Umordnung der Faktoren in die Gestalt

$$S_1^{r_1} S_2^{r_2} \ldots S_n^{r_n}$$

bringen. Wir machen nun zunächst die Annahme, *daß r_n gleich Null* sei. Alsdann entsteht durch Hinzunahme der Relationen $S_i = 1$ ($i = 1, 2, \ldots, n-1$) aus $\mathfrak{G}$ die freie Gruppe mit der einen Erzeugenden S_n, und setzen wir

$$S_n^{i} S_k S_n^{-i} = S_{k\,i}$$

und bezeichnen die aus $S_n^{i} R S_n^{-i}$ durch Einführung der $S_{l\,m}$ entstehenden Relationen mit $R_i\,(S_{l\,m})$, so entsteht R_i aus R_{i-1}, indem jedes $S_{l\,m}$ durch $S_{l\,m+1}$ ersetzt wird, und es haben die Potenzprodukte $R_i\,(S_{l\,m})$ also die gleiche Länge l', und zwar ist $l' < l$, weil in R_i den Faktoren S_n^{k} keine Elemente entsprechen.

Unter $\mathfrak{G}_{ik}$ verstehen wir die Gruppe aus denjenigen Erzeugenden, welche in $R_i, R_{i+1}, \ldots, R_{i+k-1}$ auftreten, und solchen

---

[1]) W. MAGNUS, Journ. f. r. u. a. Math. **163**, 3 (1930).

S_{lm}, für die $m_1 < m < m_2$ gilt und S_{lm_1} sowie S_{lm_2} in R_i, R_{i+1}, $\ldots$ oder R_{i+k-1} auftreten, und mit den definierenden Relationen R_i, R_{i+1}, $\ldots$, R_{i+k-1}.

Unter $\mathfrak{U}_i$ verstehen wir die von den $\mathfrak{G}_{i1}$ und $\mathfrak{G}_{i+1,1}$ gemeinsamen Erzeugenden erzeugte Gruppe; offenbar ist $\mathfrak{U}_i$ eine echte Untergruppe von $\mathfrak{G}_{i,1}$ und $\mathfrak{G}_{i+1,1}$ und mithin nach der Induktionsannahme eine freie Gruppe. Daraus ergibt sich, daß $\mathfrak{G}_{i,k+1}$ das freie Produkt von $\mathfrak{G}_{i,k}$ und $\mathfrak{G}_{i+k,1}$ mit der vereinigten Untergruppe $\mathfrak{U}_{i+k}$ ist (2, 7). Schließlich seien $\mathfrak{V}_{ika}$ diejenigen Untergruppen von $\mathfrak{G}_{ik}$, welche von den Elementen S_{la} (a fest; $l = 1$, 2, $\ldots$, $n-1$) erzeugt werden, die unter den Erzeugenden von $\mathfrak{G}_{ik}$ vorkommen. Die Gruppen $\mathfrak{V}_{i1a}$ sind freie Gruppen, mit der freien Erzeugenden S_{la}; die in R_i auftretenden Erzeugenden können nämlich nicht sämtlich denselben zweiten Index besitzen, denn das hieße, daß S_n in R nicht auftritt. Aus der Induktionsannahme folgt also, daß $\mathfrak{V}_{i1a}$ freie Gruppen sind. $\mathfrak{V}_{ik+1a}$ ist aber das freie Produkt von $\mathfrak{V}_{ika}$ und $\mathfrak{V}_{i+k,1a}$ und mithin ebenfalls eine freie Gruppe in freien Erzeugenden S_{la} (2, 7).

Nunmehr können wir die Annahme, daß aus R eine Relation $R'(S)$ zwischen den S_i ($i = 1, 2, \ldots, n-1$) allein folgte, ad absurdum führen, denn aus R' ergäbe sich eine Relation zwischen den S_{la}.

Ganz ähnlich sind die Überlegungen, *wenn r_n ungleich Null* und eines der übrigen r_i etwa $r_1 = 0$ ist. Durch Hinzunahme der Relationen $S_i = 1$ ($i = 2, 3, \ldots, n$) entsteht die freie zyklische Gruppe mit der Erzeugenden S_1. Es sei jetzt

$$S_1^i S_k S_1^{-i} = S_{ki}$$

und R_i die aus $S_1^i R S_1^{-i}$ durch Einführung der S_{lm} entstehende Relation. Wir behalten die Erklärung der $\mathfrak{G}_{ik}$ und $\mathfrak{U}_i$ bei und verstehen unter $\mathfrak{S}_{ik}$ diejenige Untergruppe von $\mathfrak{G}_{ik}$, welche von den S_{lm} aus $\mathfrak{G}_{ik}$ mit $l \neq n$ erzeugt werden. $\mathfrak{S}_{i1}$ ist frei, weil ein S_{nk} in R_i wirklich auftritt, und es folgt wieder nach den Eigenschaften freier Produkte mit vereinigten Untergruppen, daß alle $\mathfrak{S}_{ik}$ freie Gruppen mit den freien Erzeugenden S_{lm} ($l \neq n$) sind. Gäbe es nun eine Relation R' zwischen den S_i ($i = 1, 2, \ldots, n-1$) allein, so hätte dieselbe eine Relation zwischen den S_{lm} ($l \neq n$) zur Folge.

Sind alle $r_i \neq 0$ und ist $n = 2$, so kann eine Relation für S_1 allein nicht aus R folgen. Wäre nämlich

$$\Pi L_i R^{\varepsilon_i} L_i^{-1} = S_1^a,$$

so folgt, wenn wir auf der linken Seite die Faktoren umordnen und $\sum \varepsilon_i = \varepsilon$ setzen, daß die linke Seite in $S_1^{\varepsilon r_1} S_2^{\varepsilon r_2}$ übergeht; mithin muß $\varepsilon = 0$ und daher auch $a = 0$ sein.

Sind schließlich alle $r_i \neq 0$ und $n \geqslant 3$, so erweitern wir die Gruppe $\mathfrak{G}$ durch eine Erzeugende T_1 mit der Relation

$$T_1^{r_2} S_1^{-1} = 1.$$

Wenn die Gruppe mit den Erzeugenden T_1, S_2, $\ldots$, S_{n-1} eine freie Gruppe mit den freien Erzeugenden ist, so ist auch die von $T_1^{r_2} = S_1$, S_2, $\ldots$, S_{n-1} erzeugte Gruppe als Untergruppe derselben eine freie Gruppe (3, 9), und zwar sind S_1, S_2, $\ldots$, S_{n-1} freie Erzeugende.

Wir führen nun an Stelle von S_2 die neue Erzeugende T_2 mittels

$$S_2 = T_1^{-r_1} T_2$$

in R ein. Nach Elimination von S_1 und S_2 möge $R(S)$ in $\overline{R}(T, S)$ übergegangen sein. Machen wir die T und S vertauschbar, so hebt sich das Element T_1 heraus. Bilden wir ferner die durch $T_1^i T_2 T_1^{-i} = T_{2i}$, $T_1^i S_k T_1^{-i} = S_{ki}$ erzeugte invariante Untergruppe und drücken

$$T_1^i \overline{R}(T, S) T_1^{-i} = \overline{R}_i$$

durch T_{2i}, S_{ki} aus, so entsteht ein Wort, dessen Länge l' kürzer als die von R ist. Denn in $\overline{R}_i$ entsprechen den T_1^k aus $\overline{R}$ keine Faktoren und die Summe der absoluten Beträge der Exponenten der übrigen Glieder ist gleich der Summe der Exponentenbeträge der von S_1 verschiedenen Faktoren von R, und die von T_1, T_2, S_3, $\ldots$, S_{n-1}, erzeugte Gruppe ist also eine freie in freien Erzeugenden.

Von den Konsequenzen des Freiheitssatzes verdient eine besondere Beachtung[1]):

Sind $\mathfrak{G}$ und $\mathfrak{G}'$ zwei Gruppen mit den Erzeugenden S_i bzw. S_i' und der definierenden Relation $R(S)$ bzw. $R'(S')$, und ist die Zuordnung $I(S_i) = S_i'$ ein einstufiger Isomorphismus zwischen $\mathfrak{G}$ und $\mathfrak{G}'$, so ist $I(R(S))$ ein Element, das in der freien Gruppe der S' aus $R'(S')$ durch Transformation hervorgeht. Ferner sei auf die Lösung des Wortproblems für Gruppen mit einer definierenden Relation durch W. Magnus (Math. Ann. **106**, 295) hingewiesen.

---

[1]) Zum Beweis vgl. Magnus, a. a. O.

14. Bestimmung von Automorphismen

Ein allgemeines Verfahren zur Bestimmung der Automorphismengruppe aus den Erzeugenden und definierenden Relationen besitzt man nicht. Wir stellen die wichtigsten Einzelresultate zusammen. Sind S_i ($i = 1, 2, \ldots, n$) die Erzeugenden einer Gruppe, so ist ein Automorphismus A festgelegt, wenn die Elemente $A(S_i) = S_i'$ als Potenzprodukte der S_i bekannt sind. Denn jedes Potenzprodukt aus den S_i muß in das Element übergehen, das mittels formaler Ersetzung der S_i durch die S_i' hervorgeht.

Ist eine *freie kommutative Gruppe* mit den n freien Erzeugenden S_i ($i = 1, 2, \ldots, n$) vorgelegt und

$$A(S_i) = S_1^{a_{i1}} S_2^{a_{i2}} \ldots S_n^{a_i n}$$

ein Automorphismus, so muß die Determinante der a_{ik} gleich ± 1 sein. Denn die Elemente $S_i' = A(S_i)$ müssen wiederum freie Erzeugende der Gruppe sein, und es müssen sich also die Gleichungen

$$\prod_i S_i'^{x_i} = \prod_k S_k^{b_k}$$

bzw.

$$\sum a_{ik} x_k = b_i$$

auflösen lassen. Ist umgekehrt eine Substitution vorgelegt, deren Determinante gleich ± 1 ist, so erkennt man sie als Automorphismus.

Sei jetzt eine *freie Gruppe $\mathfrak{S}$ mit den freien Erzeugenden S_i* ($i = 1, 2, \ldots, n$) vorgelegt. Eine geschlossene Darstellung der Automorphismen müßte hier recht umständlich ausfallen, und es ist deswegen zweckmäßig, nach den Erzeugenden der Automorphismengruppe und weiterhin nach ihren definierenden Relationen zu fragen.

Unter den Automorphismen von $\mathfrak{S}$ kommen sicher die sämtlichen Permutationen von S_i vor

$$A(S_i) = S_{k_i} \quad (i = 1, 2, \ldots, n). \tag{1}$$

Ferner sind die Elemente

$$A(S_1) = S_1^{-1}, \quad A(S_i) = S_i \quad (i \neq 1) \tag{2}$$

und die Elemente

$$A(S_1) = S_1 S_2, \quad A(S_i) = S_i \quad (i \neq 1) \tag{3}$$

wieder Systeme von freien Erzeugenden, weil man andererseits durch die $A(S_i)$ die S_i darstellen kann. NIELSEN[1]) zeigte, daß diese Operationen die Automorphismengruppe von $\mathfrak{S}$ erzeugen.

---

[1]) J. NIELSEN, Math. Ann. **79**, 269 (1919) und **91**, 169 (1924).

Offenbar müssen die Automorphismen der freien Gruppe $A(S_i) = S_i'$ in der Faktorgruppe $\mathfrak{F}$ der Kommutatorgruppe derselben einen bestimmten Automorphismus induzieren. Man erhält ihn, indem man die Potenzprodukte für die S_i' durch Umstellung der Faktoren in die Form

$$S_1^{i1}\, S_2^{a_{i2}} \ldots S_n^{a_{i}{}_{n}}$$

bringt. Da $\mathfrak{F}$ eine freie Abelsche Gruppe ist, muß die Determinante der a_{ik} gleich ± 1 sein.

Umgekehrt wird jeder Automorphismus einer freien Abelschen Gruppe in $\mathfrak{F}$ durch Automorphismen von $\mathfrak{S}$ induziert. Betrachtet man nämlich in (1), (2), (3) die S_i als Erzeugende von $\mathfrak{F}$, so sieht man, daß sich alle Automorphismen von $\mathfrak{F}$ aus den drei Automorphismen (1), (2) und (3) zusammensetzen lassen.

Ein schönes Resultat von Nielsen[1]) ist die Verschärfung dieses Zusammenhangs bei freien Gruppen $\mathfrak{S}_2$ von zwei Erzeugenden.

Sind A_1 und A_2 zwei Automorphismen von $\mathfrak{S}_2$, welche in der Faktorgruppe der Kommutatorgruppe denselben Automorphismus induzieren, so gibt es einen inneren Automorphismus I von $\mathfrak{S}_2$, so daß der Automorphismus I nach A_1 ausgeführt den Automorphismus A_2 ergibt, also $A_2 = I A_1$ ist.

Viel einfacher liegen die Verhältnisse bei *freien Produkten endlicher zyklischer Gruppen*. Wir betrachten nur Gruppen[2]) mit zwei Erzeugenden S_1, S_2 und der Relation

$$S_1^{a_1} \equiv S_2^{a_2} \equiv 1, \quad a_1 > a_2. \tag{4}$$

Die Automorphismen werden dann durch die Gleichungen

$$A(S_1) = L S_1^{r_1} L^{-1}, \quad A(S_2) = L S_2^{r_2} L^{-1}$$

geliefert, wo r_i und a_i relativ prim zueinander sind.

Zunächst ist nämlich klar, daß die angegebenen Transformationen Automorphismen sind. Umgekehrt müssen bei den Automorphismen $A(S_i) = S_i'$ die Elemente S_i' die Ordnung a_i besitzen, daraus folgt nach 2, 6, daß die S_i' Transformierte von $S_1^{l_1}$ bzw. $S_2^{l_2}$ sein müssen. Die beiden S_i' können aber nicht Transformierte von Potenzen desselben Elementes S_b sein. Denn die Potenzprodukte aus den S_i' würden alsdann sämtlich in die durch S_b^n ($n = 0, \pm 1, \ldots$)

---

[1]) J. Nielsen, Math. Ann. **78**, 385 (1918).
[2]) O. Schreier, Hamb. Abhdlg. **3**, 167 (1924).

repräsentierten Restklassen nach der Kommutatorgruppe hinein-
gehören. Also muß

$$A(S_1) = L S_1^{r_1} L^{-1}, \quad A(S_2) = M S_2^{r_2} M^{-1}$$

sein. Alsdann ist auch

$$\overline{A}(S_1) = M^{-1} L S_1^{r_1} L^{-1} M, \quad \overline{A}(S_2) = S_2^{r_2}$$

und

$$A^*(S_i) = S_2^l M^{-1} L S_1 L^{-1} M S_2^{-l}, \quad A^*(S_2) = S_2$$

ein Automorphismus. Das Element $S_2^l M^{-1} L S_1 L^{-1} M S_2^{-l}$ möge
nun nach der Vorschrift von 2, 6 reduziert und l so gewählt werden,
daß die reduzierte Form mit $S_1^{\pm m}$ beginnt und endigt. Wäre jetzt
$A(S_i)$ von S_1 verschieden, etwa gleich $N S_1 N^{-1}$, so enthielte jedes
Potenzprodukt aus den $A^*(S_i)$, das S_1 überhaupt enthält, auch
immer das Produkt N, und das ist unmöglich.

Im nahen Zusammenhang hiermit stehen die Automorphismen
der durch
$$S_1^{a_1} S_2^{a_2} \equiv 1, \quad a_1 > a_2$$
definierten Gruppe $\mathfrak{G}$ der Erzeugenden S_1 und S_2. Wie wir in
2, 6 sahen, ist die aus $S_1^{a_1} = D$ erzeugte unendliche zyklische
Untergruppe das Zentrum $\mathfrak{Z}$ dieser Gruppe, und die Faktorgruppe
nach $\mathfrak{Z}$ die durch (4) definierte Gruppe. Ein Automorphismus A
von $\mathfrak{G}$ führt das Zentrum in sich über und muß also einerseits in $\mathfrak{Z}$
und andererseits in der Faktorgruppe $\mathfrak{G}/\mathfrak{Z}$ einen Automorphismus
induzieren. Die einzigen Automorphismen von $\mathfrak{Z}$ sind $A(D) = D$
und $A(D) = D^{-1}$. Daher ist

$$\big(A(S_1)\big)^{a_1} = S_1^{\varepsilon a_1} = D^\varepsilon, \big(A(S_2)\big)^{a_2} = S_2^{\varepsilon a_2} = D^{-\varepsilon} \ (\varepsilon = \pm 1); \ (5)$$

wegen der zweiten Bedingung muß ein Automorphismus von $\mathfrak{G}$
die Gestalt

$$A(S_i) = M S_i^{r_i} M^{-1} D^{s_i} = M S_i^{r_i + a_i s_i'} M^{-1}$$

haben, wo

$$s_1' = s_1, \quad s_2' = -s_2$$

ist. Es muß alsdann wegen (5)

$$(r_i + a_i s_i') a_i = \varepsilon a_i,$$

also

$$r_i + a_i s_i' = \varepsilon$$

sein. Wir erhalten also: die Automorphismen der Gruppe $\mathfrak{G}$ sind

$$A(S_i) = M S_i^\varepsilon M^{-1} \ (\varepsilon = \pm 1; \ i = 1, 2).$$

Viertes Kapitel

Streckenkomplexe

1. Begriff des Streckenkomplexes

Wir wenden uns jetzt zu den einfachsten Objekten der kombinatorischen Topologie, den Streckenkomplexen. Vor allem haben wir die Wege in Streckenkomplexen und die Überlagerungen von Streckenkomplexen zu betrachten, die beiden Begriffe, welche die Beziehung der Streckenkomplexe zu Gruppen vermitteln.

Unter einem *Streckenkomplex* $\mathfrak{C}$ verstehen wir eine endliche oder abzählbar unendliche Gesamtheit von Punkten und Strecken; für diese Gegenstände mögen die Relationen „ist Anfangspunkt von", „ist Endpunkt von", „ist entgegengesetzt gleich" mit Hilfe der folgenden Festsetzungen erklärt sein:

A. 1. *Ist s eine Strecke, so gibt es stets einen Punkt p_1, welcher Anfangspunkt von s ist, und einen Punkt p_2, welcher Endpunkt von s ist.*

A. 2. *Ist s eine Strecke, so gibt es eine einzige zu s entgegengesetzt gleiche Strecke $s' = s^{-1}$. Die zu s^{-1} entgegengesetzt gleiche Strecke $(s^{-1})^{-1}$ ist s.*

A. 3. *Ist p_1 Anfangs- und p_2 Endpunkt von s, so ist p_2 Anfangs- und p_1 Endpunkt von s^{-1}.*

Ist p Anfangs- oder Endpunkt von s, so heiße p ein Randpunkt von s, und wir sagen p berandet s. Sind Anfangs- und Endpunkt von s, p_1 und p_2 verschieden, so heiße das Punktepaar p_1, p_2 der Rand von s. Ist $p_1 = p_2 = p$, so heiße s eine *singuläre* Strecke und p der Rand von s. Gehören sämtliche Punkte und Strecken eines Komplexes $\mathfrak{C}'$ auch zu dem Komplex $\mathfrak{C}$ und gelten die Berandungsbeziehungen von $\mathfrak{C}'$ auch in $\mathfrak{C}$, so heißt $\mathfrak{C}'$ ein *Unterkomplex* von $\mathfrak{C}$.

Die Paare entgegengesetzt gleicher Strecken seien jetzt fest numeriert, der einen Strecke des Paares das Symbol $s_i = s_i^1$, der anderen das Symbol s_i^{-1} zugeordnet. Die in einer bestimmten Reihenfolge gegebenen endlich vielen Strecken

$$w = s_{\alpha_1}^{\varepsilon_1}\, s_{\alpha_2}^{\varepsilon_2} \cdots s_{\alpha_m}^{\varepsilon_m} \qquad (\varepsilon_i = \pm 1) \tag{1}$$

bilden einen *Weg* w, wenn

der Endpunkt von $s_{\alpha_i}^{\varepsilon_i}$ der Anfangspunkt von $s_{\alpha_{i+1}}^{\varepsilon_{i+1}}$ ist.

w „durchläuft" die Strecken $s_{\alpha_i}^{\pm 1}$. Ein Weg (1) heißt reduziert, wenn niemals gleichzeitig

$$\alpha_i = \alpha_{i+1} \quad \text{und} \quad \varepsilon_i + \varepsilon_{i+1} = 0$$

ist. Das Streichen oder Hinzufügen je zwei solcher Strecken heißt die Reduktion oder Erweiterung eines Weges. Ein Weg heißt offen oder geschlossen, je nachdem

der Anfangspunkt p von $s_{\alpha_1}^{\varepsilon_1}$ von dem Endpunkt p' von $s_{\alpha_m}^{\varepsilon_m}$

verschieden ist oder nicht. Ein offener Weg „führt" von p nach p' oder „verbindet" p mit p'. Ein Weg (1) heißt *einfach*, wenn die Endpunkte der Strecken $s_{\alpha_i}^{\varepsilon_i}$ sämtlich voneinander verschieden sind. Unter der *Länge eines Weges* (1) verstehen wir die Anzahl m der Strecken, die er enthält. Bildet (1) einen Weg, so bilden auch

$$s_{\alpha_k}^{\varepsilon_k}\, s_{\alpha_{k+1}}^{\varepsilon_{k+1}} \cdots s_{\alpha_{k+l}}^{\varepsilon_{k+l}} \qquad (1 \leq k,\; k + l \leq m)$$

Wege, die wir Teilwege von (1) nennen wollen.

$$w^{-1} = s_{\alpha_m}^{-\varepsilon_m} \cdots s_{\alpha_2}^{-\varepsilon_2}\, s_{\alpha_1}^{-\varepsilon_1}$$

nennen wir den zu (1) entgegengesetzt gerichtet gleichen Weg. Ist ein Weg nicht einfach, so enthält er geschlossene Teilwege. Leicht zeigt man: Gibt es einen Weg, der die beiden verschiedenen Punkte p und p' verbindet, so gibt es auch einen einfachen Weg, der p und p' verbindet. Er entsteht aus dem ursprünglichen, indem man die geschlossenen Teilwege streicht.

Unter einem *Zug* verstehen wir einen Weg, der jede Strecke nur einmal durchläuft. Ist w in (1) ein Zug, so ist also

$$s_{\alpha_i}^{\varepsilon_i} \neq s_{\alpha_k}^{\varepsilon_k} \quad \text{und} \quad s_{\alpha_i}^{\varepsilon_i} \neq s_{\alpha_k}^{-\varepsilon_k}, \quad \text{wenn } i \neq k \text{ ist.}$$

Ein Komplex heißt *zusammenhängend*, wenn man zwei beliebige Punkte durch einen Weg aus endlich vielen Strecken verbinden kann. Ein Komplex, der nicht zusammenhängend ist, besteht aus endlich oder abzählbar vielen zusammenhängenden elementfremden Unterkomplexen, die seine *Bestandteile* heißen mögen.

Beispiele für Komplexe lassen sich so leicht aus euklidischen Strecken z. B. bilden, daß wir sie nicht weiter beschreiben wollen.

2. Ordnung von Punkten. Reguläre Komplexe

Wir wollen einige Anzahlfragen bei Komplexen aus endlich vielen Elementen aufwerfen. a_0 sei die Anzahl der Punkte von $\mathfrak{C}$, $2a_1$ die Anzahl der gerichteten Strecken, die ja zu je zweien entgegengesetzt gerichtet gleiche Strecken sind. Beginnen in einem Punkte k Strecken, so heiße k die *Ordnung des Punktes*. r_k sei die Anzahl der Punkte der Ordnung k. Alsdann ist

$$\Sigma k\, r_k = 2\,a_1,$$

wenn die Summe über alle Punkte erstreckt wird. Ferner sei

$$\Sigma r_{2l+1} = r^{(1)}$$

die Anzahl der Punkte ungerader Ordnung. Alsdann ist

$$\Sigma k\, r_k = \Sigma 2\, l r_{2l} + \Sigma (2l+1)\, r_{2l+1} = 2\,\Sigma l r_{2l} + 2\,\Sigma l r_{2l+1} + r^{(1)}$$

und daher $r^{(1)} = 2\,r$ stets eine gerade Zahl.

Beginnen in jedem Punkt gleich viel Strecken k, so heißt der Komplex *regulär vom Grade k*. Diese Begriffsbildung ist auch bei Komplexen mit unendlich vielen Elementen möglich. Ist k ungerade und die Anzahl der Punkte endlich, so muß a_0 gerade sein, denn die Anzahl der Strecken $2a_1$ ist hier gleich $a_0 k$. Die regulären Komplexe mit $k = 1$ und a_0 Punkten zerfallen in $\frac{1}{2} a_0$ Bestandteile, die je aus einer nichtsingulären Strecke und zwei Punkten bestehen. Die regulären Komplexe mit $k = 2$, die zusammenhängend sind, bestehen entweder erstens aus einem Punkte, einer singulären Strecke s und der zu ihr inversen s^{-1}, oder zweitens aus endlich vielen, a_0, Punkten $p_1, p_2, \ldots, p_{a_0}$ und a_0 Strecken $s_1, s_2, \ldots, s_{a_0}$ nebst ihren Inversen. Bei geeigneter Numerierung und Orientierung beginnt s_i in p_i ($i = 1, 2, \ldots, a_0$) und endigt in p_{i+1} ($i = 1, 2, \ldots, a_0 - 1$) bzw. p_1, oder drittens aus unendlich vielen Punkten $p_0, p_1, p_{-1}, p_2, p_{-2}, \ldots$ und Strecken $s_0, s_1, s_{-1}, s_2, s_{-2}, \ldots$; bei geeigneter Numerierung und Orientierung beginnt s_i in p_i und endigt in p_{i+1} ($i = 0, \pm 1, \pm 2, \ldots$). Ist $k > 2$, so ist es schwer, einen Überblick über die regulären Komplexe zu gewinnen.

3. Das Königsberger Brückenproblem

Eine der ersten topologischen Fragen, die man sich gestellt hat, war, ob sich ein zusammenhängender Komplex in einem einzigen Zuge durchlaufen läßt. Das sogenannte Königsberger Brückenproblem bestand in der Aufgabe, einen speziellen Komplex in einem Zuge zu durchlaufen, und EULER[1]) zeigte, daß dies nicht möglich ist, indem er den folgenden allgemeinen Satz bewies: $\mathfrak{C}$ *sei zusammenhängend und enthalte nur endlich viele Punkte und Strecken. Sind alle Punkte des Komplexes $\mathfrak{C}$ von gerader Ordnung, so läßt sich $\mathfrak{C}$ in einem geschlossenen Zuge durchlaufen. Enthält $\mathfrak{C}$ dagegen $2\,r$ Punkte ungerader Ordnung, so gibt es r Züge*

$$w_1,\ w_2,\ \ldots,\ w_r$$

und nicht weniger, welche jede Strecke aus $\mathfrak{C}$ gerade einmal durchlaufen.

Daß es nicht weniger als r Züge der geforderten Art geben kann, ist klar. Es können nämlich nur die Anfangs- und Endpunkte der Züge Punkte ungerader Ordnung sein. Läßt sich also $\mathfrak{C}$ in m Zügen durchlaufen, so ist

$$2\,r \leq 2\,m.$$

Um nun zu zeigen, daß es genau r Züge gibt, fassen wir zuerst den Fall ins Auge, daß alle Punkte gerader Ordnung sind. Ist w irgendein Zug aus $\mathfrak{C}$, der in p_1 beginnt und in p_2 endigt, und ist $p_1 \neq p_2$, so gibt es nur eine ungerade Anzahl von Strecken, welche in p_2 beginnen und von w durchlaufen werden. Es gibt also sicher noch eine von p_2 ausgehende Strecke, welche nicht zu w gehört, und man kann w also verlängern. Ist p_1 gleich p_2, ist w also geschlossen, so gibt es entweder einen Punkt p, über den w führt, und der noch eine Strecke berandet, welche w nicht durchläuft. Alsdann sei w' ein geschlossener Weg, der aus w durch zyklische Umordnung entsteht und in p beginnt; w' läßt sich alsdann wieder über p hinaus verlängern. Oder aber w durchläuft alle Strecken, die von irgendeinem der Punkte, die er passiert, ausgehen, alsdann bilden aber die Punkte und Strecken von w einen Bestandteil von $\mathfrak{C}$ und sind also mit $\mathfrak{C}$ identisch, weil $\mathfrak{C}$ zusammenhängend ist. Wir erhalten also: Ist w irgendein Zug, der nicht alle Strecken von $\mathfrak{C}$ durchläuft, so gibt es sicher einen Zug, der alle Strecken von w und noch eine

---

[1]) Petrop. Comm. **8**, 128 (1741).

weitere Strecke durchläuft. Daraus folgt, daß es einen Zug gibt, der alle Strecken von $\mathfrak{C}$ enthält, und dieser Zug muß geschlossen sein, weil sonst im Anfangs- und Endpunkt ungerad viele Strecken beginnen würden.

Ist $\mathfrak{C}$ nun ein Komplex mit $r \neq 0$, so bilden wir einen Komplex $\mathfrak{C}'$ mit $r' = 0$, indem wir r nichtsinguläre Strecken hinzufügen, welche die Punkte ungerader Ordnung paarweise miteinander verbinden. Alsdann läßt sich $\mathfrak{C}'$ in einem Zuge durchlaufen, und entfernen wir aus demselben die Strecken, welche nicht in $\mathfrak{C}$ vorkommen, so zerfällt dieser Zug gerade in r Teilzüge.

4. Bäume

Ein Komplex heißt ein Baum, wenn er zusammenhängend ist und aus seinen Strecken keine reduzierten geschlossenen Streckenzüge gebildet werden können.

Danach sind alle Strecken eines Baumes nichtsingulär und alle reduzierten Wege eines Baumes offene und einfache Wege. Zwei Punkte eines Baumes lassen sich nur durch einen einzigen reduzierten Weg verbinden. Sind nämlich w und w' zwei solche Wege, so ist $w\,w'^{-1}$ ein geschlossener Weg. Derselbe muß sich also durch Streichen entgegengesetzt gleicher benachbarter Strecken sukzessive kürzen lassen, bis schließlich alle Strecken fortgebracht sind. Daher ist w gleich w'. Hieraus folgt weiter: Ist

$$s_{\alpha_1}^{\varepsilon_1}\, s_{\alpha_2}^{\varepsilon_2} \cdots s_{\alpha_i}^{\varepsilon_i}\; s_{\alpha_{i+1}}^{\varepsilon_{i+1}} \cdots s_{\alpha_m}^{\varepsilon_m}$$

der reduzierte Weg, der den Punkt p_1 mit dem Punkt p_2 verbindet, und ist der Endpunkt von $s_{\alpha_i}^{\varepsilon_i}$ der Punkt p_3, so ist

$$s_{\alpha_1}^{\varepsilon_1}\, s_{\alpha_2}^{\varepsilon_2} \cdots s_{\alpha_i}^{\varepsilon_i}$$

der Weg, welcher p_1 mit p_3 verbindet. Ist ein Komplex $\mathfrak{C}$ zusammenhängend, und läßt sich ein Punkt p des Komplexes mit jedem Punkt p' nur durch einen einzigen Weg verbinden, so ist $\mathfrak{C}$ ein Baum. Ist p ein beliebiger Punkt eines Baumes, und sind w_i die einfachen Wege von p nach allen Punkten p_i des Baumes, so tritt eine Strecke s_k in allen w_i immer mit demselben Exponenten ε auf. Angenommen, sie träte in w_{i1} mit $\varepsilon = +1$, in w_{i2} mit $\varepsilon = -1$ auf, so gäbe es einen Teilweg w'_{i1} von w_{i1}, der mit s_k endigt, und einen Teilweg w'_{i2} von w_{i2}, der in dem Endpunkt von s_k, aber nicht mit s_k endigt. Alsdann wäre $w'_{i1} w'^{-1}_{i2}$ ein geschlossener reduzierter Weg, und das ist ein Widerspruch. Man kann also die Bezeichnung der Strecken so wählen, daß in den w_i alle Exponenten $\varepsilon = +1$ werden, und der Weg w_i nach p_i mit s_i endigt. p_i ist dann Endpunkt nur von der einen Strecke, mit der w_i endigt. Der Punkt p ist Anfangspunkt aller Strecken, die er berandet. Enthält $\mathfrak{B}$ also a_0 Punkte, so enthält $\mathfrak{B}$

$$a_1 = a_0 - 1 \tag{1}$$

Paare entgegengesetzt gleicher Strecken.

Nach diesen Vorbemerkungen über Bäume zeigen wir den wichtigen Satz: *Ist $\mathfrak{C}$ ein zusammenhängender Komplex, der mindestens zwei verschiedene Punkte p_1 und p_2 enthält, so gibt es einen Unterkomplex $\mathfrak{B}$ von $\mathfrak{C}$, welcher ein Baum ist, und welcher die sämtlichen Punkte von $\mathfrak{C}$ enthält.*

Wir nehmen zuerst an, $\mathfrak{C}$ enthalte nur endlich viele Punkte

$$p_1, p_2, \ldots, p_{a_0}$$

und beweisen den Satz unter dieser Voraussetzung durch vollständige Induktion. Zunächst gibt es einen Baum $\mathfrak{B}_2$, welcher p_1 und p_2 enthält, denn es gibt einen einfachen Streckenzug, welcher p_1 und p_2 verbindet, und der Komplex, welcher aus den Punkten und Strecken dieses Zuges nebst den entgegengesetzt gerichteten Strecken besteht, ist ein Baum, weil ein einfacher Streckenzug keine geschlossenen Teilzüge enthält. Ist nun $\mathfrak{B}_i$ ein Baum, welcher die Punkte

$$p_1, p_2, \ldots, p_i$$

enthält, so kommt entweder p_{i+1} schon in diesem Baum vor; alsdann sei $\mathfrak{B}_{i+1}$ gleich $\mathfrak{B}_i$. Sonst sei

$$s_{\alpha_1}^{\varepsilon_1} s_{\alpha_2}^{\varepsilon_2} \ldots s_{\alpha_k}^{\varepsilon_k} s_{\alpha_{k+1}}^{\varepsilon_{k+1}} \ldots s_{\alpha_m}^{\varepsilon_m}$$

ein einfacher Weg, welcher p_1 mit p_{i+1} verbindet. Es gibt dann einen Wert $k \leq m$, so daß der Teilweg

$$s_{\alpha_k}^{\varepsilon_k} s_{\alpha_{k+1}}^{\varepsilon_{k+1}} \ldots s_{\alpha_m}^{\varepsilon_m}$$

außer seinem Anfangspunkt keinen Punkt mit $\mathfrak{B}_i$ gemeinsam hat. Wir bilden nun den Komplex $\mathfrak{B}_{i+1}$, der aus den Punkten und Strecken von $\mathfrak{B}_i$ und ferner aus den Strecken

$$s_{\alpha_k}^{\pm 1}, s_{\alpha_{k+1}}^{\pm 1}, \ldots, s_{\alpha_m}^{\pm 1}$$

sowie ihren Randpunkten besteht. Alsdann ist $\mathfrak{B}_{i+1}$ ein Baum. $\mathfrak{B}_{a_0}$ gleich $\mathfrak{B}$ ist der gesuchte Baum.

Wir nehmen nun an, $\mathfrak{C}$ enthalte abzählbar unendlich viele Punkte p_1, p_2, ….. Wir erhalten durch das bei endlichem $\mathfrak{C}$ angewandte Verfahren hier eine unendliche Folge von Unterkomplexen $\mathfrak{B}_i$, die Bäume sind und aus endlich vielen Elementen bestehen und die Punkte p_k mit $k < i$ enthalten. Unter $\mathfrak{B}$ verstehen wir den Komplex, welcher alle diejenigen Punkte und Strecken enthält, welche in irgendeinem $\mathfrak{B}_i$ vorkommen. Es sind das alle Punkte von $\mathfrak{C}$. Außerdem ist $\mathfrak{B}$ ein Baum. Gäbe es nämlich einen geschlossenen reduzierten Weg in $\mathfrak{B}$, so gäbe es auch ein $\mathfrak{B}_k$, in welchem die sämtlichen endlich vielen Strecken dieses Zuges bereits enthalten sein müßten, und das ist ein Widerspruch, weil $\mathfrak{B}_k$ ein Baum ist.

5. Die Zusammenhangszahl

Ist $\mathfrak{C}$ ein Baum, so ist der eben konstruierte Unterkomplex $\mathfrak{B}$ von $\mathfrak{C}$ mit $\mathfrak{C}$ identisch. Denn käme etwa die Strecke s nicht in $\mathfrak{B}$ vor, so wäre der Komplex $\mathfrak{C}$ bestimmt kein Baum. Ist s eine singuläre Strecke, so ist das klar. Ist s nicht singulär, so sei w der in $\mathfrak{B}$ verlaufende einfache Weg vom Endpunkt zum Anfangspunkt von s. Alsdann ist sw ein einfach geschlossener Weg und $\mathfrak{C}$ also kein Baum. Ist $\mathfrak{C}$ kein Baum, so gibt es entweder singuläre Strecken in $\mathfrak{C}$ oder verschiedene Unterkomplexe, welche Bäume $\mathfrak{B}$ sind und alle Punkte von $\mathfrak{C}$ enthalten.

Sei $\mathfrak{B}$ ein solcher Baum und s eine nichtsinguläre Strecke in $\mathfrak{C}$, welche nicht in $\mathfrak{B}$ vorkommt. Wir bilden nun den Komplex $\mathfrak{C}'$, der aus $\mathfrak{B}$ durch Hinzunahme von s entsteht. w sei der Weg, der in $\mathfrak{B}$ vom Endpunkt p_2 zum Anfangspunkt p_1 von s führt. sw ist alsdann ein einfacher geschlossener Weg, und zwar bis auf zyklische Vertauschungen und Umkehren der Richtung der einzige einfache geschlossene Weg in $\mathfrak{C}'$. Ist nämlich w' ein einfach geschlossener Weg, so kann er nicht ganz in $\mathfrak{B}$ verlaufen und müßte also s oder s^{-1} enthalten, müßte etwa s enthalten und mit p_1 beginnen. Durch Entfernung von s entsteht aus w' ein einfacher, in $\mathfrak{B}$ verlaufender Weg w^*, der von p_2 nach p_1 führt, folglich ist $w^* = w$ und $w' = sw$. Ist nun s' irgendeine in w enthaltene Strecke von $\mathfrak{B}$,

$$w = w_1 s' w_2,$$

so sei $\mathfrak{B}'$ der Komplex, der aus $\mathfrak{C}'$ durch Eliminierung von s' entsteht. $\mathfrak{B}'$ enthält sämtliche Punkte von $\mathfrak{C}$, und $\mathfrak{B}'$ ist ein Baum, der von $\mathfrak{B}$ verschieden ist. Ein Baum $\mathfrak{B}'$, der auf die geschilderte Weise aus $\mathfrak{B}$ entsteht, heiße zu $\mathfrak{B}$ *benachbart*.

Sind $\mathfrak{B}$ und $\mathfrak{B}^*$ zwei Bäume, die Unterkomplexe von $\mathfrak{C}$ sind und sämtliche Punkte von $\mathfrak{C}$ enthalten, und gibt es genau $2\,k$ Strecken, welche in $\mathfrak{B}^*$, aber nicht in $\mathfrak{B}$ vorkommen, so ist $\mathfrak{B} = \mathfrak{B}^*$, falls $k = 0$ ist, $\mathfrak{B}$ und $\mathfrak{B}^*$ benachbart, falls $k = 1$ ist, oder es gibt eine Kette benachbarter Bäume

$$\mathfrak{B}, \ \mathfrak{B}^{(1)}, \ \mathfrak{B}^{(2)}, \ \ldots, \ \mathfrak{B}^{(k)}$$

mit $\mathfrak{B}^{(k)} = \mathfrak{B}^*$, falls $k > 1$ ist.

Ist $k = 0$, so gehören alle Strecken von $\mathfrak{B}^*$ zu $\mathfrak{B}$. Denn enthielte $\mathfrak{B}$ eine Strecke, welche nicht in $\mathfrak{B}^*$ vorkäme, so wäre $\mathfrak{B}^*$ kein Baum. Denn $\mathfrak{B}^*$ enthält nach Voraussetzung alle Punkte von $\mathfrak{C}$, und durch Hinzunehmen einer weiteren Strecke entsteht aus $\mathfrak{B}^*$ ein Komplex, der bestimmt kein Baum ist.

Ist $k \geq 1$, so sei s_1 eine Strecke, welche in $\mathfrak{B}^*$ und nicht in $\mathfrak{B}$ vorkommt. Der Weg w vom Endpunkt von s_1 zum Anfangspunkt von s_1 in $\mathfrak{B}$ enthält dann sicher eine Strecke s_1', welche nicht in $\mathfrak{B}^*$ vorkommt, denn sonst enthält $\mathfrak{B}^*$ ja den einfachen geschlossenen Weg $s\,w$. Wir bilden nun $\mathfrak{B}^{(1)}$ aus $\mathfrak{B}$, indem wir s_1 hinzunehmen und s_1' fortlassen. $\mathfrak{B}^*$ enthält alsdann nur noch $2\,(k-1)$ Strecken, welche nicht in $\mathfrak{B}^{(1)}$ vorkommen. Durch Iterierung des Verfahrens kommen wir also zu einem Baum $\mathfrak{B}^{(k)}$, welcher alle Strecken enthält, die $\mathfrak{B}^*$ enthält.

Unter der Zusammenhangszahl eines zusammenhängenden Komplexes verstehen wir die Anzahl der Streckenpaare von $\mathfrak{C}$, welche in einem Baum $\mathfrak{B}$, der alle Punkte von $\mathfrak{C}$ enthält, nicht vorkommen. Die Zusammenhangszahl eines Baumes ist demnach 0. Ist die Zusammenhangszahl $a > 0$, so ist zunächst zu zeigen, daß a dem Komplex eindeutig zugeordnet ist. Wir nehmen an, $\mathfrak{C}$ enthalte $2\,a$ Strecken mehr als der Baum $\mathfrak{B}$, $2\,a'$ Strecken mehr als der Baum $\mathfrak{B}'$, $\mathfrak{B}$ und $\mathfrak{B}'$ enthalten alle Punkte von $\mathfrak{C}$, und a sei endlich. Enthält $\mathfrak{B}'$ nun $2\,k$ Strecken, welche nicht zu $\mathfrak{B}$ gehören, so muß $k \leq a$ sein. Ist $k = 0$, so ist $\mathfrak{B}$ mit $\mathfrak{B}'$ identisch, also $a = a'$. Ist $k = 1$, so sind $\mathfrak{B}$ und $\mathfrak{B}'$ benachbart, und wie man leicht sieht, auch $a = a'$. Ist $k > 1$, so gibt es eine Kette benachbarter Bäume $\mathfrak{B}, \mathfrak{B}^{(1)}, \ldots,$ $\mathfrak{B}^{(k)} = \mathfrak{B}'$, welche mit $\mathfrak{B}$ beginnt und $\mathfrak{B}'$ endigt. Da für die Anzahl der Strecken $a^{(i)}$ aus $\mathfrak{C}$, welche nicht zu $\mathfrak{B}^{(i)}$ gehören, immer $a^{(i)} = a^{(i+1)}$ gilt, ist $a = a'$. Nun erschließt man auch leicht indirekt: enthält $\mathfrak{C}$ unendlich viel mehr Strecken als ein Baum $\mathfrak{B}$, welcher alle Punkte von $\mathfrak{C}$ enthält, so enthält $\mathfrak{C}$ auch unendlich viel mehr Strecken als jeder solche Baum.

Bei Komplexen, die nur endlich viele Elemente enthalten, läßt sich a leicht berechnen. *Ist a_0 die Anzahl der Punkte, $2\,a_1$ die Anzahl der Strecken, so ist die Zusammenhangszahl*

$$a = -a_0 + a_1 + 1.$$

Für einen Baum folgt dies aus 4, 4 (1). Ein anderer Beweis für Bäume aus endlich vielen Strecken ist der folgende: Für den Baum aus einem Streckenpaar ist das sicher richtig, hier muß $a_0 = 2$ sein. Angenommen, der Satz sei für $a_1 = k$ wahr, so wollen wir ihn für $a_1 = k + 1$ beweisen. Sei nun $\mathfrak{B}$ ein Baum mit a_0 Punkten und $2\,a_1 = 2\,(k+1)$ Strecken, p ein beliebiger Punkt und w_i der eindeutig bestimmte einfache Weg, der von p nach p_i führt. Alle diese Wege haben eine endliche Länge, und es gibt also sicher einen längsten Weg w_m, der nach p_m führe. Alsdann kann aber p_m nur die eine Strecke s_m beranden, mit welcher w_m endigt, und s_m kann in keinem der reduzierten Wege auftreten, welche p mit den übrigen p_i verbinden. Entfernen wir also p_m und s_m aus $\mathfrak{B}$, so erhalten wir wieder einen zusammenhängenden Komplex, und zwar einen Baum mit $a_0 - 1$ Punkten und $2\,(a_1 - 1) = 2\,k$ Strecken, also ist

$$0 = (a_0 - 1) - (a_1 - 1) - 1 = a_0 - a_1 - 1,$$

wie zu beweisen war.

Ist nun $\mathfrak{C}$ ein beliebiger Komplex mit a_0 Punkten und $2\,a_1$ Strecken und $\mathfrak{B}$ ein Baum, welcher alle Punkte von $\mathfrak{C}$, also a_0 Punkte enthält, so enthält $\mathfrak{B}$ gerade $2\,(a_0 - 1)$ Strecken, und wenn a die Zusammenhangszahl von $\mathfrak{C}$ ist, so enthält $\mathfrak{C}$ also

$$a_1 = a + a_0 - 1$$

Streckenpaare. Das ist die behauptete Gleichung.

6. Wegegruppe eines Streckenkomplexes

Sei $\mathfrak{C}$ ein zusammenhängender Streckenkomplex, p_0 einer seiner Punkte. Die von p_0 ausgehenden geschlossenen Wege des Komplexes bestimmen eine Gruppe, wenn wir die folgende Festsetzung treffen: Zwei solche Wege heißen äquivalent, wenn sie sich

durch Erweiterungen und Reduktionen ineinander überführen lassen.
Man erschließt leicht, ähnlich wie in 2, 2, daß diese Äquivalenz
symmetrisch und transitiv ist. Jeder Weg ist zu einem reduzierten
Wege äquivalent, wobei wir auch den leeren Weg, der nur aus p_0
besteht, zulassen wollen. Ferner erschließt man ähnlich wie in 2, 3,
daß ein Weg nur zu einem einzigen reduzierten Weg äquivalent
ist, daß also in der Klasse äquivalenter Wege nur ein reduzierter
vorkommt. Es werde nun die Klasse äquivalenter geschlossener,
in p_0 beginnender Wege, in der w vorkommt, mit $[w]$ bezeichnet.
Unter dem Produkt zweier solcher Klassen $[w_1]$, $[w_2]$ verstehen wir
die Klasse $[w_1 w_2]$, und man erschließt ähnlich wie in 2, 2, daß die
Klassen $[w]$ bei dieser Multiplikation eine Gruppe bilden, die
Wegegruppe von $\mathfrak{C}$ mit dem Grundpunkt p_0. Die Klasse, die den
leeren Weg enthält, spielt die Rolle der Identität. $[w^{-1}]$ ist die
zu $[w]$ inverse Klasse. Ähnlich läßt sich ein *Gruppoid* (1, 15) aus
den Klassen beliebiger äquivalenter Wege erklären. Die Einheiten
desselben entsprechen den Punkten von $\mathfrak{C}$.

Ist $\mathfrak{C}$ ein Baum, so besteht die Wegegruppe nur aus der Identität.
Ist $\mathfrak{C}$ kein Baum, so gibt es reduzierte geschlossene Wege und
daher auch solche, die in p_0 beginnen. Die Wegegruppe besteht
also nicht nur aus der Identität. Allgemein läßt sich zeigen: *Ist a
die Zusammenhangszahl von* $\mathfrak{C}$, *so ist die Wegegruppe eine freie
Gruppe mit a freien Erzeugenden.* Um das nachzuweisen, sei $\mathfrak{B}$ ein
Unterkomplex, der ein Baum ist und sämtliche Punkte von $\mathfrak{C}$ enthält.

$$s_1,\ s_2,\ \ldots,\ s_k$$

seien nebst ihren Inversen die Strecken, welche nicht in $\mathfrak{B}$
vorkommen, $p_{i,1}$ sei Anfangspunkt, $p_{i,2}$ Endpunkt der Strecke s_i.
$w_{i,1}$, $w_{i,2}$ seien die einfachen Wege, welche in $\mathfrak{B}$ von p_0 nach
$p_{i,1}$, $p_{i,2}$ hinführen. Wir bilden nun die geschlossenen in p_0 beginnenden Wege

$$w_{i,1}\, s_i\, w_{i,2}^{-1}, \quad \text{setzen} \quad [w_{i,1}\, s_i\, w_{i,2}^{-1}] = S_i$$

und behaupten, daß die S_i Erzeugende der Wegegruppe sind. Um
die Elemente $[w]$ durch die S_i auszudrücken, nehmen wir den
reduzierten in $[w]$ enthaltenen Weg w'. Ist w' nicht leer, so durchläuft w' endlich viele der Strecken s_i nacheinander, etwa m. Sei
s_{α_1} die erste dieser in w' vorkommenden Strecken, alsdann verläßt
also w' den Baum $\mathfrak{B}$ bei den Punkten $p_{\alpha_1,1}$ oder $p_{\alpha_2,2}$, je nachdem

s_{α_1} in positivem oder negativem Sinne durchlaufen wird. Nehmen wir das erste an, so beginnt w' also mit $w_{\alpha_1,1}\, s_{\alpha_1}$, sei etwa

$$w' = w_{\alpha_1,1}\, s_{\alpha_1}\, w''; \quad S_{\alpha_1}^{-1} \cdot [w'] = [w_{\alpha_1,2}\, w'']$$

enthält dann einen Weg, der nur $m-1$ Strecken s_i nacheinander durchläuft, und dasselbe gilt auch von dem in dieser Klasse enthaltenen reduzierten Weg. Hieraus folgt durch Induktion: Sind

$$s_{\alpha_1}^{\varepsilon_1}, \; s_{\alpha_2}^{\varepsilon_2}, \; \ldots, \; s_{\alpha_m}^{\varepsilon_m}$$

die Strecken $s_i^{\pm 1}$, welche w' nacheinander in positiver Richtung durchläuft, so kommt in der Klasse

$$S_{\alpha_m}^{-\varepsilon_m}\, S_{\alpha_{m-1}}^{-\varepsilon_{m-1}} \ldots S_{\alpha_1}^{-\varepsilon_1}\, [w']$$

ein Weg vor, welcher keine der Strecken s_i passiert. Also ist der Weg ganz in $\mathfrak{B}$ enthalten und durch Reduktion in den leeren Weg zu verwandeln.

Wir wollen noch zusehen, wie die verschiedenen Erzeugendensysteme der Wegegruppe bei verschiedener Wahl des Baumes $\mathfrak{B}$ miteinander zusammenhängen. Es seien $\mathfrak{B}$ und $\mathfrak{B}'$ zwei benachbarte Bäume. $s' = s_1$ sei die Strecke, welche in $\mathfrak{B}'$, aber nicht in $\mathfrak{B}$, s die Strecke, welche in $\mathfrak{B}$, aber nicht in $\mathfrak{B}'$ vorkommt.

$$s_{\alpha_1}, \; s_{\alpha_2}, \; \ldots$$

seien diejenigen Strecken s_i ($i = 1, 2, \ldots$), deren Anfangs- und Endpunkte nach Entfernung von s aus $\mathfrak{B}$ sich noch mit p_0 verbinden lassen;

$$s_{\beta_1}, \; s_{\beta_2}, \; \ldots \; (s_{\gamma_1}, \; s_{\gamma_2}, \; \ldots)$$

diejenigen, bei denen dies für den Anfangspunkt (Endpunkt), aber nicht für den Endpunkt (Anfangspunkt) gilt;

$$s_{\delta_1}, \; s_{\delta_2}, \; \ldots$$

diejenigen, bei denen es weder für Anfangs- noch Endpunkt gilt. Alsdann sind die einfachen Wege in $\mathfrak{B}'$ von p_0 nach $p_{\alpha_i,1}$, $p_{\alpha_i,2}$, $p_{\beta_i,1}$, $p_{\gamma_i,2}$ mit denen in $\mathfrak{B}$ identisch, die von p_0 nach den $p_{\beta_i,2}$, $p_{\gamma_i,1}$, $p_{\delta_i,1}$, $p_{\delta_i,2}$ führen dagegen stets über s', und zwar alle bei geeigneter Orientierung von $s' = s_1$ in positiver Richtung (vgl. 4, 4). Es seien nun

$$S_i' = [w_{i1}'\, s_i\, w_{i2}'^{-1}]. \quad (i > 1)$$

die den Wegen s_i entsprechenden Erzeugenden bezüglich $\mathfrak{B}'$, w_1' sei der Weg in $\mathfrak{B}'$ von p_0 zum Anfangspunkt von s, w_2' der zum Endpunkt dieser Strecke und demnach

$$S_1' = [w_1'\, s\, w_2'^{-1}]$$

die noch fehlende Erzeugende bezüglich $\mathfrak{B}'$. Alsdann sieht man, daß entweder w_1' oder w_2', aber auch nur einer dieser beiden Wege die Strecke s' passiert. Es ergibt sich daraus

$$S_1' = S_1^{\pm 1}, \quad S_{\alpha_i}' = S_{\alpha_i}, \quad S_{\beta_i}' = S_{\beta_i} S_1^{-1},$$
$$S_{\gamma_i}' = S_1 S_{\gamma_i}, \quad S_{\delta_i}' = S_1 S_{\delta_i} S_1^{-1}.$$

Nach **3**, 14 vermittelt der Übergang von den S_i zu den S_i' einen Automorphismus in der freien von den S_i erzeugten Gruppe.

7. Überlagerung von Komplexen

Zwischen Komplexen kann eine Beziehung bestehen, die mit der Isomorphie von Gruppen viel Ähnlichkeit hat. Wir führen sie mit Hilfe der folgenden Erklärungen ein.

Der Komplex $\mathfrak{C}$ überlagert einen Komplex $\mathfrak{C}^*$, wenn jedem Punkt p und jeder Strecke s von $\mathfrak{C}$ ein Punkt $A(p) = p^*$ bzw. eine Strecke $A(s) = s^*$ in folgender Weise zugeordnet ist:

A. 1. *Jedem p^* entspreche mindestens ein p.*

A. 2. *Ist p Anfangspunkt von s_i^ε, so sei $A(p)$ Anfangspunkt von $A(s_i^\varepsilon)$.*

A. 3. *Sind $s_{\alpha_1}^{\varepsilon_1}$, $s_{\alpha_2}^{\varepsilon_2}$, ..., $s_{\alpha_n}^{\varepsilon_n}$ die sämtlichen Strecken, die p als Anfangspunkt berandet, so sind*

$$A\left(s_{\alpha_1}^{\varepsilon_1}\right), \ A\left(s_{\alpha_2}^{\varepsilon_2}\right), \ ..., \ A\left(s_{\alpha_n}^{\varepsilon_n}\right)$$

sämtlich voneinander verschieden, und gerade die Strecken, welche $A(p)$ als Anfangspunkt berandet.

A. 4. *Es sei $A(s^{-1}) = (A(s))^{-1}$.*

A heiße eine Abbildung von $\mathfrak{C}$ auf $\mathfrak{C}^*$, oder eine Überlagerung von $\mathfrak{C}$ über $\mathfrak{C}^*$, oder ein Isomorphismus von $\mathfrak{C}$ zu $\mathfrak{C}^*$. $\mathfrak{C}$ heiße isomorph zu $\mathfrak{C}^*$, wenn es einen Isomorphismus A mit $A(\mathfrak{C}) = \mathfrak{C}^*$ gibt.

Entspricht jedem Element aus $\mathfrak{C}^*$ nur ein einziges Element aus $\mathfrak{C}$, so heißt $\mathfrak{C}$ zu $\mathfrak{C}^*$ *einstufig* isomorph. Diese Beziehung ist reflexiv und symmetrisch. Ist

$$w = s_{\alpha_1}^{\varepsilon_1} \, s_{\alpha_2}^{\varepsilon_2} \ldots s_{\alpha_n}^{\varepsilon_n}$$

ein Streckenzug, so bilden die Strecken

$$A\left(s_{\alpha_1}^{\varepsilon_1}\right) A\left(s_{\alpha_2}^{\varepsilon_2}\right) \ldots A\left(s_{\alpha_n}^{\varepsilon_n}\right)$$

ebenfalls einen Streckenzug, der mit $A(w)$ bezeichnet werden möge. Ist w geschlossen, so ist auch $A(w)$ geschlossen. Ist also $A(w)$ offen, so ist auch w offen. Ist allgemein $\mathfrak{C}'$ irgendein Unterkomplex von $\mathfrak{C}$, so verstehen wir unter $A(\mathfrak{C}')$ die seinen Punkten und Strecken in $\mathfrak{C}^*$ bei der Zuordnung A entsprechenden Punkte und Strecken. Sie bilden ebenfalls einen Komplex $\mathfrak{C}'^*$.

Aus A. 2 und A. 4 folgt: Ist p Endpunkt von $s_i^{\varepsilon_i}$, so ist $A(p)$ Endpunkt von $A\left(s_i^{\varepsilon_i}\right)$.

A. 3 kann man auch so aussprechen: Die Strecken, die p zum Anfangspunkt haben, werden eineindeutig auf die Strecken, die $A(p)$ zum Anfangspunkt haben, abgebildet. Es sei hervorgehoben, daß s und s^{-1} als verschiedene Strecken gelten. Es kann also z. B. vorkommen, daß p zwei nicht singuläre Strecken und $A(p)$ eine singuläre Strecke berandet.

Aus A. 1 und A. 3 folgt, daß auch jeder Strecke s^* mindestens eine Strecke s entspricht, für die $A(s) = s^*$ ist.

Die Isomorphiebeziehung ist transitiv, oder ausführlicher gesagt: Sind $\mathfrak{C}$, $\mathfrak{C}^*$, $\mathfrak{C}^{**}$ drei Komplexe, deren Elemente bzw. mit

$$p,\ s;\quad p^*,\ s^*;\quad p^{**},\ s^{**}$$

bezeichnet seien, und ist

$$A_1(p) = p^*,\quad A_1(s) = s^*$$

eine Überlagerung von $\mathfrak{C}$ auf $\mathfrak{C}^*$,

$$A_2(p^*) = p^{**},\quad A_2(s^*) = s^{**}$$

eine Überlagerung von $\mathfrak{C}^*$ auf $\mathfrak{C}^{**}$ und setzen wir

$$A_3(p) = A_2\left(A_1(p)\right) = p^{**},\quad A_3(s) = A_2\left(A_1(s)\right) = s^{**},$$

so ist A_3 eine Überlagerung von $\mathfrak{C}$ auf $\mathfrak{C}^{**}$.

Es entspricht nämlich bei $A_3(p) = p^{**}$ jedem p^{**} aus $\mathfrak{C}^{**}$ ein p, weil ihm ein p^* mit $A_2(p^*) = p^{**}$, und jedem p^* ein p mit $A_1(p) = p^*$ entspricht. Ist p Anfangspunkt von s^ε, so ist $A_3(p)$ Anfangspunkt von $A_3(s^\varepsilon)$, weil $A_1(p)$ Anfangspunkt $A_1(s^\varepsilon)$ und $A_2\left(A_1(p)\right) = A_3(p)$ Anfangspunkt von $A_2\left(A_1(s^\varepsilon)\right) = A_3(s^\varepsilon)$ ist. Ist $A_3(p) = p^{**}$, so werden die Strecken, welche in p beginnen, eineindeutig auf diejenigen, die in p^{**} beginnen, abgebildet, weil A_1 diese Strecken eineindeutig auf die in $A_1(p)$ beginnenden und A_2 diese eineindeutig auf die in p^{**} beginnenden abbildet, und schließlich ist

$$A_3(s^{-1}) = A_2\left(A_1(s^{-1})\right) = A_2\left(A_1(s)^{-1}\right) = \left(A_3(s)\right)^{-1}.$$

Ist $\mathfrak{C}$ zusammenhängend, so ist auch der überlagerte Komplex $\mathfrak{C}^*$ zusammenhängend. Denn sind p_1^*, p_2^* irgend zwei Punkte von $\mathfrak{C}^*$, so gibt es zwei Punkte p_1, p_2 mit

$$A(p_i) = p_i^* \quad (i = 1, 2)$$

und einen Weg in $\mathfrak{C}$ von p_1 nach p_2. Alsdann ist aber $A(w)$ ein Weg von p_1^* nach p_2^*.

8. Wege und Überlagerungen

Aus A. 3 folgt ferner:

Sind p_1 und p_1' zwei Punkte, für die

$$A(p_1) = A(p_1')$$

ist, und ist w ein Weg, der in p_1 beginnt, so gibt es einen wohl-bestimmten Weg w', der in p_1' beginnt und für den

$$A(w') = A(w)$$

ist.

Ist nämlich s^ε die Strecke, mit welcher w beginnt, so gibt es eine und nur eine Strecke $s'^{\varepsilon'}$, die in p_1' beginnt und für die $A(s'^{\varepsilon'}) = A(s^\varepsilon)$, und ist p_2 der Endpunkt von s, p_2' der von s', so ist $A(p_2) = A(p_2')$. Durch Induktion folgt der Satz allgemein. Ist der in p^* beginnende Weg w^* reduziert, $A(p) = p^*$ und w der in p beginnende Weg mit $A(w) = w^*$, so ist wegen A. 3 auch w reduziert. Ist w^* einfach, so ist auch w einfach. Denn w ist gewiß reduziert, und jeder Teilweg von w ist offen, weil jeder Teilweg von w^* offen ist.

Ist $\mathfrak{B}^*$ ein in $\mathfrak{C}^*$ enthaltener Baum, p^* ein Punkt von $\mathfrak{B}^*$, sind w_i^* die einfachen Wege in $\mathfrak{B}^*$ von p^* nach den Punkten p_i^* von $\mathfrak{B}^*$, ist ferner $A(p) = p^*$ und sind w_i die Wege, die von p ausgehen mit $A(w_i) = w_i^*$, so bilden die Strecken, welche von den Wegen w_i durchlaufen werden, einen Komplex $\mathfrak{B}$, welcher ebenfalls ein Baum ist. Es ist nämlich $A(\mathfrak{B}) = \mathfrak{B}^*$; diese Beziehung zwischen den Punkten und Strecken von $\mathfrak{B}$ und $\mathfrak{B}^*$ ist aber eine wechselweise eindeutige. Zunächst sind alle p, p_i voneinander verschieden, weil alle p^*, p_i^* voneinander verschieden sind, und $A(p_i) = p_i^*$ ist also in bezug auf die Punkte eineindeutig. Ist ferner s^* eine Strecke aus $\mathfrak{B}^*$, welche in p_a^* beginnt, so seien s_i $(i = 1, 2)$ zwei Strecken aus $\mathfrak{B}$, für welche $A(s_1) = A(s_2) = s^*$ ist. Alsdann müssen s_1 und s_2 in p_a beginnen und daher kann wegen A. 3 gewiß nicht $A(s_1) = A(s_2)$

sein. Also sind in der Tat $\mathfrak{B}$ und $\mathfrak{B}^*$ einstufig isomorph zueinander und $\mathfrak{B}$ daher ein Baum.

Ist w^* ein einfacher geschlossener Weg, der in p^* beginnt und endigt, w^{*k} derselbe Weg k-mal durchlaufen und

$$A\,(w_k) = w^{*k},$$

so kann es sein, daß die w_k für $k < a$ offene Wege sind, aber w_a ein geschlossener Weg ist. w_a ist dann ein einfacher geschlossener Weg.

Ist nämlich

$$w_a = w_1'\,w_2'\,w_3'\,\ldots\,w_a' \quad \text{mit} \quad A\,(w_i') = w^*\ (i = 1,\,2,\,\ldots,\,a),$$

so sind die w_i' gewiß einfache Wege. Die Anfangspunkte $p^{(i)}$ der Wege w_i' und nur sie liegen über demselben Punkt p^* und sind nach Voraussetzung alle vom ersten $p^{(1)}$ verschieden. Sie sind aber auch alle untereinander verschieden, denn wird $p^{(i)} = p^{(l)}$, $i < l$, so ist $p^{(1)} = p^{(l-i+1)}$; denn der von $p^{(i)}$ ausgehende Weg über w^{*-i+1} und der von $p^{(l)}$ ausgehende Weg über w^{*-i+1} sind Teilwege von w_a^{-1}, die in $p^{(1)}$ bzw. $p^{(l-i)}$ endigen, und sie sind andererseits miteinander identisch, weil $p^{(i)} = p^{(l)}$ war. Angenommen ferner, w_a passierte den Punkt p' zweimal, und zwar einmal in w_i', ein zweites Mal in w_l', so muß der Teilweg von w_i', der von p' nach $p^{(i+1)}$ führt, und der Teilweg von w_l', der von p' nach $p^{(l+1)}$ führt, über demselben Teilweg $w^{*'}$ von w^* liegen, denn da w^* einfach ist, passiert w^* den Punkt $A\,(p')$ nur einmal, und dadurch ist $w^{*'}$ bestimmt. Also wäre $p^{(i+1)} = p^{(l+1)}$ entgegen dem vorher Gezeigten. — Ebenso erschließt man: Sind alle Wege w_k, die von p ausgehen und über w^{*k} liegen, offen, so sind sie auch einfach.

9. Vielfachheit einer Überlagerung

Mit Hilfe der Ergebnisse über die Bäume $\mathfrak{B}$ aus $\mathfrak{C}$, für welche $A\,(\mathfrak{B}) = \mathfrak{B}^*$ ebenfalls ein Baum ist, kann man leicht einen tieferen Einblick in die Art gewinnen, wie $\mathfrak{C}$ den Komplex $\mathfrak{C}^*$ überlagert. Zunächst wollen wir zeigen:

Ist $\mathfrak{C}^*$ ein Baum und $\mathfrak{C}$ zusammenhängend und $A\,(\mathfrak{C}) = \mathfrak{C}^*$ eine Überlagerung, so ist $\mathfrak{C}$ zu $\mathfrak{C}^*$ einstufig isomorph. Ist $\mathfrak{C}$ nicht zusammenhängend, so zerfällt $\mathfrak{C}$ in endlich oder abzählbar viele elementfremde Bäume $\mathfrak{B}_1,\,\mathfrak{B}_2,\,\ldots$, welche je zu $\mathfrak{C}^*$ einstufig isomorph sind.

Denn ist p irgendein Punkt mit $A(p) = p^*$, so gibt es nach **4, 8** einen Baum $\mathfrak{B}_p$, welcher Unterkomplex von $\mathfrak{C}$ ist, p enthält und für den $A(\mathfrak{B}_p) = \mathfrak{C}^*$ ist. Ist nun p' irgendein Punkt aus $\mathfrak{B}_p$ und s irgendeine Strecke aus $\mathfrak{C}$, welche in p' beginnt, so gehört s zu $\mathfrak{B}_p$. Denn $A(s) = s^*$ und $A(p') = p^{*\prime}$ gehören zu $\mathfrak{C}^*$, es gibt in $\mathfrak{B}_p$ also eine Strecke s', welche in p' beginnt und für die $A(s') = s^*$ ist. Es gibt in $\mathfrak{C}$ aber nur eine Strecke, welche in p' beginnt und für die $A(s') = s^*$ ist. Also ist $s = s'$. $\mathfrak{B}_p$ ist also mit $\mathfrak{C}$ identisch, falls $\mathfrak{C}$ zusammenhängend ist, andernfalls ist $\mathfrak{B}_p$ ein Bestandteil von $\mathfrak{C}$.

Nun zu dem allgemeinen Fall, daß $\mathfrak{C}^*$ zusammenhängend, aber kein Baum ist. In diesem Falle sei $\mathfrak{B}^*$ ein Unterkomplex von $\mathfrak{C}^*$, der ein Baum ist und der die sämtlichen Punkte von $\mathfrak{C}^*$ enthält. Ist $A(p) = p^*$, so verstehen wir unter $\mathfrak{B}_p$ den Baum aus $\mathfrak{C}$, der p enthält und für den $A(\mathfrak{B}_p) = \mathfrak{B}^*$ ist. Wir zeigen:

Sind p und p' zwei verschiedene Punkte aus $\mathfrak{C}$, für welche $A(p) = A(p')$ ist, so sind die ihnen zugeordneten Bäume $\mathfrak{B}_p$ und $\mathfrak{B}_{p'}$ elementfremd.

Angenommen nämlich, $\mathfrak{B}_p$ und $\mathfrak{B}_{p'}$ hätten den Punkt p'' gemeinsam. Alsdann gibt es einen ganz in $\mathfrak{B}_p$ verlaufenden einfachen Weg w von p nach p'' und einen ganz in $\mathfrak{B}_{p'}$ verlaufenden einfachen Weg w' von p' nach p''. w und w' sind eindeutig bestimmt und es ist $A(w) = A(w')$; denn $A(w)$ und $A(w')$ führen von $A(p) = A(p')$ nach $A(p'')$. Folglich ist auch $A(w^{-1}) = A(w'^{-1})$, und da diese beiden Wege in demselben Punkte beginnen, ist $w^{-1} = w'^{-1}$ und $p = p'$, entgegen der gemachten Voraussetzung. Hieraus folgern wir weiter:

Ist p irgendein Punkt aus $\mathfrak{C}$, sind $p^{(1)}$, $p^{(2)}$, $\ldots$ die sämtlichen Punkte aus $\mathfrak{C}$, für die $A(p^{(i)}) = A(p)$ ist, und

$$\mathfrak{B}_{p^{(1)}}, \ \mathfrak{B}_{p^{(2)}}, \ \ldots$$

die den Punkten $p^{(i)}$ zugeordneten Bäume, so kommt irgendein beliebiger Punkt von $\mathfrak{C}$ in einem und nur einem der Bäume $\mathfrak{B}_{p^{(i)}}$ vor.

Wir brauchen nur noch zu zeigen, daß jeder Punkt p' von $\mathfrak{C}$ in einem $\mathfrak{B}_{p^{(i)}}$ vorkommt. Sei nun $A(p') = p^{*\prime}$ und $w^{*\prime}$ der einfache Weg in $\mathfrak{B}^*$ von p^* nach $p^{*\prime}$, w der eindeutig bestimmte in p' endigende Weg, für den $A(w) = w^{*\prime}$ ist. Derselbe beginnt in einem Punkte $p^{(i)}$ über p und verläuft ganz in $\mathfrak{B}_{p^{(i)}}$, p' gehört also zu $\mathfrak{B}_{p^{(i)}}$.

Liegen also über irgendeinem Punkt p^* gerade k verschiedene oder abzählbar unendlich viele Punkte von $\mathfrak{C}$, so liegen über jedem Punkt $p^{*\prime}$ gerade k oder abzählbar unendlich viel Punkte von $\mathfrak{C}$. Desgleichen liegen über jeder gerichteten Strecke aus $\mathfrak{C}^*$ gerade k bzw. abzählbar unendlich viele Strecken aus $\mathfrak{C}$. Der Isomorphismus A möge dementsprechend *k-stufig* bzw. *unendlich stufig* heißen.

10. Überlagerungen und Permutationen

Die Strecken von $\mathfrak{C}^*$ zerfallen nach Auswahl eines Baumes $\mathfrak{B}^*$ in zwei Klassen, diejenigen s^*, die dem Baume angehören, und solche $\bar{s}^*$, die $\mathfrak{B}^*$ nicht angehören. Entsprechend zerfallen auch die Strecken von $\mathfrak{C}$ in zwei Klassen, diejenigen s, die einem $\mathfrak{B}_{p^{(i)}}$ angehören, und die $\bar{s}$, welche keinem der $\mathfrak{B}_{p^{(i)}}$ angehören.

Sei $\bar{s}^*$ eine beliebige Strecke, welche nicht zu $\mathfrak{B}^*$ gehört, und

$$\bar{s}^{(1)},\ \bar{s}^{(2)},\ ..$$

die Gesamtheit der Strecken aus $\mathfrak{C}$, für welche $A(\bar{s}^{(i)}) = \bar{s}^*$ ist; sei p_1^* Anfangs- und p_2^* Endpunkt von $\bar{s}^*$, und $p_1^{(i)}$ Anfangs- und $p_2^{(n_i)}$ Endpunkt von $\bar{s}^{(i)}$. Ein $\mathfrak{B}_{p^{(i)}}$ enthält genau einen der Anfangspunkte $p_1^{(i)}$ einer der Strecken $\bar{s}^{(i)}$ und genau einen der Endpunkte $p_2^{(n_i)}$ dieser Strecken. Es möge die Numerierung so getroffen sein, daß $\bar{s}^{(i)}$ in $\mathfrak{B}_{p^{(i)}}$ beginnt und also in $\mathfrak{B}_{p^{(n_i)}}$ endigt und $p_1^{(i)}$, $p_2^{(i)}$ in $\mathfrak{B}_{p^{(i)}}$ liegen. Alsdann bildet die Zuordnung

$$\pi = \begin{pmatrix} 1 & 2 & \dots \\ n_1 & n_2 & \dots \end{pmatrix}$$

eine Permutation. Jeder Strecke $\bar{s}^*$ entspricht eine solche Permutation π. Durch π und durch die p_1^* und p_2^* sind die Anfangs- und Endpunkte $p_1^{(i)}$ und $p_2^{(n_i)}$ aller $\bar{s}^{(i)}$ bestimmt.

Nun können wir sofort die sämtlichen k-fachen Überlagerungen eines Komplexes $\mathfrak{C}^*$ angeben. Wir bilden einen Baum $\mathfrak{B}^*$ und k zu $\mathfrak{B}^*$ einstufig isomorphe Bäume

$$\mathfrak{B}_{p\,(1)},\ \mathfrak{B}_{p\,(2)},\ \dots,\ \mathfrak{B}_{p(k)}.$$

Jeder Strecke $\bar{s}^*$ aus $\mathfrak{C}^*$, die nicht zu $\mathfrak{B}^*$ gehört, ordnen wir k Strecken $\bar{s}^{(1)}$, $\bar{s}^{(2)}$, $\dots$, $\bar{s}^{(k)}$ und eine beliebige Permutation der Zahlen 1, 2, $\dots$, k zu

$$\begin{pmatrix} 1, & 2, & \dots, & k \\ n_1, & n_2, & \dots, & n_k \end{pmatrix}.$$

Sind $p_1^{(i)}$, $p_2^{(i)}$ die Punkte in $\mathfrak{B}_{p(i)}$ über p_1^*, p_2^*, dem Anfangs- bzw. Endpunkte von $\bar{s}^*$, so beginne $\bar{s}^{(i)}$ in $p_1^{(i)}$ und endige in $p_2^{(n_i)}$.

11. Fundamentalbereiche

Nehmen wir zu den $\mathfrak{B}_{p^{(i)}}$ alle Strecken $\bar{s}$ hinzu, welche in einem Punkte von $\mathfrak{B}_{p^{(i)}}$ beginnen, und bilden so den Bereich $\mathfrak{F}_i$, der die Endpunkte der hinzugenommenen Strecke $\bar{s}$ nicht mit enthalten möge, so enthält $\mathfrak{F}_i$ zu jedem Punkt und jeder Strecke aus $\mathfrak{C}^*$ genau ein Element, für das

$$A\,(p) = p^*, \quad A\,(s) = s^*, \quad A\,(\bar{s}) = \bar{s}^*$$

ist. Ein $\mathfrak{F}_i$ heiße deswegen ein *Fundamentalbereich* der Überlagerung A. Die $\mathfrak{F}_i$ sind keine Komplexe, sofern es Strecken $\bar{s}$ gibt, welche verschiedene $\mathfrak{B}_{p^{(i)}}$ verbinden, weil sie deren Endpunkte nicht enthalten und weil sie deren entgegengesetzt gleiche Strecken nicht enthalten. Zu jeder Strecke $\bar{s}$ von $\mathfrak{F}_i$ gibt es eine zweite $\bar{s}'$, für die $A\,(\bar{s}') = (A\,(\bar{s}))^{-1}$ ist. Wir können nun von einem solchen Paar je eine, die gestrichene $\bar{s}'$ etwa, fortlassen und statt dessen $\bar{s}^{-1}$ hinzunehmen. Der so aus $\mathfrak{F}_i$ entstehende Bereich $\mathfrak{F}_i'$ ist wiederum ein Fundamentalbereich. —

Enthält $\mathfrak{C}^*$ nur einen einzigen Punkt p^* und $2\,r$ singuläre Strecken, welche in p^* beginnen und endigen, $s_1^{*\,\pm 1}, s_2^{*\,\pm 1}, \ldots, s_r^{*\,\pm 1}$, so enthalten die Bäume $\mathfrak{B}_{p^{(i)}}$ auch je nur den einen Punkt $p^{(i)}$, der über p^* liegt, und in jedem Punkt $p^{(i)}$ von $\mathfrak{C}$ beginnen $2\,r$ Strecken. $\mathfrak{C}$ ist also ein regulärer Komplex vom Grade $2\,r$.

Faßt man alle Strecken von $\mathfrak{C}$, welche über s_i^*, $s_i^{*\,-1}$ stehen, selbst mit ihren Randpunkten zu einem Komplex $\mathfrak{U}_i$ zusammen, so sind die $\mathfrak{U}_i$ wieder reguläre Komplexe vom Grade 2, die je sämtliche Punkte von $\mathfrak{C}$ enthälten. Jede Strecke aus $\mathfrak{C}$ kommt in einem und nur einem der $\mathfrak{U}_i$ vor. Wir wollen diesen Sachverhalt noch so aussprechen: $\mathfrak{C}$ läßt sich in reguläre Komplexe $\mathfrak{U}_i$ vom Grade 2 *zerlegen*. Man sieht sofort, daß auch das Umgekehrte gilt:

Ist $\mathfrak{C}$ irgendein regulärer Komplex vom Grade $2\,r$ und sind $\mathfrak{U}_i$ ($i = 1, 2, \ldots, r$) Unterkomplexe von $\mathfrak{C}$, in welche sich $\mathfrak{C}$ in dem angegebenen Sinne zerlegen läßt, so gibt es eine Überlagerung von $\mathfrak{C}$ über einen Komplex $\mathfrak{C}^*$ mit einem Punkt und r singulären Strecken.

Um die Zuordnung $A\,(s) = s^*$ zu erklären, sei s_k irgendeine Strecke von $\mathfrak{C}$, die in $\mathfrak{U}_i$ vorkomme. $\mathfrak{U}_i$ braucht nicht zusammenhängend zu sein, es sei $\mathfrak{U}_{i,\,k}$ der Bestandteil von $\mathfrak{U}_i$, in welchem s_k auftritt. Wir können alle Strecken von $\mathfrak{U}_{i,\,k}$ in einem geschlossenen Zuge w durchlaufen und die Strecken von $\mathfrak{U}_{i,\,k}$ so orientieren, daß sie in w

sämtlich mit dem Exponenten $+1$ auftreten. Wir setzen alsdann $A(s) = s_i^*$ für alle Strecken s aus $\mathfrak{U}_{i,\,k}$, und entsprechend für alle $\mathfrak{U}_{i,\,k}$.

12. Reguläre Komplexe gerader Ordnung

In diesem Zusammenhang ist folgender Satz[1]) interessant: *Jeder reguläre Komplex von geradem Grade $2\,r$ mit endlich vielen Punkten läßt sich in r reguläre Komplexe $\mathfrak{U}_i$ vom Grade 2 zerlegen.* Somit läßt sich jeder endliche reguläre Komplex auch als eine Überlagerung eines Komplexes $\mathfrak{C}^*$ mit einem Punkte und r singulären Strecken auffassen.

Für $2\,r = 2$ ist nichts zu beweisen. Für $2\,r = 4$ schließen wir so: Sei $\mathfrak{C}'$ ein Bestandteil von $\mathfrak{C}$; $\mathfrak{C}'$ ist alsdann auch ein regulärer Komplex des Grades 4 und läßt sich daher in einem Zuge w durchlaufen. Ist a_0 die Anzahl der Punkte von $\mathfrak{C}'$, so enthält w also $2\,a_0$ Strecken. Nach geeigneter Orientierung und Numerierung der Strecken sei

$$w = s_1\, s_2\, \ldots\, s_{2\,a_0}.$$

Wir bilden nun einen Komplex $\mathfrak{U}_1$ aus allen Strecken $s_{2\,l+1}^{\pm 1}$ und ihren Randpunkten und einen Komplex $\mathfrak{U}_2$ aus allen Strecken $s_{2\,l}^{\pm 1}$ und ihren Randpunkten. Jede Strecke s von $\mathfrak{C}'$ kommt entweder in $\mathfrak{U}_1$ oder $\mathfrak{U}_2$ vor. Da w jeden Punkt p von $\mathfrak{C}'$ durchläuft, ist p sicher Anfangspunkt einer Strecke $s_{2\,l+1}^{\pm 1}$ und Endpunkt einer Strecke $s_{2\,l}^{\pm 1}$. Die Komplexe $\mathfrak{U}_1$ und $\mathfrak{U}_2$ enthalten also je alle Punkte von $\mathfrak{C}'$, und da w jeden Punkt p gerade zweimal passiert, kommt in der Reihe der Anfangs- und Endpunkte der Strecken

$$s_1,\ s_3,\ \ldots,\ s_{2\,a_0-1}$$

jeder Punkt p gerade zweimal vor, d. h. in jedem Punkte p beginnen genau zwei Strecken aus $\mathfrak{U}_1$ und daher auch aus $\mathfrak{U}_2$.

Um den allgemeinen Fall zu erledigen, müssen wir noch einige Hilfssätze beweisen. Zunächst einige Definitionen!

Sind $\mathfrak{C}$ und $\mathfrak{C}'$ zwei reguläre Komplexe aus a_0 Punkten vom Grade $2\,r$, gibt es einen Unterkomplex $\mathfrak{C}_u$ von $\mathfrak{C}$, der $2\,l$ Strecken enthält und der zu einem Unterkomplex $\mathfrak{C}_u'$ von $\mathfrak{C}'$ isomorph ist, und gibt es keinen Unterkomplex von $\mathfrak{C}$, der mehr als $2\,l$ Strecken

---

[1]) Julius Petersen, Acta math. **15**, 193—220 (1891).

enthält und zu einem Unterkomplex von $\mathfrak{C}'$ isomorph ist, so heißt $2\,a_0\,r - 2\,l$ der *Abstand* von $\mathfrak{C}$ und $\mathfrak{C}'$. l ist nur dann gleich Null, wenn $\mathfrak{C}$ nur reguläre Strecken und $\mathfrak{C}'$ nur singuläre Strecken enthält.

Für einstufig isomorphe Komplexe ist der Abstand gleich Null, und umgekehrt, ist der Abstand gleich Null, so sind die Komplexe einstufig isomorph.

Sind s_1 und s_2 zwei verschiedene und nicht entgegengesetzt gleiche Strecken von $\mathfrak{C}$, p_{i1} die Randpunkte von s_1, p_{i2} die von s_2, und entsteht der Komplex $\mathfrak{C}'$ aus $\mathfrak{C}$, indem die Strecken s_1 und s_2 durch zwei andere Strecken s_1' und s_2' ersetzt werden, wo s_1' durch p_{11}, p_{12} und s_2' durch p_{21}, p_{22} berandet werde, so heißen $\mathfrak{C}$ und $\mathfrak{C}'$ zueinander *benachbart*. Der Abstand benachbarter Komplexe ist höchstens gleich 4.

13. Abänderungen regulärer Komplexe

Wir behaupten nun den Satz:

Sind $\mathfrak{C}$ und $\mathfrak{C}'$ irgend zwei reguläre Komplexe aus a_0 Punkten vom Grade $2\,r$, so gibt es zwei Ketten von Komplexen derselben Art

$$\mathfrak{C}_1,\ \mathfrak{C}_2,\ \ldots,\ \mathfrak{C}_k;\quad \mathfrak{C}_1',\ \mathfrak{C}_2',\ \ldots,\ \mathfrak{C}_l',$$

so daß $\mathfrak{C} = \mathfrak{C}_1$, $\mathfrak{C}' = \mathfrak{C}_1'$ und $\mathfrak{C}_l'$ einstufig isomorph zu $\mathfrak{C}_k$ ist und $\mathfrak{C}_i$ zu $\mathfrak{C}_{i+1}$ sowie $\mathfrak{C}_i'$ zu $\mathfrak{C}_{i+1}'$ benachbart ist.

Zum Beweis betrachten wir zuerst zwei Komplexe $\mathfrak{C}$ und $\mathfrak{C}'$, welche keine isomorphen Unterkomplexe besitzen. Besteht dann $\mathfrak{C}'$ etwa aus lauter singulären Strecken, so können wir einen zu $\mathfrak{C}'$ benachbarten Komplex $\mathfrak{C}''$ mit zwei regulären Strecken ersetzen, dessen Abstand von $\mathfrak{C}$ also geringer ist.

Sei der Abstand von $\mathfrak{C}$ und $\mathfrak{C}'$ gleich $2\,a_0\,r - 2\,l > 0$, und $\mathfrak{C}_u$ bzw. $\mathfrak{C}_u'$ zwei größte zueinander einstufig isomorphe Unterkomplexe von $\mathfrak{C}$ und $\mathfrak{C}'$.

Haben alle Punkte von $\mathfrak{C}_u$ die Ordnung $2\,r$, so besteht $\mathfrak{C}_u$ aus gewissen Bestandteilen von $\mathfrak{C}$ und $\mathfrak{C}_u'$ ebenso aus Bestandteilen von $\mathfrak{C}'$. Es sei $\mathfrak{C} = \mathfrak{C}_u + \overline{\mathfrak{C}}_u$ und $\mathfrak{C}' = \mathfrak{C}_u' + \overline{\mathfrak{C}}_u'$. Alsdann sind etwa in $\overline{\mathfrak{C}}_u$ lauter reguläre Strecken und in $\overline{\mathfrak{C}}_u'$ lauter singuläre Strecken enthalten, denn sonst wären $\mathfrak{C}_u$ und $\mathfrak{C}_u'$ nicht größte zueinander isomorphe Unterkomplexe. Ersetzt man dann aber $\overline{\mathfrak{C}}_u'$ durch einen benachbarten Komplex $\overline{\mathfrak{C}}_u''$, der zwei reguläre Strecken enthält, und setzt $\mathfrak{C}'' = \mathfrak{C}_u' + \overline{\mathfrak{C}}_u''$, so ist der Abstand von $\mathfrak{C}''$ und $\mathfrak{C}$ geringer als der Abstand von $\mathfrak{C}'$ und $\mathfrak{C}$.

Sei jetzt p_1 irgendein Punkt von $\mathfrak{C}_u$, welcher in $\mathfrak{C}_u$ eine geringere Ordnung als $2\,r$ besitzt. Es sei ferner s eine von p_1 ausgehende Strecke, die zu $\mathfrak{C}$, aber nicht zu $\mathfrak{C}_u$ gehört und in p_2 endige. $A(p_1) = p_1'$ sei der Punkt von $\mathfrak{C}_u'$, der p_1 bei dem einstufigen Isomorphismus A zwischen $\mathfrak{C}_u$ und $\mathfrak{C}_u'$ entspricht. p_1' hat alsdann in $\mathfrak{C}_u'$ dieselbe Ordnung wie p_1 in $\mathfrak{C}_u$, und es gibt also eine Strecke s' in $\mathfrak{C}'$, die von p_1' ausgeht und nicht zu $\mathfrak{C}_u'$ gehört.

1. Gehört nun p_2 zu $\mathfrak{C}_u$ und ist $p_2' = A(p_2)$, so können die von p_1' ausgehenden Strecken, die nicht zu $\mathfrak{C}_u'$ gehören, gewiß nicht in p_2' endigen, weil sonst der Unterkomplex aus den Elementen von $\mathfrak{C}_1$ und s mit $2\,l + 2$ Strecken zu dem Unterkomplex aus den Elementen von $\mathfrak{C}_1'$ und einer solchen Strecke s' einstufig isomorph wäre. s' endige also in $p_3' \neq p_2'$. p_2 hat ebenfalls in $\mathfrak{C}_u$ eine geringere Ordnung als $2\,r$, also auch p_2', und es gibt also eine von p_2' ausgehende Strecke s'', welche nicht zu $\mathfrak{C}_u'$ gehört und in $p_4' \neq p_1'$ endigt.

Wir bilden nun aus $\mathfrak{C}'$ einen neuen Komplex $\overline{\mathfrak{C}}'$, indem wir eine Strecke $\bar{s}'$ zwischen p_1' und p_2' und eine Strecke $\bar{s}'$ zwischen p_3' und p_4' hinzufügen und die Strecken s' zwischen p_1' und p_3' sowie s'' zwischen p_2' und p_4' fortlassen. $\overline{\mathfrak{C}}'$ ist wiederum regulär und zu $\mathfrak{C}'$ benachbart. Der Abstand von $\overline{\mathfrak{C}}'$ und $\mathfrak{C}$ ist mindestens um 4 geringer.

2. Gehört p_2 nicht zu $\mathfrak{C}_u$, so müssen die von p_1' ausgehenden Strecken sämtlich in $\mathfrak{C}_u'$ endigen, weil wir sonst wieder einen Unterkomplex aus $2\,l + 4$ Strecken von $\mathfrak{C}$ angeben könnten, der zu einem Unterkomplex von $\mathfrak{C}'$ isomorph wäre. $\mathfrak{C}_u'$ erfüllt dann die Voraussetzung, die wir unter 1 über $\mathfrak{C}_u$ machten, und wir können nach demselben Verfahren aus dem Komplex $\mathfrak{C}$ einen zu ihm benachbarten $\overline{\mathfrak{C}}$ bilden, welcher von $\overline{\mathfrak{C}}$ einen geringeren Abstand hat als $\mathfrak{C}$. Durch iterierte Anwendung dieses Verfahrens ergibt sich das Behauptete.

14. Invarianz der Zerlegbarkeit

Ferner gilt der folgende Satz:

Sind $\mathfrak{C}$ und $\mathfrak{C}'$ benachbarte reguläre Komplexe vom Grade $2\,r > 4$ und läßt sich $\mathfrak{C}$ in r reguläre Komplexe

$$\mathfrak{U}_1,\ \mathfrak{U}_2,\ \ldots,\ \mathfrak{U}_r$$

vom Grade 2 zerlegen, so läßt sich auch $\mathfrak{C}'$ in r solche Komplexe $\mathfrak{U}_1',\ \mathfrak{U}_2',\ \ldots,\ \mathfrak{U}_r'$ zerlegen.

Wenn $\mathfrak{C}$ und $\mathfrak{C}'$ einstufig isomorph sind, ist das klar. Jedenfalls aber enthalten $\mathfrak{C}$ und $\mathfrak{C}'$ einen gemeinsamen Unterkomplex $\overline{\mathfrak{C}}$ aus $2\,r\,a_0 - 4$ Strecken. s_1, s_2; s_1^{-1}, s_2^{-1} seien die Strecken aus $\mathfrak{C}$, welche nicht zu $\overline{\mathfrak{C}}$ gehören, $s_1{}'$, $s_2{}'$; $s_1{}'^{-1}$, $s_2{}'^{-1}$ die aus $\mathfrak{C}'$, welche nicht zu $\overline{\mathfrak{C}}$ gehören. $\overline{\mathfrak{C}}$ enthält alle Punkte von $\mathfrak{C}$, weil $2\,r > 4$ ist. $p_{k,\,i}$ $(k = 1, 2)$ seien die Randpunkte von s_i $(i = 1, 2)$. Alsdann müssen nach geeigneter Numerierung $p_{1,\,1}$ und $p_{1,\,2}$ die Strecke $s_1{}'$ und daher $p_{2,\,1}$ und $p_{2,\,2}$ die Strecke $s_2{}'$ beranden.

Wir unterscheiden nun zwei Fälle:

1. s_1 und s_2 mögen zu demselben Unterkomplex $\mathfrak{U}_1$ von $\mathfrak{C}$ gehören. Alle Strecken und Punkte der $\mathfrak{U}_i$ $(i \geqq 2)$ gehören alsdann zu $\overline{\mathfrak{C}}$. Wir erklären nun

$$\mathfrak{U}_i{}' = \mathfrak{U}_i \quad (i = 2, \ldots, r)$$

und $\mathfrak{U}_1{}'$ als den Komplex, der aus $\mathfrak{C}'$ durch Fortnahme der $\mathfrak{U}_i{}'$ entsteht. $\mathfrak{U}_1{}'$ ist dann ein regulärer Komplex vom Grade 2, der alle Punkte von $\mathfrak{C}'$ enthält, weil der Komplex aus allen Elementen von $\mathfrak{U}_i{}'$ $(i > 2)$ einen regulären Komplex vom Grade $2\,r - 2$ bildet. der alle Punkte von $\mathfrak{C}'$ enthält.

2. s_1 und s_2 mögen zu verschiedenen Unterkomplexen $\mathfrak{U}_1$ und $\mathfrak{U}_2$ gehören. Alsdann gehören alle $\mathfrak{U}_i$ $(i \geqq 3)$ zu $\overline{\mathfrak{C}}$, wir setzen $\mathfrak{U}_i{}' = \mathfrak{U}_i$ $(i \geqq 3)$. Alsdann bilden die Strecken von $\mathfrak{C}'$, welche keinem der $\mathfrak{U}_i{}'$ $(i \geqq 3)$ angehören, einen regulären Komplex vom Grade 4, und derselbe läßt sich nach 4, 12 in zwei reguläre Komplexe $\mathfrak{U}_1{}'$ und $\mathfrak{U}_2{}'$ vom Grade 2 zerlegen. Alsdann bilden die

$$\mathfrak{U}_i{}' \quad (i = 1, 2, \ldots, r)$$

eine Zerlegung von $\mathfrak{C}'$ selbst in r reguläre Komplexe vom Grade 2.

Da es sicher reguläre Komplexe vom Grade $2\,r$ mit a_0 Punkten gibt, welche sich in r Komplexe vom Grade 2 zerlegen lassen, so folgt mit Hilfe von 4, 13, daß sich alle regulären Komplexe vom Grade $2\,r$ in r Komplexe vom Grade 2 zerlegen lassen.

15. Reguläre Komplexe dritten Grades

Wir wollen eine besondere Klasse von k-fachen Überlagerungen von $\mathfrak{C}_3^*$, dem Komplex aus einem Punkt mit zwei singulären Strecken, herausgreifen: Die der Strecke s_3^* zugeordnete Permutation möge keine Fixelemente besitzen und zweimal hintereinander ausgeführt die Identität ergeben. Sind alsdann s_1 und s_2 die beiden Strecken, die von $p^{(i)}$ ausgehen und bzw. über s_2^* und s_2^{*-1} liegen, so müssen s_1 und s_2 auch beide in demselben Punkte $p^{(l)}$ endigen. Die Punkte $p^{(i)}$ lassen sich also zu Paaren anordnen, und k ist daher gerade. Die Numerierung der Punkte läßt sich so treffen, daß die Strecken über s_2^* allgemein von $p^{(i)}$ nach $p^{(i+1)}$ führen. Wir bilden nun einen neuen Komplex $\mathfrak{C}_{2k}$, indem wir je die beiden über $s_2^{*\pm1}$ liegenden Strecken mit demselben Anfangspunkt $p^{(i)}$ und demselben Endpunkt $p^{(i+1)}$ durch eine Strecke s_i' ersetzen. $\mathfrak{C}_{2k}$ enthält k Punkte und $3k$ Strecken. Von jedem Punkte gehen drei Strecken aus. $\mathfrak{C}_{2k}$ ist also ein regulärer Komplex vom Grade 3. Faßt man alle Strecken, welche über s_1^*, s_1^{*-1} stehen, in einem Komplex $\mathfrak{U}_1$ und alle übrigen Strecken von $\mathfrak{C}_{2k}$ in einem Komplex $\mathfrak{U}_2$ zusammen, so sieht man, daß $\mathfrak{U}_1$ ein regulärer Komplex vom Grade 2, $\mathfrak{U}_2$ ein regulärer Komplex vom Grade 1 ist und daß $\mathfrak{C}_{2k}$ in die beiden Komplexe $\mathfrak{U}_1$ und $\mathfrak{U}_2$ zerlegt ist. Aus $\mathfrak{C}_{2k}$ und der angegebenen Zerlegung läßt sich der entsprechende Überlagerungskomplex von $\mathfrak{C}_2^*$ leicht zurückgewinnen.

Es liegt nun wieder nahe, zu fragen, ob sich alle regulären Komplexe vom Grade 3 in einen regulären Komplex zweiten Grades und einen ersten Grades zerlegen lassen. Daß dies nicht der Fall ist, zeigt das Beispiel eines Komplexes aus den Punkten p_i ($i = 0$, 1, 2, 3) und den regulären Strecken s_i mit den Randpunkten p_0, p_i sowie den singulären Strecken s_i' mit den Randpunkten p_i ($i = 1, 2, 3$).

Allgemein wurde bewiesen, daß ein nicht zerlegbarer regulärer Komplex $\mathfrak{C}$ vom Grade 3, der keine singuläre Strecke enthält, mindestens drei „Blätter" besitzen muß. Ein Blatt ist dabei ein Unterkomplex, der mit den übrigen Punkten von $\mathfrak{C}$ nur durch eine einzige Strecke verbunden ist. Das angegebene Beispiel besitzt also drei Blätter[1].

Im übrigen ist über die Zerlegung von regulären Komplexen ungerader Ordnung in reguläre Unterkomplexe wenig bekannt. Hervorgehoben sei noch, daß es einen regulären Komplex dritten Grades gibt, der keine singuläre Strecke enthält und der in einen Komplex zweiten und einen ersten Grades, aber nicht in drei Komplexe ersten Grades zerlegt werden kann[2].

---

[1] Vgl. die S. 116 zitierte Arbeit.
[2] J. Petersen, L'interméd 5, 225 (1898).

16. Überlagerungen und Permutationsgruppen

Wir wollen dem Zusammenhang zwischen den Permutationen π und den Überlagerungen der Komplexe, die nur einen Punkt enthalten, noch etwas weiter nachgehen. Die π erzeugen eine Permutationsgruppe $\mathfrak{P}$, die aus der Gesamtheit der Permutationen besteht, welche sich als Potenzprodukte der π darstellen lassen. Die Struktur dieser Gruppe steht natürlich mit der Struktur der Überlagerung in engster Beziehung.

Sei $\mathfrak{C}$ eine Überlagerung des Komplexes $\mathfrak{C}_r^*$ aus einem Punkt p^* und r singulären Strecken s_1^*, s_2^*, ..., s_r^* und ihren Inversen s_i^{*-1}. S_1, S_2, ..., S_r seien freie Erzeugende einer freien Gruppe $\mathfrak{S}$. Ist nun

$$ w = s_{\alpha_1}^{\varepsilon_1}\, s_{\alpha_2}^{\varepsilon_2} \ldots s_{\alpha_m}^{\varepsilon_m} $$

irgendein Weg in $\mathfrak{C}$ und $A\left(s_{\alpha_i}^{\varepsilon_i}\right) = s_{\beta_i}^{*\,\eta_i}$, also

$$ A(w) = s_{\beta_1}^{*\,\eta_1}\, s_{\beta_2}^{*\,\eta_2} \ldots s_{\beta_m}^{*\,\eta_m}, $$

so sei

$$ W = S_{\beta_1}^{\eta_1}\, S_{\beta_2}^{\eta_2} \ldots S_{\beta_m}^{\eta_m} $$

das w zugeordnete Potenzprodukt aus $\mathfrak{S}$. Jedem Potenzprodukt aus $\mathfrak{S}$ entspricht ein wohlbestimmter Weg w, wenn noch der Anfangspunkt in $\mathfrak{C}$ vorgeschrieben ist. Unter einer Relation in den S verstehen wir ein Potenzprodukt $R(S)$, wenn alle den $R(S)$ in $\mathfrak{C}$ entsprechenden Wege geschlossen sind. Die Gesamtheit $\mathfrak{R}$ der Relationen bildet eine invariante Untergruppe $\mathfrak{R}$ von $\mathfrak{S}$. Denn mit R ist auch R^{-1} eine Relation, mit R_1, R_2 auch $R_1 R_2$; $\mathfrak{R}$ ist also eine Untergruppe, und da mit R auch

$$ S_i^{\varepsilon_i} R\, S_i^{-\varepsilon_i} \qquad (i = 1, 2, \ldots, r) $$

eine Relation ist, ist $\mathfrak{R}$ auch eine invariante Untergruppe von $\mathfrak{S}$. Wir behaupten nun, die Faktorgruppe $\mathfrak{F} = \mathfrak{S}/\mathfrak{R}$ ist zu der Permutationsgruppe $\mathfrak{P}$ einstufig isomorph, wenn wir unter $\pi\pi'$ diejenige Permutation verstehen, welche entsteht, wenn zuerst die Permutation π und alsdann die Permutation π' ausgeübt wird. Sind π_i ($i = 1, 2, \ldots, r$) die den Strecken s_i^* zugeordnete Permutationen, so behaupten wir genauer: Die Abbildung

$$ I\left(S_{\alpha_1}^{\varepsilon_1}\, S_{\alpha_2}^{\varepsilon_2} \ldots S_{\alpha_m}^{\varepsilon_m}\right) = \pi_{\alpha_1}^{\varepsilon_1}\, \pi_{\alpha_2}^{\varepsilon_2} \ldots \pi_{\alpha_m}^{\varepsilon_m} $$

ist ein einstufiger Isomorphismus zwischen $\mathfrak{P}$ und $\mathfrak{F}$. Die Abbildung ist nämlich gewiß ein Isomorphismus zwischen der freien Gruppe $\mathfrak{S}$ und der Gruppe $\mathfrak{P}$. Nun entspricht aber den Elementen aus $\mathfrak{R}$ die identische Permutation, und andererseits gehört jedes Potenzprodukt, dem die identische Permutation entspricht, auch zu $\mathfrak{R}$. Denn solchen Potenzprodukten entsprechen ja lauter geschlossene Wege. Daraus folgt das Behauptete.

17. Restklassengruppenbilder

Jetzt wollen wir annehmen, der Komplex $\mathfrak{C}$ sei zusammenhängend. Alsdann läßt sich der Zusammenhang zwischen $\mathfrak{F}$, $\mathfrak{P}$ und der Struktur von $\mathfrak{C}$ noch weiter verfolgen. Sei p_0 ein beliebiger fester Punkt von $\mathfrak{C}$, und G ein Potenzprodukt, für welches der von p_0 ausgehende Weg geschlossen ist. Die Gesamtheit $\mathfrak{G}$ dieser Potenzprodukte G bildet offenbar eine Gruppe, eine Untergruppe von $\mathfrak{F}$. Denn mit G gehört auch G^{-1} und mit G_1 und G_2 auch $G_1 G_2$ zu $\mathfrak{G}$. Sind nun F_1 und F_2 zwei Potenzprodukte, für welche der von p_0 ausgehende Weg zu demselben Punkte p' von $\mathfrak{C}$ führt, so gehören F_1 und F_2 in dieselbe rechtsseitige Restklasse nach $\mathfrak{G}$ in $\mathfrak{F}$ hinein. Denn $F_1 F_2^{-1} = G_1$ gehört zu $\mathfrak{G}$, und es ist also $F_1 = G_1 F_2$. Sind umgekehrt F_1 und F_2 zwei Potenzprodukte, die zur selben rechtsseitigen Restklasse $\mathfrak{G}F$ in $\mathfrak{F}$ gehören, so ist also

$$F_1 = G_1 F, \quad F_2 = G_2 F;$$

da die den G entsprechenden von p_0 ausgehenden Wege sich in p_0 schließen, führen die F_1 und F_2 entsprechenden von p_0 ausgehenden Wege zu demselben Punkte p' von $\mathfrak{C}$.

Ist $\mathfrak{C}$ zusammenhängend, so entspricht also nach Auszeichnung eines Punktes p_0 von $\mathfrak{C}$ jedem Punkte von $\mathfrak{C}$ eine bestimmte Restklasse $\mathfrak{G}F$ nach $\mathfrak{G}$ in $\mathfrak{F}$ und jeder solchen Restklasse ein Punkt. Sind die Punkte p' und p'' durch die Strecke s' verbunden, und entspricht p' die Restklasse $\mathfrak{G}F'$, p'' die Restklasse $\mathfrak{G}F''$ und liegt s' über $A(s') = s_i^{*\,\varepsilon}$, so ist

$$\mathfrak{G}F'' = \mathfrak{G}F' S_i^{\varepsilon}.$$

Es liegt daher nahe, $\mathfrak{C}$ als *Restklassengruppenbild* von $\mathfrak{G}$ in $\mathfrak{F}$ mit den Erzeugenden S_i zu bezeichnen

Ist umgekehrt $\mathfrak{F}$ irgendeine Gruppe mit endlich vielen Erzeugenden S_1, S_2, ..., S_r und $\mathfrak{G}$ eine Untergruppe von $\mathfrak{F}$, so läßt sich stets ein Restklassengruppenbild $\mathfrak{C}$ von $\mathfrak{G}$ in $\mathfrak{F}$ mit den Er-

zeugenden S_i konstruieren. Es sei $\mathfrak{C}^*$ etwa der Komplex aus einem
Punkt und r singulären Strecken s_1^*, s_2^*, ..., s_r^*. Jeder Restklasse $\mathfrak{G}F$ nach $\mathfrak{G}$ in $\mathfrak{F}$ entspreche ein Punkt p von $\mathfrak{C}$, entspricht
p' die Restklasse $\mathfrak{G}F'$ und p'' die Restklasse $\mathfrak{G}F''$ und ist

$$\mathfrak{G}F'' = \mathfrak{G}F' S_i,$$

so möge p' und p'' durch eine Strecke s verbunden werden, die in p'
beginnt und p'' endigt, und s überlagere die Strecke $A(s) = s_i^*$.
Außer den so angegebenen Strecken enthalte $\mathfrak{C}$ nur die zu ihnen
entgegengesetzt gleichen [1]).

Alsdann gehen von jedem Punkte p von $\mathfrak{C}$ gerade $2\,r$ Strecken
aus, die bzw. je über s_i^* oder $s_i^{*\,-1}$ stehen. Setzen wir noch $A(p)$
$= p^*$, so sieht man, daß A eine Überlagerung von $\mathfrak{C}$ über $\mathfrak{C}^*$ ist.

Statt zuerst die Gruppe $\mathfrak{F}$ zu bilden, kann man auch direkt
die Untergruppe $\mathfrak{U}$ der freien Gruppe $\mathfrak{S}$ bilden, deren Elemente
geschlossenen in p_0 beginnenden Wegen entsprechen. Alsdann entspricht jedem von p_0 verschiedenen Punkt, eine Restklasse $\mathfrak{U}S$
nach $\mathfrak{U}$ in $\mathfrak{S}$. Die in **4**, 16 erklärte Gruppe $\mathfrak{R}$ ist der Durchschnitt
der zu $\mathfrak{U}$ in $\mathfrak{S}$ konjugierten Untergruppen; die Gruppe $\mathfrak{U}$ enthält
die Potenzprodukte der S_i, welche Elemente aus $\mathfrak{G}$ liefern.

Umgekehrt entspricht auch jeder Untergruppe $\mathfrak{U}$ von $\mathfrak{S}$ ein
solcher regulärer Komplex und eine Überlagerung desselben über
dem Komplex aus einem Punkt und r singulären Strecken. *Da die
von einem Punkte p_0 ausgehenden Wege stets eine freie Gruppe bilden,
so sieht man, daß alle Untergruppen von freien Gruppen frei sind*
(vgl. **3**, 9).

Ist $\mathfrak{C}^*$ ein beliebiger zusammenhängender Komplex, $\mathfrak{C}$ eine
zusammenhängende Überlagerung von $\mathfrak{C}^*$, so lassen sich die Fundamentalbereiche $\mathfrak{F}_i$ dieser Überlagerung bzw. die Komplexe $\mathfrak{B}_{p^{(i)}}$ eineindeutig den Restklassen $\mathfrak{G}F$ einer Gruppe $\mathfrak{G}$ in einer Gruppe $\mathfrak{F}$
zuordnen. Man erhält ein Restklassengruppenbild von $\mathfrak{G}$ in $\mathfrak{F}$, indem
man die $\mathfrak{B}_{p}{}_{(i)}$ in den einen Punkt $p^{(i)}$ zusammenschrumpfen läßt.

18. Reguläre Überlagerungen

Eine besonders wichtige Klasse von Überlagerungen sind die
regulären, die wir folgendermaßen erklären:

*Sind w und w' zwei Wege aus $\mathfrak{C}$, die über demselben Weg w^*
aus $\mathfrak{C}^*$ liegen, $A(w) = A(w')$, und ist w' immer geschlossen, wenn*

---

[1]) O. Schreier, Hamb. Abhdlg. **5**, 180 (1929).

w *geschlossen ist, so heißt die durch* $A(\mathfrak{C}) = \mathfrak{C}^*$ *vermittelte Über-*
lagerung eine reguläre.

Die einfachste reguläre Überlagerung wird durch eine einein-
deutige Abbildung $A(\mathfrak{C}) = \mathfrak{C}^*$ vermittelt, bei der also jedem p^*
nur ein p und dementsprechend auch jedem s^* nur ein s zugeordnet ist.

Ist w ein einfacher offener Weg, so muß hier auch w' ein einfacher offener Weg sein, wenn $A(w) = A(w')$ ist. Ist nämlich w_1'
ein geschlossener Teilweg von w', so gibt es einen wohlbestimmten
Teilweg w_1 aus w, für den $A(w_1) = A(w_1')$ gilt. Alsdann muß
auch w_1 geschlossen sein, im Widerspruch mit der Annahme, daß w
einfach und offen sein sollte. Hieraus erschließt man: Ist w ein
einfacher geschlossener Weg, so ist auch w' ein einfacher geschlossener Weg, wenn $A(w) = A(w')$ ist.

Man könnte vermuten, daß die Beziehung des regulären Über-
lagerns transitiv sei, d. h. genauer den folgenden Sachverhalt: Sind
$\mathfrak{C}, \mathfrak{C}', \mathfrak{C}''$ drei Komplexe und $A_1(\mathfrak{C}) = \mathfrak{C}'$ eine reguläre Abbildung
von $\mathfrak{C}$ auf $\mathfrak{C}'$, $A_2(\mathfrak{C}') = \mathfrak{C}''$ eine reguläre Abbildung von $\mathfrak{C}'$ auf $\mathfrak{C}''$,
so ist die durch

$$A_2\big(A_1(\mathfrak{C})\big) = A_3(\mathfrak{C}) = \mathfrak{C}''$$

vermittelte Abbildung von $\mathfrak{C}$ auf $\mathfrak{C}''$ ebenfalls eine reguläre. Das
ist aber nicht der Fall, wie man durch Beispiele leicht zeigt.

Sei $\mathfrak{C}^*$ jetzt der Komplex aus einem Punkt und r singulären
Strecken s_i^*. Bilden wir wie in **4,** 17 die Gruppen $\mathfrak{F}$ und $\mathfrak{G}$, so
sehen wir: $\mathfrak{G}$ ist die Gruppe, die nur aus dem Einheitselement E
von $\mathfrak{F}$ besteht. Denn entspricht dem Wege, der von p ausgehend
sich schließt, das Potenzprodukt G, so schließt sich jeder G entsprechende Weg in $\mathfrak{C}$, und G gehört zu $\mathfrak{R}$.

Ist $\mathfrak{C}$ zusammenhängend, so heißt $\mathfrak{C}$ das *Gruppenbild*[1]) von $\mathfrak{F}$
in den Erzeugenden S_i. Jeder Gruppe $\mathfrak{F}$ mit einem System von
Erzeugenden läßt sich ein Gruppenbild zuordnen, man hat in der
Vorschrift von **4,** 17 nur die Restklassen $\mathfrak{G}F$ durch $EF = F$, d. h.
die Gruppenelemente selbst zu ersetzen. *Ein Gruppenbild ist eine*
reguläre Überlagerung des zugehörigen Komplexes $\mathfrak{C}^*$.

19. Iterierte Überlagerungen und Gruppen

Sind $\mathfrak{C}$ und $\mathfrak{C}^*$ und $\mathfrak{C}^{**}$ drei zusammenhängende Komplexe
und ist $A(\mathfrak{C}) = \mathfrak{C}^*$ und $A'(\mathfrak{C}^*) = \mathfrak{C}^{**}$ eine Überlagerung von $\mathfrak{C}$

---

1) M. Dehn, Math. Ann. **69,** 137 (1910).

über $\mathfrak{C}^*$ bzw. $\mathfrak{C}^*$ über $\mathfrak{C}^{**}$ und ist $A(p) = p^*$, $A'(p^*) = p^{**}$, so mögen die von p^{**} ausgehenden geschlossenen Wege die Gruppe $\mathfrak{S}^{**}$ bilden. Es sei $\mathfrak{U}^*$ die Untergruppe derjenigen dieser Wege w^{**}, denen von p^* ausgehende geschlossene Wege w^* in $\mathfrak{C}^*$ mit $A'(w^*) = w^{**}$ entsprechen, und $\mathfrak{U}$ die Untergruppe derjenigen dieser Wege w^{**}, denen in $\mathfrak{C}$ von p ausgehende geschlossene Wege w mit $A'\big(A(w)\big) = w^{**}$ entsprechen. Alsdann ist $\mathfrak{U}$ eine Untergruppe von $\mathfrak{U}^*$. Denn ist w geschlossen, so muß auch $A(w) = w^*$ geschlossen sein.

Sind $L_1^*, L_2^*, \ldots, L_h^*$ ein Repräsentantensystem der Restklassen $\mathfrak{U} L^*$ nach $\mathfrak{U}$ in $\mathfrak{U}^*$, und $L_1^{**}, L_2^{**}, \ldots, L_l^{**}$ ein Repräsentantensystem der Restklassen $\mathfrak{U}^* L^{**}$ nach $\mathfrak{U}^*$ in $\mathfrak{S}^{**}$, so bilden $L_i^* L_k^{**}$ ($i = 1, 2, \ldots, h$; $k = 1, 2, \ldots, l$) ein volles Repräsentantensystem der Restklassen nach $\mathfrak{U}$ in $\mathfrak{S}^{**}$. Sind p_{ik} die sämtlichen Punkte von $\mathfrak{C}$, für welche $A'\big(A(p_{ik})\big) = p^{**}$ gilt und p_i^* die sämtlichen Punkte von $\mathfrak{C}^*$, für welche $A'(p_i^*) = p^{**}$ ist, so mögen die p_{ik} entsprechenden Restklassen $\mathfrak{U} L_i^* L_k^{**}$ sein und die p_k^* entsprechenden $\mathfrak{U}^* L_k^{**}$, dann ist $A(p_{ik}) = p_k^*$. Daraus folgt umgekehrt: *Sind zwei Überlagerungen $A''(\mathfrak{C}) = \mathfrak{C}^{**}$ und $A'(\mathfrak{C}^*) = \mathfrak{C}^{**}$ gegeben, gehört die Überlagerung A'' zu einer Untergruppe $\mathfrak{U}$ von $\mathfrak{S}^{**}$, die Überlagerung A' zu einer Untergruppe $\mathfrak{U}^*$ von $\mathfrak{S}^{**}$ und ist $\mathfrak{U}$ eine Untergruppe von $\mathfrak{U}^*$, so gibt es eine weitere Überlagerung $A(\mathfrak{C}) = \mathfrak{C}^*$, und zwar eine solche, daß $A'\big(A(\mathfrak{C})\big) = A''(\mathfrak{C})$ ist.*

Ist $\mathfrak{C}^{**}$ ein Komplex aus einem Punkt und r singulären Strecken s_i^{**} ($i = 1, 2, \ldots, r$), $\mathfrak{C}^*$ ein Restklassengruppenbild der Gruppe $\mathfrak{G}$ in $\mathfrak{F}$ mit den Erzeugenden S_i ($i = 1, 2, \ldots, r$) und $\mathfrak{C}$ das Gruppenbild von $\mathfrak{F}$ in den Erzeugenden S_i ($i = 1, 2, \ldots, r$) und sind $A'(\mathfrak{C}^*) = \mathfrak{C}^{**}$, $A''(\mathfrak{C}) = \mathfrak{C}^{**}$ die entsprechenden Überlagerungen, so gibt es auch eine Überlagerung $A(\mathfrak{C}) = \mathfrak{C}^*$; denn gehört die Überlagerung $A''(\mathfrak{C}) = \mathfrak{C}^{**}$ zur Untergruppe $\mathfrak{U}$ der Wegegruppe $\mathfrak{S}^{**}$ von $\mathfrak{C}^{**}$, die Überlagerung $A'(\mathfrak{C}^*) = \mathfrak{C}^{**}$ zur Untergruppe $\mathfrak{U}^*$ der Wegegruppe $\mathfrak{S}^{**}$, so besteht $\mathfrak{U}$ aus genau den Darstellungen der Einheit in der Gruppe $\mathfrak{F}$ in den Erzeugenden S_i, und daher müssen die $A'(w^*) = w^{**}$, für die $[w^{**}]$ zu $\mathfrak{U}$ gehört, sich auch in $\mathfrak{C}^*$, dem Restklassengruppenbild einer Untergruppe $\mathfrak{G}$ von $\mathfrak{F}$, schließen. Analoges gilt für beliebige zusammenhängende Komplexe $\mathfrak{C}^{**}$.

Eine spezielle Überlagerung erhalten wir, wenn wir zur Konstruktion einer Überlagerung die Untergruppe von $\mathfrak{S}^*$ heranziehen, die nur aus der Identität besteht. Wir wollen den Komplex $\mathfrak{C}$, den wir, von $\mathfrak{C}^*$ ausgehend, hierbei erhalten, den *universellen Überlagerungskomplex* von $\mathfrak{C}^*$ nennen. Ist $\mathfrak{C}'$ ein zusammenhängender Komplex und $A(\mathfrak{C}') = \mathfrak{C}^*$ eine Überlagerung von $\mathfrak{C}'$ über $\mathfrak{C}^*$, so gibt es nach dem eben bewiesenen Satze stets auch eine Überlagerung $A'(\mathfrak{C}) = \mathfrak{C}'$ des universellen Überlagerungskomplexes von $\mathfrak{C}^*$ über $\mathfrak{C}'$.

Der universelle Überlagerungskomplex $\mathfrak{C}$ *ist ein Baum.* Sei nämlich w ein geschlossener, reduzierter, nicht leerer Weg in $\mathfrak{C}$, dann ist $A(w) = w^*$ ein geschlossener Weg in $\mathfrak{C}^*$, und $[w^*]$ ist das Einheitselement einer Wegegruppe $\mathfrak{S}^*$ von $\mathfrak{C}^*$, also ist w^* nicht reduziert und w deswegen ebenfalls nicht reduziert.

Ist $\mathfrak{C}^*$ ein Komplex aus einem Punkt und r singulären Strecken, so kann der universelle Überlagerungskomplex als Gruppenbild der freien Gruppe mit den Erzeugenden S_i $(i = 1, 2, \ldots, r)$ aufgefaßt werden. Dies Gruppenbild ist also ein Baum.

20. Transformationen in sich

Ist $\mathfrak{C}$ eine mehrfache reguläre Überlagerung von $\mathfrak{C}^*$, so gestattet $\mathfrak{C}$ eine Gruppe von Abbildungen auf sich selbst von folgender Art: Bei einer Abbildung stehen die einander entsprechenden Elemente stets über demselben Element von $\mathfrak{C}^*$. Sind $p^{(i)}$ und $p^{(k)}$ zwei Punkte über p^*, so gibt es eine, und wenn $\mathfrak{C}$ zusammenhängend ist, auch nur eine Transformation, die $p^{(i)}$ nach $p^{(k)}$ überführt. Die Transformationen bilden eine Gruppe, welche zu der Gruppe $\mathfrak{F}$ bzw. $\mathfrak{P}$ isomorph ist, und zwar einstufig, wenn $\mathfrak{C}$ zusammenhängend ist. Wir wollen jetzt voraussetzen, daß $\mathfrak{C}$ zusammenhängend ist.

Ist $\mathfrak{C}$ ein Gruppenbild, so erklären wir unsere Transformationen so: Ist p_F der dem Gruppenelement F von $\mathfrak{F}$ entsprechende Punkt und F' ein beliebiges Gruppenelement von $\mathfrak{F}$, so gehe bei der F' entsprechenden Transformation $I_{F'}$ des Komplexes $\mathfrak{C}$ in sich, p_F nach $p_{F'F}$ über, und die von p_F ausgehende, über s_i^* stehende Strecke s gehe in die von $p_{F'F}$ ausgehende über s_i^* stehende Strecke s' über. Alsdann geht der Endpunkt p_{FS_i} von s tatsächlich in den Endpunkt $p_{F'FS_i}$ von s' über; $I_{F'}$ ist also ein Automorphismus von $\mathfrak{C}$. Es gibt gerade ein $I_{F'}$, welches p_{F_1} in p_{F_2} überführt.

Die I_F bilden eine zu $\mathfrak{F}$ einstufig isomorphe Gruppe, weil

$$I_{F''}\left(I_{F'}\left(\mathfrak{C}\right)\right) = I_{F''F'}\left(\mathfrak{C}\right)$$

ist. Ist schließlich I irgendein Automorphismus von $\mathfrak{C}$, welcher Elemente über demselben Elemente von $\mathfrak{C}^*$ untereinander vertauscht, und welcher p_F in $p_{F'F}$ überführt, so ist $I_{F'^{-1}}\left(I\left(\mathfrak{C}\right)\right)$ eine Abbildung, welche den Punkt p_F festläßt, folglich auch alle von p_F ausgehenden Strecken und deren Endpunkte usw. festläßt. $I_{F'^{-1}}\left(I\left(\mathfrak{C}\right)\right)$ ist also die identische Abbildung.

Ist $\mathfrak{C}$ eine zusammenhängende Überlagerung eines beliebigen Komplexes $\mathfrak{C}^*$, so mögen den Unterkomplexen $\mathfrak{B}_{p(i)}$ die Gruppenelemente F_i von $\mathfrak{F}$ zugeordnet sein. Ist

$$F F_i = F_{k_i},$$

so entspricht F der Automorphismus von I_F in sich, bei welchem $\mathfrak{B}_{p(i)}$ in $\mathfrak{B}_{p(k_i)}$ übergeht. Dadurch ist I_F wie man leicht feststellt, nach **4**, 17 eindeutig und widerspruchsfrei festgelegt. Die Eigenschaften der Gruppe der I_F folgert man analog wie bei den Gruppenbildern.

Es gilt aber auch die Umkehrung: Ist $\mathfrak{C}$ ein zusammenhängender Komplex, $\mathfrak{J}'$ eine Gruppe von Automorphismen I von $\mathfrak{C}$, und ist eine Transformation aus $\mathfrak{J}'$, welche einen Punkt p von $\mathfrak{C}$ festläßt, die identische Abbildung, so gibt es einen zusammenhängenden Komplex $\mathfrak{C}^*$ und eine reguläre Überlagerung A, so daß $A\left(\mathfrak{C}\right) = \mathfrak{C}^*$ ist. Die der Überlagerung $A\left(\mathfrak{C}\right) = \mathfrak{C}^*$ zugeordnete Transformationsgruppe $\mathfrak{J}$ ist mit $\mathfrak{J}'$ identisch.

Ist $\mathfrak{C}$ z. B. das Gruppenbild einer Gruppe $\mathfrak{F}$ und $\mathfrak{B}$ eine Untergruppe von $\mathfrak{F}$, so kann man einen Komplex $\mathfrak{C}'$ und eine reguläre Überlagerung $A\left(\mathfrak{C}\right) = \mathfrak{C}'$ konstruieren, zu welcher $\mathfrak{B}$ als Transformationsgruppe gehört. Ist $\mathfrak{C}^*$ der Komplex aus einem Punkt und singulären Strecken, welche eineindeutig den Erzeugenden von $\mathfrak{F}$ entsprechen, und $A^*\left(\mathfrak{C}\right) = \mathfrak{C}^*$ die durch diese Erzeugenden vermittelte Überlagerung, so gibt es auch eine Überlagerung $A'\left(\mathfrak{C}'\right) = \mathfrak{C}^*$, und zwar ist A' regulär oder nicht, je nachdem $\mathfrak{B}$ eine invariante Untergruppe von $\mathfrak{F}$ ist oder nicht.

An den Gruppenbildern kann man sich auch das Verfahren zur Bestimmung der Erzeugenden und definierenden Relationen von Untergruppen verdeutlichen. Unter Beibehaltung der Bezeichnung des letzten Absatzes sei $\mathfrak{B}_{p'}$ ein Baum aus $\mathfrak{C}'$, der sämtliche Punkte von $\mathfrak{C}'$ enthält, und $\mathfrak{B}_{p^{(i)}}$ die sämtlichen Unterkomplexe von $\mathfrak{C}$, für die $A(\mathfrak{B}_{p^{(i)}}) = \mathfrak{B}'_{p'}$ ist. Alsdann entsprechen den einfachen von p' ausgehenden Wegen w'_k in $\mathfrak{B}'_{p'}$ bzw. den von $p^{(i)}$ ausgehenden Wegen $w_k^{(i)}$ in $\mathfrak{B}_{p^{(i)}}$ Potenzprodukte L_k in den Erzeugenden von $\mathfrak{F}$, welche ein volles Repräsentantensystem der Restklassen $\mathfrak{B}L$ liefern und der Bedingung $(\mathit{\Sigma})$ aus 3, 5 genügen. Man erhält aus $\mathfrak{C}$ ein Gruppenbild $\mathfrak{C}_{\mathfrak{B}}$ von $\mathfrak{B}$, indem man die Strecken aus den $\mathfrak{B}_{p^{(i)}}$ je auf den Punkt $p^{(i)}$ zusammenschrumpfen läßt.

Hieran kann man auch wieder sehen, daß die *Untergruppen freier Gruppen frei* sind (vgl. 3, 9). Denn wenn $\mathfrak{F}$ eine freie Gruppe in freien Erzeugenden, also $\mathfrak{C}$ ein Baum ist, so ist $\mathfrak{C}_{\mathfrak{B}}$ auch ein Baum.

Fünftes Kapitel

Flächenkomplexe

1. Begriff des Flächenkomplexes

Unter einem Flächenkomplex $\mathfrak{F}$ verstehen wir eine endliche oder abzählbare Gesamtheit von Punkten, Strecken und Flächenstücken, die den folgenden Forderungen genügen:

A. 1. *Die Punkte und Strecken aus $\mathfrak{F}$ bilden einen Streckenkomplex $\mathfrak{C}$.*

A. 2. *Ist f ein Flächenstück aus $\mathfrak{F}$, so gibt es einen geschlossenen Weg w aus $\mathfrak{C}$, welcher f einmal positiv umläuft; ist w' ein zweiter Weg, der f einmal positiv umläuft, so geht w' aus w durch zyklische Vertauschung hervor.*

A. 3. *Umläuft w das Flächenstück f positiv, so umläuft w^{-1} es negativ. Zu jedem Flächenstück f gibt es ein entgegengesetzt gerichtetes f^{-1}. $(f^{-1})^{-1}$ ist gleich f, w^{-1} umläuft f^{-1} positiv.*

Der Komplex aus den Elementen von w heißt der Rand von f. Ein Element aus dem Rande berandet f. f heißt singulär, wenn der Randweg von f nicht einfach ist.

Wir wollen uns hauptsächlich nur mit speziellen Flächenkomplexen beschäftigen, welche zweidimensionale Mannigfaltigkeiten $\mathfrak{M}$ heißen mögen. Für diese sollen noch vier weitere Axiome erfüllt sein, von denen wir zunächst nur drei angeben:

A. 4. *Der Streckenkomplex $\mathfrak{C}$ ist zusammenhängend.*

A. 5. *Ist s eine Strecke aus $\mathfrak{C}$, so gibt es ein Flächenstück f, in dessen Berandung s vorkommt.*

A. 6. *Ein Randweg w durchläuft eine Strecke s höchstens zweimal. Durchläuft der Randweg w des Flächenstücks f die Strecke s nur einmal, so gibt es ein und nur ein Flächenstück $f' \neq f^{\pm 1}$ mit dem Randweg w', der s durchläuft, und zwar nur einmal. Durchläuft w die Strecke s zweimal, so berandet s nur das Flächenstück f und das umgekehrt orientierte f^{-1}.*

Ist s eine Strecke, welche zum Rande von f gehört, so gibt es einen Randweg von f, der mit s beginnt, wir bezeichnen ihn mit sw, wo zugelassen sei, daß w keine Strecke enthält. Wird s von einem Randweg sw von f zweimal passiert, so sei derselbe durch

$$sw = sw_1 s^\varepsilon w_2 \quad (\varepsilon = \pm 1)$$

bezeichnet, wo die w_i wiederum auch leer sein dürfen. Es gibt dann noch einen zweiten Randweg von f, der mit s beginnt, nämlich $sw' = sw_2 sw_1$, falls $\varepsilon = +1$, oder $sw' = sw_1^{-1} s^{-1} w_2^{-1}$, falls $\varepsilon = -1$ ist. Wird s von einem Randweg von f nur einmal passiert, so gibt es auch ein zweites Flächenstück f', das einen Randweg der Form sw' besitzt. Wir können jedenfalls von den beiden Randwegen sw und sw' von $\mathfrak{M}$, welche mit s beginnen, reden. Wir nennen die beiden Strecken s_α, s_β die zu s benachbarten Strecken, wenn s_α in sw auf s folgt und s_β in sw' auf s folgt. Hierin sei $s_\alpha = s$, wenn w leer ist, und $s_\beta = s$, wenn w' leer ist.

s_α und s_β beginnen mit demselben Punkt, in welchem s endigt. Ist s_α zu s benachbart, so ist s^{-1} zu s_α^{-1} benachbart. Ist s_α zu s benachbart und s_β zu s benachbart und ist $s_\alpha \neq s_\beta$, so sind s_α, s_β die zu s benachbarten Strecken. Ist s zu s^{-1} benachbart, so gibt es also einen Randweg $s s^{-1} w$ und somit ist der zweite mit s beginnende Randweg $s s^{-1} w^{-1}$. Also sind die beiden zu s benachbarten Strecken gleich s^{-1}.

2. Sterne

Die von einem Punkte ausgehenden Strecken

$$s_{\alpha_1},\ s_{\alpha_2},\ \ldots,\ s_{\alpha_m} \tag{1}$$

bilden in dieser Anordnung einen *Stern*, wenn $s_{\alpha_{i-1}}$ und $s_{\alpha_{i+1}}$ die zu $s_{\alpha_i}^{-1}$ benachbarten Strecken sind. Die Strecken (1) bilden einen *geschlossenen Stern*, wenn

$$s_{\alpha_m},\ s_{\alpha_1},\ s_{\alpha_2},\ \ldots,\ s_{\alpha_m},\ s_{\alpha_1}$$

einen Stern bilden. Es kann danach geschlossene Sterne aus einer Strecke geben.

$$s_{\alpha_i},\ s_{\alpha_{i+1}},\ \ldots,\ s_{\alpha_{i+l}} \tag{2}$$

ist wieder ein Stern, falls (1) es ist und $l \geq 1$ ist. Es heiße (2) ein Teilstern von (1). Ein Stern, in welchem jede vorkommende Strecke nur einmal auftritt, heiße *einfach*.

Ist p ein Punkt, von welchem nur endlich viele Strecken ausgehen, so gibt es gewiß einen einfachen geschlossenen Stern aus solchen Strecken.

Ist nämlich

$$s_{\alpha_1}, \ s_{\alpha_2}, \ \ldots, \ s_{\alpha_m}$$

ein Stern, so können wir denselben gewiß durch eine weitere Strecke $s_{\alpha_{m+1}}$ erweitern. Da nämlich s_{α_m} zu $s_{\alpha_{m-1}}^{-1}$ benachbart ist, ist $s_{\alpha_{m-1}}$ zu $s_{\alpha_m}^{-1}$ benachbart. $s_{\alpha_{m+1}}$ sei nun die zweite zu $s_{\alpha_m}^{-1}$ benachbarte Strecke.

Es gibt also gewiß einen Stern, in welchem eine Strecke s_1, die in p beginnt, zweimal vorkommt, und somit auch einen Stern

$$s_{\alpha_1}, \ s_{\alpha_2}, \ \ldots, \ s_{\alpha_n}, \ s_{\alpha_{n+1}},$$

in welchem $s_{\alpha_1} = s_{\alpha_{n+1}}$ ist, alle übrigen s_{α_i} aber untereinander und von s_{α_1} verschieden sind. Entweder ist hierin $n = 1$, alsdann ist $s_{\alpha_1} = s_{\alpha_2}$, und deswegen sind beide zu $s_{\alpha_1}^{-1}$ benachbarten Strecken gleich s_{α_1}, und s_{α_1} daher ein geschlossener Stern, oder es ist $n > 1$, alsdann ist $s_{\alpha_1}, \ s_{\alpha_2}, \ \ldots, \ s_{\alpha_n}$ ein geschlossener Stern, denn

$$s_{\alpha_n}, \ s_{\alpha_1}, \ s_{\alpha_2}, \ \ldots, \ s_{\alpha_n}, \ s_{\alpha_1}$$

ist ein Stern, weil s_{α_1} zu s_{α_2} und s_{α_n} benachbart ist und s_{α_2} von s_{α_n} verschieden ist.

Ein Teilstern eines einfachen Sternes (1) ist nicht geschlossen, denn wäre $s_{\alpha_i}, \ s_{\alpha_{i+1}}, \ \ldots, \ s_{\alpha_{i+l}}$ ein geschlossener Teilstern von (1), so müßte, falls $i > 1$ ist, $s_{\alpha_{i-1}} = s_{\alpha_{i+l}}$, oder falls $i = 1$ ist, $s_{\alpha_i} = s_{\alpha_{i+l+1}}$ sein.

Ferner sieht man: Zwei Sterne aus den in p beginnenden Strecken, welche in den ersten oder den letzten beiden Elementen übereinstimmen und gleich viel Elemente enthalten, sind miteinander identisch.

Sind zwei Sterne vorgelegt, die gleich viel, etwa m Elemente enthalten, und stimmen das erste und zweite Glied des ersten Sternes bzw. mit dem letzten und vorletzten Glied des zweiten Sternes überein, so ist das k-te Glied des ersten mit dem $(m-k)$-ten Glied des zweiten identisch; hieraus folgt:

Kommt eine Strecke s in einem einfachen geschlossenen Stern (1) aus Strecken, die in p beginnen, vor, so entstehen alle einfachen geschlossenen Sterne dieser Art aus (1) oder aus

$$s_{\alpha_m}, \ s_{\alpha_{m-1}}, \ \ldots, \ s_{\alpha_2}, \ s_{\alpha_1}$$

durch zyklische Vertauschung, und alle geschlossenen Sterne entstehen aus der k-fachen Wiederholung eines einfachen geschlossenen Sternes. — Jede Strecke tritt andererseits auch in einem Stern auf.

3. Mannigfaltigkeiten

Unser letztes Axiom für Mannigfaltigkeiten lautet nun:

A. 7. *Sind s_1 und s_2 zwei Strecken, welche in p beginnen, so gibt es einen Stern aus Strecken, die in p beginnen,*

$$s_{\alpha_1}, \; s_{\alpha_2}, \; \ldots, \; s_{\alpha_m}$$

mit $s_{\alpha_1} = s_1$ und $s_{\alpha_m} = s_2$.

Hieraus und aus den Sätzen des vorigen Abschnitts folgt: Es gibt keinen geschlossenen Stern um p, welcher nicht alle in p beginnenden Strecken enthält.

Beginnen in p nur endlich viele Strecken, so gibt es einen einfachen geschlossenen Stern aus allen diesen Strecken Die in p beginnenden Strecken sind, so können wir sagen, zyklisch in bestimmter Weise geordnet. Beginnen in p unendlich viele Strecken, so sind alle Sterne aus diesen Strecken offen und mithin einfach. Die Strecken sind „linear" geordnet.

Aus dem Axiom A. 7 lassen sich ferner einige Folgerungen über die Randwege von Flächenstücken ziehen: Gibt es einen Randweg w, welcher nicht reduziert ist, also gleich $w_1 s s^{-1} w_2$ gesetzt werden kann, und ist p der Endpunkt von s, so geht von p nur eine einzige Strecke aus. Denn s^{-1} bildet einen geschlossenen Stern. Hieraus folgt weiter, daß eine solche Strecke s nicht singulär sein kann. Sonst würden nämlich von dem Endpunkt p von s die Strecken s^{-1} und s ausgehen und s^{-1} sowie s einen geschlossenen Stern bilden. Man sieht ganz ähnlich, daß in einem Randweg ein Teilweg

$$s k_1 k_2 \ldots k_r \, s^{-1}, \quad \text{wo} \quad k_i = s_{i1} s_{i2} s_{i1}^{-1} s_{i2}^{-1}$$

ist und die s, s_{ik} singuläre Strecken mit dem Randpunkt p sind, nicht auftreten kann; denn

$$s, \, v_1, \, v_2, \, \ldots, \, v_r \quad \text{mit} \quad v_i = s_{i1}^{-1}, \, s_{i2}, \, s_{i1}, \, s_{i2}^{-1}$$

bildet einen Stern, und zwar einen einfachen geschlossenen Stern, der die von p ausgehende Strecke s^{-1} nicht enthält.

Ist $\mathfrak{M}$ eine Mannigfaltigkeit, und sind die Randwege der Flächenstücke $f_1, f_2, \ldots, f_k$ einfache Wege, die insgesamt jeden

Punkt nur höchstens einmal passieren, so möge der Komplex, der aus $\mathfrak{M}$ durch Fortlassen der Flächenstücke $f_1, f_2, \ldots, f_k$ entsteht, eine *berandete Mannigfaltigkeit* heißen.

Beispiele für Mannigfaltigkeiten liefern die in 5, 11 angegebenen kanonischen Normalformen, die Polyeder des euklidischen Raumes, die RIEMANNschen Flächen oder die in der Einleitung beschriebenen, in Flächenstücke zerlegten Flächen.

4. Eine Hilfsmannigfaltigkeit

Die wichtigste Folgerung aus Axiom A. 7 in 5, 3 ist die Existenz der dualen Mannigfaltigkeit $\mathfrak{D}$ für jede *Mannigfaltigkeit* $\mathfrak{M}$, *in deren Punkten p je nur endlich viele Strecken beginnen.*

Wir leiten aus $\mathfrak{M}$ zuerst eine Hilfsmannigfaltigkeit $\mathfrak{M}''$ in folgender Weise her:

Jedem Punkt p von $\mathfrak{M}$ entspreche ein bestimmter Punkt $\varDelta_1(p) = p''$ von $\mathfrak{M}''$. Ferner entspreche jeder Strecke s aus $\mathfrak{M}$ ein wohlbestimmter Punkt $\varDelta(s) = q''$ aus $\mathfrak{M}''$, und zwar sei

$$\varDelta_1(s) = \varDelta_1(s^{-1}),$$

und schließlich entspreche jedem Flächenstück aus $\mathfrak{M}$ ein bestimmter Punkt $\varDelta_1(f) = r''$ aus $\mathfrak{M}''$, und es sei

$$\varDelta_1(f) = \varDelta_1(f^{-1}).$$

Umgekehrt entspreche bei dieser Zuordnung jedem Punkt von $\mathfrak{M}''$ entweder ein Punkt von $\mathfrak{M}$, oder ein Streckenpaar $s^{\pm 1}$, oder ein Flächenstückpaar $f^{\pm 1}$.

Ferner möge jeder Strecke s ein Weg aus zwei Strecken

$$\varDelta_2(s) = s_1'' s_2''$$

aus $\mathfrak{M}''$ entsprechen. Ist p_1 Anfangs- und p_2 Endpunkt von s, so sei $\varDelta_1(p_1)$ Anfangspunkt von s_1'', $\varDelta_1(p_2)$ Endpunkt von s_2'', und $\varDelta_1(s)$ sei Endpunkt von s_1'' und Anfangspunkt von s_2'', ferner sei

$$\varDelta_2(s^{-1}) = (\varDelta_2(s))^{-1} = s_2''^{-1} s_1''^{-1}.$$

Außerdem mögen von jedem Punkte $\varDelta_1(s)$ zwei Strecken t_1'', t_2'' ausgehen, die in denjenigen Punkten $\varDelta_1(f_1)$ und $\varDelta_1(f_2)$ endigen, die den von s berandeten Gebieten f_1 und f_2 entsprechen. Jede Strecke von $\mathfrak{M}''$ beginnt oder endigt in einem Punkt $\varDelta_1(s)$. Die Punkte $\varDelta_1(s)$ sind von vierter Ordnung, die Punkte $\varDelta_1(f)$ sind von k-ter Ordnung, wenn ein einfacher Randweg von f aus gerade k Elementen besteht.

Schließlich zu den Flächenstücken von $\mathfrak{M}''$. Sie mögen sämtlich Vierecke sein, und jedem k-Eck aus $\mathfrak{M}$ mögen gerade k Vierecke in $\mathfrak{M}''$ entsprechen. Ist

$$w = s_{\alpha_1} s_{\alpha_2} \cdots s_{\alpha_k}$$

ein einfacher Randweg von f, so sei

$$\Delta_2 (w) = \Delta_2 (s_{\alpha_1}) \Delta_2 (s_{\alpha_2}) \cdots \Delta_2 (s_{\alpha_k})$$
$$= \left(s_{\alpha_1}^{''(1)} s_{\alpha_1}^{''(2)} \right) \left(s_{\alpha_2}^{''(1)} s_{\alpha_2}^{''(2)} \right) \cdots \left(s_{\alpha_k}^{''(1)} s_{\alpha_k}^{''(2)} \right),$$

und es seien t_{α_1}'', t_{α_2}'', $\ldots$, t_{α_k}'' bzw. die Strecken, die von $\Delta_1 (f)$ nach $\Delta_1 (s_{\alpha_i})$ führen. Es gebe alsdann in $\mathfrak{M}$ gerade k Vierecke f_{α_1}'', f_{α_2}'', $\ldots$, f_{α_k}'', und zwar sei $t_{\alpha_1}'' s_{\alpha_1}^{''(2)} s_{\alpha_2}^{''(1)} t_{\alpha_2}^{''-1}$ ein Randweg von f_{α_1}'',

$$t_{\alpha_i}'' s_{\alpha_i}^{''(2)} s_{\alpha_{i+1}}^{''(1)} t_{\alpha_{i+1}}^{''-1}$$

von f_{α_i}'', schließlich $t_{\alpha_k}'' s_{\alpha_k}^{''(2)} s_{\alpha_1}^{''(1)} t_{\alpha_1}^{''-1}$ von f_{α_k}''.

Der so beschriebene Flächenkomplex $\mathfrak{M}''$ ist eine Mannigfaltigkeit. Denn der in ihm enthaltene eindimensionale Komplex ist zusammenhängend, weil sich jeder Punkt $\Delta_1 (f)$ und $\Delta_1 (s)$ mit Punkten $\Delta_1 (p)$ und jeder Punkt $\Delta_1 (p)$ mit jedem anderen solchen verbinden läßt. Jede Strecke aus einem Weg $\Delta_2 (s)$ wird in einem Randweg höchstens einmal durchlaufen, und jede solche Strecke berandet zwei wesentlich verschiedene Flächenstücke. Für solche Strecken t'', welche von einem Punkte $\Delta_1 (f)$ berandet werden, der einem k-Eck f $(k > 1)$ entspricht, gilt das gleiche. Eine Strecke t'', welche von einem $\Delta_1 (f)$ berandet wird, der einem Eineck entspricht, wird von dem Randweg des einen, f in $\mathfrak{M}''$ entsprechenden Flächenstücks zweimal durchlaufen. Schließlich ist auch Axiom A. 7 für die drei Punktearten $\Delta_1 (p)$, $\Delta_1 (s)$, $\Delta_1 (f)$ erfüllt.

5. Duale Mannigfaltigkeit

Wir fassen nun in $\mathfrak{M}''$ alle diejenigen Flächenstücke f'' nebst den Strecken und Punkten ihres Randes zu einem Komplex $\mathfrak{P}$ zusammen, in deren Rand derselbe Punkt $p'' = \Delta_1 (p)$ vorkommt. Jede von $\Delta_1 (p)$ ausgehende Strecke kommt im Rande von gerade zwei Flächenstücken aus $\mathfrak{P}$ vor. Es seien

$$f_{\beta_1}'', \; f_{\beta_2}'', \; \ldots, \; f_{\beta_m}''$$

die sämtlichen wesentlich verschiedenen Flächenstücke von $\mathfrak{P}$, so geordnet, daß f_{β_i}'' und $f_{\beta_{i+1}}''$, f_{β_m}'' und f_{β_1}'' je eine gemeinsame Randstrecke besitzen, falls $m > 1$ ist, und so orientiert, daß die gemeinsame Randstrecke von f''_{β_i} und $f''_{\beta_{i+1}}$ bei positiver Umlaufung von f''_{β_i} und $f''_{\beta_{i+1}}$ in entgegengesetzter Richtung durchlaufen wird. Es sei nun $t''^{(1)}_{\beta_i}\, t''^{(2)}_{\beta_i}$ das Stück des Randweges von f''_{β_i} aus Strecken t. Es beginnt $t''^{(1)}_{\beta_i}$ in einem $\varDelta_1\,(s)$, während $t''^{(2)}_{\beta_i}$ in einem solchen Punkt endigt. $t''^{(1)}_{\beta_i}$ endigt und $t^{(2)}_{\beta_i}$ beginnt in einem $\varDelta_1\,(f)$.

$$w = t''^{(2)}_{\beta_1}\, t''^{(1)}_{\beta_2}\, t''^{(2)}_{\beta_2}\, t''^{(1)}_{\beta_3} \ldots t''^{(2)}_{\beta_m}\, t''^{(1)}_{\beta_1} \tag{1}$$

ist ein geschlossener Weg, den wir als einen Randweg von $\mathfrak{P}$ bezeichnen wollen.

Wir bilden nun den zu $\mathfrak{M}$ *dualen Komplex* $\mathfrak{D}$, indem wir jedem Wege $t^{(2)}\, t^{(1)}$ eine Strecke $\varDelta\,(t^{(2)}\, t^{(1)}) = t'$ aus $\mathfrak{D}$ zuordnen, zu jedem Komplex $\mathfrak{P}$ ein Paar von Flächenstücken $\varDelta'\,(\mathfrak{P}) = f'^{\pm 1}$ aus $\mathfrak{D}$ zuordnen und jedem Punkt $\varDelta_1\,(f)$ aus $\mathfrak{M}''$ eineindeutig einen Punkt $\varDelta'\,(\varDelta_1\,(f)) = p'$ aus $\mathfrak{D}$ zuordnen. Beginnt und endigt $t^{(2)}\, t^{(1)}$ in p_1'' bzw. p_2'', so möge $\varDelta'\,(t^{(1)}\, t^{(2)})$ in $\varDelta'\,(p_1'')$ bzw. $\varDelta'\,(p_2'')$ beginnen bzw. endigen. Sei

$$\varDelta'\left((t^{(2)}\, t^{(1)})^{-1}\right) = \left(\varDelta'\,(t^{(2)}\, t^{(1)})\right)^{-1},$$

und ist (1) der Randweg von $\mathfrak{P}$, so sei $\varDelta'\,(w) = \varDelta'\,(t^{(2)}_{\beta_1}\, t''^{(1)}_{\beta_2}) \ldots \varDelta'\,(t^{(2)}_{\beta_m}\, t''^{(1)}_{\beta_1})$ ein Randweg von $\varDelta'\,(\mathfrak{P})$.

Man sieht leicht: *Der duale Komplex $\mathfrak{D}$ ist eine Mannigfaltigkeit.* Denn die Strecken s' werden von den Randwegen in der durch A. 6 geforderten Art durchlaufen, und die Sterne der s' gehen direkt aus den Sternen der Strecken t'' um die Punkte $\varDelta_1\,(f)$ bei $\mathfrak{M}''$ hervor.

Die Struktur von $\mathfrak{D}$ läßt sich folgendermaßen beschreiben: Jedem Punkt p von $\mathfrak{M}$ entspricht eineindeutig ein Komplex $\mathfrak{P}$, daher auch ein Flächenstückpaar $\varDelta\,(p) = f'^{\pm 1}$ von $\mathfrak{D}$; jedem Flächenstück von $\mathfrak{M}$ entspricht ein und nur ein Punkt $\varDelta\,(f) = p$ von $\mathfrak{D}$, und es ist

$$\varDelta\,(f^{-1}) = \varDelta\,(f).$$

Jeder Strecke s von $\mathfrak{M}$ entspricht zunächst ein Punkt $\varDelta_1\,(s)$, und durch diesen Punkt geht ein Weg $t^{(1)}\, t^{(2)}$ und der zu ihm inverse hindurch. Die hierdurch vermittelte Zuordnung von den Streckenpaaren $s^{\pm 1}$ zu den Streckenpaaren $\varDelta\,(s^{\pm 1}) = s'^{\pm 1}$ ist ebenfalls eineindeutig. Ferner setzen sich die Berandungsrelationen in folgender Weise um: Berandet p die Strecke s oder die Strecke s^{-1}, so wird

$\varDelta(p)$ von den Strecken $\varDelta(s^{\pm 1})$ berandet. Berandet $s^{\pm 1}$ ein Flächenstück f, so berandet $\varDelta(f)$ eine der Strecken $s'^{\pm 1}$, wo $s'^{\pm 1} = \varDelta(s^{\pm 1})$ ist.

6. Dualer Streckenkomplex

Infolge der zweiten Beziehung kann man den Streckenkomplex $\mathfrak{D}_1$ von $\mathfrak{D}$ direkt aus $\mathfrak{M}$ konstruieren. Denken wir uns die Streckenpaare von $\mathfrak{D}$ numeriert und die Strecken eines Paares irgendwie mit s'_i, s'^{-1}_i bezeichnet, so sind infolge der ersten Forderung auch die Randwege von $\varDelta(p)$ bestimmt, falls diese Randwege einfache Wege sind und sich die Strecken, die ein Randweg durchläuft, daher im wesentlichen nur auf eine Weise zu einem Wege zusammensetzen lassen. Man kann die Aussage über die Strukturbeziehung von $\mathfrak{M}$ zu $\mathfrak{D}$ leicht noch verfeinern, indem man bemerkt: Ist

$$s_{\alpha_1},\ s_{\alpha_2},\ \ldots,\ s_{\alpha_m}$$

ein geschlossener einfacher Stern um p, so gibt es einen einfachen Randweg um $\varDelta(p)$

$$s_{\alpha_1}'^{\varepsilon_1}\, s_{\alpha_2}'^{\varepsilon_2} \ldots s_{\alpha_m}'^{\varepsilon_m} \qquad (\varepsilon_i = \pm 1) \tag{1}$$

derart, daß

$$\varDelta(s_{\alpha_i}^{\pm 1}) = s_{\alpha_i}'^{\pm 1}$$

ist.

Hiernach sind die Randwege der Flächenstücke von $\mathfrak{D}$ bestimmt, wenn keine der Strecken von $\mathfrak{D}$ singulär ist. Alsdann ist nämlich ε_i durch die Forderung, daß (1) ein geschlossener Weg sei, eindeutig bestimmt.

Die Bildung eines dualen Streckenkomplexes läßt sich auch für alle Komplexe erklären, welche nur den Axiomen A. 1 bis A. 6 genügen.

$\mathfrak{D}_1$ heiße der zu $\mathfrak{F}$ duale Streckenkomplex, wenn jedem Flächenstück von $\mathfrak{F}$ ein Punkt $\varDelta(f) = p'$ von $\mathfrak{D}_1$ zugeordnet und $\varDelta(f) = \varDelta(f^{-1})$ ist und jedem p' auch ein Paar $f^{\pm 1}$ entspricht, und wenn die Paare $s^{\pm 1}$ aus $\mathfrak{F}$ eineindeutig auf die Paare $s'^{\pm 1}$ von $\mathfrak{D}_1$

$$\varDelta(s^{\pm 1}) = s'^{\pm 1}$$

abgebildet sind, und zwar so, daß sich die Berandungsbeziehungen dual entsprechen. Diese Erklärung ist widerspruchsfrei, weil eine Strecke s aus $\mathfrak{F}$ entweder ein Flächenstück doppelt oder gerade zwei verschiedene Flächenstücke einfach berandet. Ist auch noch Axiom A. 7 erfüllt, so ist $\mathfrak{D}_1$ zusammenhängend. Es entspricht nämlich jedem Stern in $\mathfrak{F}$ ein geschlossener Weg in $\mathfrak{D}_1$. Enthält der Stern v eine Strecke, die zu einer Strecke aus dem Stern v' gleich oder entgegengesetzt gleich ist, so entsprechen ihnen in $\mathfrak{D}_1$ Wege, welche dieselbe Strecke durchlaufen. Sind f_1 und f_2 zwei Flächenstücke aus $\mathfrak{F}$, die in ihrer Berandung bzw. die Punkte p_1 und p_2 enthalten, welche dieselbe Strecke s. beranden, so kann man die Punkte $\varDelta(f_1)$ und $\varDelta(f_2)$ in $\mathfrak{D}_1$ verbinden. Denn ist s_i eine zum Randweg von f_i gehörende und von p_i berandete Strecke, so gibt es Sterne v_i aus Strecken um p_i, welche s_i und s enthalten ($i = 1, 2$). Den v_i entsprechen aber in $\mathfrak{D}_1$ zwei Wege w_i, die beide die Strecken $\varDelta(s^{\pm 1})$ durchlaufen, und folglich läßt sich $\varDelta(f_1)$ mit $\varDelta(f_2)$ in $\mathfrak{D}_1$ durch einen Weg verbinden. Hieraus folgt durch Induktion, daß $\mathfrak{D}_1$ zusammenhängend ist; weil $\mathfrak{F}$ zusammenhängend ist, enthalten ja zwei Flächenstücke f_1 und f_2 stets Punkte p_1 bzw. p_2, die sich durch einen einfachen Weg verbinden lassen.

Für die Mannigfaltigkeit $\mathfrak{F}$ bedeutet dies: Irgend zwei Flächenstücke aus $\mathfrak{F}$ lassen sich in eine Kette von Flächenstücken einbetten. die zu je zwei benachbarten längs einer Strecke aneinanderstoßen.

Um $\mathfrak{D}_1$ zu dem dualen Flächenkomplex $\mathfrak{D}$ ergänzen zu können, ist die Voraussetzung unerläßlich, daß jeder Punkt von $\mathfrak{F}$ nur endlich viele Strecken berandet.

7. Elementare Transformationen

Die wichtigsten Eigenschaften eines Komplexes, z. B. die, welche für die Existenz von Überlagerungen maßgebend sind, bleiben erhalten, wenn man gewisse einfache Abänderungen des Komplexes, die sogenannten elementaren Transformationen vornimmt. Es ist deswegen zweckmäßig, die Komplexe in Klassen zu sondern, die mit einem Komplex alle durch elementare Transformationen aus ihm hervorgehenden umfassen.

Ist $\mathfrak{F}$ irgendein Flächenkomplex, der die Strecke s enthält, welche in p_1 beginne und in p_2 endige, so verstehen wir unter einer *elementaren Erweiterung erster Art* die Bildung des Komplexes $\mathfrak{F}'$, welcher alle Elemente von $\mathfrak{F}$ außer $s^{\pm 1}$ und an Stelle von $s^{\pm 1}$ die Strecken $s_1^{\pm 1}$, $s_2^{\pm 1}$ und ferner einen Punkt p' enthält. s_i beginne in p_i ($i = 1, 2$) und endige in p'. In allen Randwegen von Flächenstücken, welche s enthalten, ist s durch $s_1 s_2^{-1}$ und s^{-1} durch $s_2 s_1^{-1}$ zu ersetzen.

Unter *einer elementaren Reduktion erster Art* verstehen wir den inversen Prozeß, den Übergang von $\mathfrak{F}'$ zu $\mathfrak{F}$. $\mathfrak{F}$ enthält alle Punkte von $\mathfrak{F}'$ bis auf einen p', welcher gerade diejenigen beiden Strecken berandet, welche durch eine einzige Strecke zu ersetzen sind Unter einer *elementaren Erweiterung zweiter Art* verstehen wir die folgende Bildung eines Komplexes $\mathfrak{F}'$ aus $\mathfrak{F}$: Es sei f ein Flächenstück aus $\mathfrak{F}$ mit einem Randweg

$$w = w_1 w_2,$$

w_1 beginne in p_1 und endige in p_2. Es werde nun ein neuer Komplex $\mathfrak{F}'$ gebildet, welcher alle Elemente aus $\mathfrak{F}$ außer $f^{\pm 1}$ enthält, außerdem aber zwei Flächenstückpaare $f_1'^{\pm 1}$, $f_2'^{\pm 1}$ und eine Strecke s', die in p_1 beginne und in p_2 endige nebst ihren Inversen; $w_1 s'^{-1}$ sei ein Randweg von f_1', $s' w_2$ ein Randweg von f_2'. Hierbei darf $p_1 = p_2$, und es darf auch w_1 oder w_2 ein leerer Weg sein.

Unter *einer elementaren Reduktion zweiter Art* verstehen wir den inversen Prozeß; geht $\mathfrak{F}$ hierbei aus $\mathfrak{F}'$ hervor, so enthält also $\mathfrak{F}$ alle Strecken von $\mathfrak{F}'$ bis auf $s'^{\pm 1}$ und alle Flächenstücke bis auf $f_1^{\pm 1}$, $f_2^{\pm 1}$, welche durch ein neues $f^{\pm 1}$ ersetzt sind. s' tritt in dem Randweg von f_1 und f_2 gerade einmal auf und tritt außerdem in keinem weiteren Randweg eines Flächenstückes in $\mathfrak{F}'$ auf.

Reduktionen und Erweiterungen, welche verschiedene Elemente des ursprünglichen Komplexes betreffen, kann man miteinander vertauschen bzw. gleichzeitig ausgeführt denken. Sind z. B. s_1, s_2, ..., s_n n Strecken des Komplexes $\mathfrak{F}$, und sollen nacheinander n neue Punkte p_1, p_2, ..., p_n eingeführt und die genannten Strecken durch die $2n$ Strecken s_{1i}, s_{2i} ($i = 1, 2, ..., n$) ersetzt und so $\mathfrak{F}$ in den Komplex $\mathfrak{F}'$ übergeführt werden, wo p_i immer gerade s_{1i} und s_{2i} berande, so kann man diese Abänderungen beliebig vertauschen, und man kann sie gleichzeitig durch eine einzige Abänderung allgemeiner Art bewirkt denken. Solche aus vertauschbaren Reduktionen und Erweiterungen zusammengesetzten Abänderungen eines Komplexes $\mathfrak{F}$ mögen *elementare Transformationen* heißen. Sie können auch aus unendlich vielen solcher Abänderungen zusammengesetzt sein.

Zwei Komplexe $\mathfrak{F}$ und $\mathfrak{F}'$ mögen elementarverwandt heißen, wenn es eine Kette von Komplexen

$$\mathfrak{F} = \mathfrak{F}_1, \; \mathfrak{F}_2, \; \ldots, \; \mathfrak{F}_r = \mathfrak{F}'$$

gibt, die mit $\mathfrak{F}$ beginnt und mit $\mathfrak{F}'$ endigt und in der $\mathfrak{F}_i$ aus $\mathfrak{F}_{i+1}$ durch eine elementare Transformation hervorgeht. Ist $\mathfrak{F}$ zu $\mathfrak{F}'$ elementarverwandt, so auch $\mathfrak{F}'$ zu $\mathfrak{F}$, und ist $\mathfrak{F}$ zu $\mathfrak{F}'$, sowie $\mathfrak{F}'$ zu $\mathfrak{F}''$ elementarverwandt, so ist auch $\mathfrak{F}$ zu $\mathfrak{F}''$ elementarverwandt.

Zu jedem Komplex $\mathfrak{F}$ gibt es einen elementarverwandten, welcher keine singulären Elemente enthält. Zunächst kann man durch elementare Erweiterung erster Art alle singulären Strecken durch nichtsinguläre ersetzen. Ist in dem so entstandenen Komplex $w = w_1 w_2$ ein Randweg von f, so durchläuft w gewiß zwei verschiedene Punkte p_1 und p_2, und zwar möge w_1 von p_1 nach p_2 führen. Wir nehmen die Strecke s, die von p_1 nach p_2 geht, hinzu und ersetzen f durch f_1 und f_2, wo $w_1 s^{-1}$ bzw. $s w_2$ ihre Randwege seien. s ersetzen wir durch $s_1 s_2$, indem wir einen neuen Punkt q einschalten. Durchläuft nun

$$w_1 = s_{\alpha_1} s_{\alpha_2} \cdots s_{\alpha_k}$$

nacheinander die Punkte

$$p_1, \; p_{\alpha_1}, \; p_{\alpha_2}, \; \ldots, \; p_{\alpha_k} = p_2,$$

und

$$w_2 = s_{\alpha_{k+1}}, \; s_{\alpha_{k+2}}, \; \ldots, \; s_{\alpha_m}$$

die Punkte

$$p_2, \; p_{\alpha_{k+1}}, \; \ldots, \; p_{\alpha_m} = p_1,$$

so seien

$$t_{\alpha_1}, \; \ldots, \; t_{\alpha_{k-1}}, \; t_{\alpha_k} = s_2, \; t_{\alpha_{k+1}}, \; \ldots, \; t_{\alpha_{m-1}}, \; t_{\alpha_m} = s_1^{-1}$$

m verschiedene Strecken, welche in q beginnen und in p_{α_i} endigen, und f_i werde durch die m Dreiecke f_{α_i} mit den Randwegen $t_{\alpha_i} s_{\alpha_i} t_{\alpha_{i+1}}^{-1}$ ersetzt. Die f_{α_i} sind alsdann nicht singulär. Sukzessiv kann man so jedes singuläre Flächenstück eliminieren.

8. Elementarverwandtschaft von Mannigfaltigkeiten

Ist $\mathfrak{M}$ eine Mannigfaltigkeit und $\mathfrak{M}'$ zu $\mathfrak{M}$ elementarverwandt, so ist auch $\mathfrak{M}'$ eine Mannigfaltigkeit.

Ist $\mathfrak{M}$ eine Mannigfaltigkeit aus endlich vielen Elementen, $\mathfrak{D}$ die zu ihr duale, so ist $\mathfrak{M}$ zu $\mathfrak{D}$ elementarverwandt. Denn der Übergang von $\mathfrak{M}$ zu $\mathfrak{M}''$ läßt sich durch elementare Erweiterung und der von $\mathfrak{M}''$ zu $\mathfrak{D}$ durch elementare Reduktion bewirken.

Bei Mannigfaltigkeiten $\mathfrak{M}$ lassen sich folgende Abänderungen durch elementare Transformationen bewirken:

Sind p_1 und p_2 zwei Punkte von $\mathfrak{M}$, welche durch die Strecke s verbunden sind, und sind f_1 und f_2 die beiden wesentlich verschiedenen Flächenstücke, deren einfache Randwege $s\,w_1$ und $s^{-1}w_2$ die Strecke s enthalten, so sei $\mathfrak{M}^*$ der Komplex, welcher aus $\mathfrak{M}$ entsteht, indem die Strecke $s^{\pm 1}$ entfernt, die Punkte p_1 und p_2 durch einen Punkt p^* ersetzt und die Strecken s_i, die in $\mathfrak{M}$ in p_1 oder p_2 beginnen, durch Strecken s_i^*, die in p^* beginnen und in denselben Punkten wie s_i endigen, ersetzt werden. Die Randwege in $\mathfrak{M}^*$ mögen sich aus denen von $\mathfrak{M}$ ergeben, indem man die Strecken s_i bzw. durch die entsprechenden s_i^* ersetzt und indem die etwa in dem Randweg vorkommende Strecke s eliminiert wird. $\mathfrak{M}^*$ ist alsdann eine zu $\mathfrak{M}$ elementarverwandte Mannigfaltigkeit. Sind nämlich $\mathfrak{D}$ und $\mathfrak{D}^*$ die bzw. zu $\mathfrak{M}$ und $\mathfrak{M}^*$ dualen Mannigfaltigkeiten, so geht $\mathfrak{D}^*$ aus $\mathfrak{D}$ durch eine elementare Reduktion zweiter Art hervor. Wir wollen diese Transformationen *Reduktionen dritter Art* nennen.

Sie ist immer ausführbar, wenn von einem der beiden Punkte p_i noch eine von s verschiedene Strecke ausgeht. Die Transformationen vom inversen Typus, bei denen ein Punkt durch zwei ersetzt wird, lassen sich leicht beschreiben; sie mögen *Erweiterungen dritter Art* heißen.

Sind f_1 und f_2 zwei wesentlich verschiedene Flächenstücke einer Mannigfaltigkeit, ist $w_1\,s^{-1}$ ein Randweg von f_1, $s\,w_2$ ein solcher von f_2, und ist entweder w_1 oder w_2 nicht ein leerer Weg, so läßt sich f_1 und f_2 durch das Flächenstück f mit dem Randweg $w_1\,w_2$ ersetzen.

Ist der Rand von f_1 und f_2 gleich s, so besteht $\mathfrak{M}$ nur aus diesen beiden Flächenstücken und dieser Strecke nebst ihrer inversen und einem einzigen Punkt p. Denn da von p nur die eine Strecke s ausgeht, läßt sich p in dem in $\mathfrak{M}$ enthaltenen eindimensionalen Komplex mit keinem Punkt verbinden, da dieser Komplex aber zusammenhängend ist, besteht er nur aus $s,\ s^{-1}$ und p. Hieraus folgt:

Jede Mannigfaltigkeit $\mathfrak{M}$ aus endlich vielen Elementen ist elementarverwandt zu einer Mannigfaltigkeit $\mathfrak{M}'$, welche nur ein Flächenstückpaar enthält, oder einer Mannigfaltigkeit, welche zwei Flächenstückpaare und eine singuläre Strecke nebst ihren Inversen enthält.

Angenommen nämlich, es gäbe eine Mannigfaltigkeit mit $k > 1$ Flächenstücken, in welcher sich das Flächenstück f_1 mit keinem anderen f_2 durch elementare Reduktion vereinigen ließe, so müßte ein Randweg von f_1 alle Strecken, die er durchläuft, zweimal durchlaufen. Alsdann würde aber in dem zu $\mathfrak{M}$ dualen Komplex dem Flächenstück f_1 ein Punkt $\varDelta(f_1)$ entsprechen, welcher nur singuläre Strecken berandet. Gäbe es also noch ein Flächenstück $f_2 \neq f_1$, f_1^{-1}, so wäre der duale Komplex $\mathfrak{D}$ nicht zusammenhängend. Hieraus folgt weiter:

Eine Mannigfaltigkeit $\mathfrak{M}$ aus endlich vielen Elementen ist entweder zu einer Mannigfaltigkeit aus zwei Flächenstückpaaren, einem Streckenpaar und einem Punkte elementarverwandt, oder zu einer Mannigfaltigkeit aus einem Flächenstückpaar, zwei Punkten und zwei Streckenpaaren, oder zu einer Mannigfaltigkeit, welche nur ein Flächenstückpaar $f^{\pm 1}$ und einen Punkt p enthält. Solche speziellen Mannigfaltigkeiten mögen *Normalformen* heißen.

Es sei nämlich $\mathfrak{M}'$ eine zu $\mathfrak{M}$ elementarverwandte Mannigfaltigkeit, die nur ein Flächenstückpaar $f^{\pm 1}$ enthält, $\mathfrak{D}'$ die zu $\mathfrak{M}'$ duale Mannigfaltigkeit. Alsdann enthält $\mathfrak{D}'$ nur einen Punkt p', und ferner läßt sich $\mathfrak{D}'$ durch elementare Reduktionen zweiter Art in eine Mannigfaltigkeit $\mathfrak{D}^*$ überführen, welche nur den einen Punkt p' und nur ein Flächenstück oder zwei Flächenstücke und nur eine Strecke enthält. Da $\mathfrak{M}$ zu $\mathfrak{M}'$, $\mathfrak{M}'$ zu $\mathfrak{D}'$, $\mathfrak{D}'$ zu $\mathfrak{D}^*$ elementarverwandt ist, ist auch $\mathfrak{M}$ zu $\mathfrak{D}^*$ elementarverwandt.

Dasselbe läßt sich durch Anwendung der Transformationen von Mannigfaltigkeiten, die in der Vereinigung von zwei Punkten bestehen, erreichen. Solche Transformationen sind nur dann nicht ausführbar, wenn von jedem Punkt nur eine einzige Strecke ausgeht. Alsdann besteht die Mannigfaltigkeit aber nur aus zwei Punkten und einem Paar regulärer Strecken, da der Streckenunterkomplex ja zusammenhängend ist. Die zu einer solchen Mannigfaltigkeit duale besteht also aus zwei Flächenstückpaaren, einem Paar singulärer Strecken und einem Punkt.

9. Reduktion auf Normalformen

Man kann eine Mannigfaltigkeit $\mathfrak{M}$ im allgemeinen auf verschiedene Weise durch elementare Reduktionen in Normalformen überführen. Diese Möglichkeiten lassen sich jedoch leicht übersehen. $\mathfrak{C}$ sei der eindimensionale in $\mathfrak{M}$ enthaltene Streckenkomplex, $\mathfrak{C}'$ der eindimensionale Streckenkomplex einer zu $\mathfrak{M}$ dualen Mannigfaltigkeit $\mathfrak{D} = \varDelta(\mathfrak{M})$, $\mathfrak{B}$ sei irgendein Baum aus $\mathfrak{C}$, der alle Punkte von $\mathfrak{C}$ enthält, $\mathfrak{B}'$ ein solcher Baum aus $\mathfrak{C}'$. Wir nennen $\mathfrak{B}$ und $\mathfrak{B}'$ *verträglich*, wenn in $\mathfrak{B}'$ keine Strecke vorkommt, der eine Strecke aus $\mathfrak{B}$ bei der dualen Zuordnung entspricht. Es ist zunächst nicht gesagt, daß verträgliche Bäume $\mathfrak{B}$ und $\mathfrak{B}'$ existieren müssen. Wir zeigen jedoch:

Jedem Paar verträglicher Bäume $\mathfrak{B}$, $\mathfrak{B}'$ entspricht eine bestimmte, bis auf die Reihenfolge festgelegte Kette von Reduktionen zweiter und dritter Art, welche die Mannigfaltigkeit in eine Normalform überführt, und umgekehrt entspricht jeder Kette von solchen Reduktionen stets ein Paar von verträglichen Bäumen $\mathfrak{B}$, $\mathfrak{B}'$.

Ist nämlich s eine Strecke, welche in $\mathfrak{B}$ vorkommt, so kann s durch Reduktion dritter Art entfernt werden, wenn $\mathfrak{M}$ nicht bereits eine Normalform ist. s ist nämlich eine reguläre Strecke, und falls von ihren Randpunkten p_1 und p_2 weitere Strecken nicht ausgehen, ist $\mathfrak{M}$ in der Tat eine Normalform. Ist ferner s^* eine Strecke, welche einer Strecke s' aus $\mathfrak{B}'$ durch duale Zuordnung entspricht, so läßt sich s^* durch Reduktion zweiter Art eliminieren oder $\mathfrak{M}$ ist eine Normalform; denn längs s^* stoßen zwei verschiedene Flächenstücke aneinander. Ist nun $\overline{\mathfrak{M}}$ eine durch Reduktion dritter Art aus $\mathfrak{M}$ hervorgegangene Mannigfaltigkeit, so sei $\overline{\mathfrak{B}}$ der Komplex, der aus $\mathfrak{B}$ durch Fortlassung der eliminierten Strecke s und des eliminierten Punktes p_2 entsteht nebst der Vorschrift, daß alle von p_2 ausgehenden Strecken jetzt wie in $\overline{\mathfrak{M}}$ von p_1 ausgehen mögen. $\overline{\mathfrak{B}}'$ sei mit $\mathfrak{B}'$ identisch. Alsdann bilden $\overline{\mathfrak{B}}$, $\overline{\mathfrak{B}}'$ wieder ein Paar von verträglichen Bäumen. Analog schließt man bei Reduktionen zweiter Art.

Ist umgekehrt eine Kette von Reduktionen vorgelegt, die $\mathfrak{M}$ in eine Normalform aus einem Punkt und einem Flächenstück überführen, so bildet die Gesamtheit der Strecken, welche durch Reduktionen dritter Art entfernt werden, einen Baum $\mathfrak{B}$, der alle Punkte von $\mathfrak{M}$ enthält, und die Strecken, welche den durch Reduktionen zweiter Art entfernten im dualen Komplex entsprechen, einen mit $\mathfrak{B}$ verträglichen Baum $\mathfrak{B}'$, der alle Punkte des dualen Komplexes enthält. Dies ist jedenfalls richtig für solche Mannigfaltigkeiten $\overline{\overline{\mathfrak{M}}}$, die durch eine einzige Reduktion in die Normalform übergeführt werden können bzw. durch eine einzige Erweiterung aus der Normalform hervorgehen. Ist nun $\mathfrak{B}$ irgendein Baum, der alle Punkte einer Mannigfaltigkeit $\mathfrak{M}$ enthält und geht $\overline{\mathfrak{M}}$ durch Erweiterung dritter Art aus $\mathfrak{M}$ hervor, indem die reguläre Strecke s hinzugenommen und der Punkt p_1 in die Punkte p_1 und p_2 zerlegt wird, so ist der Komplex $\overline{\mathfrak{B}}$ aus allen Punkten von $\overline{\mathfrak{M}}$, den in $\mathfrak{B}$ enthaltenen Strecken bzw. den ihnen in $\overline{\mathfrak{M}}$ entsprechenden Strecken und der neu hinzugefügten Strecke s wieder ein Baum. Waren $\mathfrak{B}$, $\mathfrak{B}'$ das Paar verträglicher Bäume, das der Mannigfaltigkeit $\mathfrak{M}$ durch eine Kette von Reduktionen auf die Normalform zugeordnet war, so bilden die Bäume $\overline{\mathfrak{B}}$ und $\overline{\mathfrak{B}'} = \mathfrak{B}'$ ein Paar verträglicher Bäume von $\overline{\mathfrak{M}}$, und zwar gerade das durch die Kette der Reduktionen von $\overline{\mathfrak{M}}$ in die Normalform ihr zugeordnete. Analog schließt man, wenn $\overline{\mathfrak{M}}$ durch eine Erweiterung zweiter Art aus $\mathfrak{M}$ hervorgeht.

Besitzt die Normalform zwei Punkte und ein Flächenstückpaar, so besteht der Komplex der durch Reduktionen dritter Art eliminierten Strecken aus zwei Bestandteilen, $\mathfrak{B}_1$ und $\mathfrak{B}_2$, die je Bäume sind. Der Streckenkomplex der dualen Mannigfaltigkeit $\mathfrak{B}'$ ist hingegen ein Baum. Wir können aus $\mathfrak{B}_1$ und $\mathfrak{B}_2$ einen mit $\mathfrak{B}'$ verträglichen Baum bilden, indem wir die eine in der Normalform enthaltene Strecke zu $\mathfrak{B}_1$ und $\mathfrak{B}_2$ hinzunehmen.

10. Benachbarte Normalformen

Um alle Klassen elementarverwandter Mannigfaltigkeiten aus endlich vielen Elementen übersehen zu können, brauchen wir nur noch die Mannigfaltigkeiten, die nur einen Punkt und ein Flächenstückpaar enthalten, zu klassifizieren. Wir werden zeigen, daß sich jede solche Mannigfaltigkeit in eine der in 5, 11 angegebenen Normalformen überführen läßt. Es geschieht dies durch eine Reihe von Schritten, die wir zunächst folgendermaßen beschreiben:

Ist $\mathfrak{M}$ eine Mannigfaltigkeit und

$$w = w_1\, s\, w_2\, w_3\, s\, w_4 \quad \text{bzw.} \quad w = w_1\, s\, w_2\, w_3\, s^{-1}\, w_4$$

ein Randweg des Flächenstückes f, so sei $\mathfrak{M}'$ die Mannigfaltigkeit aus dem einen Flächenstück f' mit dem Randweg

$$w' = s^*\, w_3\, w_1^{-1}\, s^*\, w_2^{-1}\, w_4, \tag{1}$$

bzw

$$w' = s^*\, w_3\, w_2\, s^{*\,-1}\, w_1\, w_4, \tag{2}$$

eine Mannigfaltigkeit, in welcher die eine Strecke s durch s^* ersetzt ist. $\mathfrak{M}'$ ist zu $\mathfrak{M}$ elementarverwandt; $\mathfrak{M}'$ *heiße zu* $\mathfrak{M}$ *benachbart.*

Ist nämlich

$$w = w_1\, s\, w_2\, w_3\, s\, w_4,$$

so sei $\mathfrak{M}''$ die Mannigfaltigkeit aus zwei Flächenstücken f_1 und f_2 mit den Randwegen

$$w_1\, s\, w_2\, s^{*\,-1} \quad \text{bzw.} \quad s^*\, w_3\, s\, w_4.$$

Alsdann ist auch $s\, w_2\, s^{*\,-1}\, w_1$ oder $w_1^{-1}\, s^*\, w_2^{-1}\, s^{-1}$ ein Randweg von f_1 und $s\, w_4\, s^*\, w_3$ ein Randweg von f_2. Wir bilden nun $\mathfrak{M}'$, indem wir f_1 und f_2 durch das Flächenstück f' mit dem Randweg

$$w_1^{-1}\, s^*\, w_2^{-1}\, w_4\, s^*\, w_3$$

ersetzen. Derselbe ist eine zyklische Vertauschung von (1), und da $\mathfrak{M}$ zu $\mathfrak{M}''$ und $\mathfrak{M}''$ zu $\mathfrak{M}'$ elementarverwandt ist, ist unsere Behauptung in diesem Falle bewiesen.

Ist

$$w = w_1\, s\, w_2\, w_3\, s^{-1}\, w_4,$$

so sei $\mathfrak{M}''$ die Mannigfaltigkeit aus zwei Flächenstücken f_1 und f_2 mit den Randwegen

$$w_1\, s\, w_2\, s^{*\,-1} \quad \text{bzw.} \quad s^*\, w_3\, s^{-1}\, w_4.$$

Alsdann ist auch $w_2\, s^{*\,-1}\, w_1\, s$ ein Randweg von f_1 und $s^{-1}\, w_4\, s^*\, w_3$ ein solcher von f_2. Wir bilden nun die Mannigfaltigkeit $\mathfrak{M}'$, indem wir f_1 und f_2 durch f' mit dem Randweg

$$w_2\, s^{*\,-1}\, w_1\, w_4\, s^*\, w_3$$

ersetzen, welcher eine zyklische Vertauschung von (2) ist. Nun folgt das Behauptete.

Eine jede der angegebenen Umformungen kann man durch eine Kette von einfachen Schritten ersetzen, indem man das eine Flächenstück so unterteilt, daß immer wenigstens ein Dreieck entsteht.

11. Kanonische Normalformen

Unser Ziel erreichen wir in Etappen[1]).

Satz 1. *Ist w ein Randweg von f und ist s eine Strecke, welche der Randweg w in gleichem Sinne zweimal durchläuft, so gibt es eine zu $\mathfrak{M}$ elementarverwandte Mannigfaltigkeit $\mathfrak{M}^*$ mit dem Randweg*

$$w^* = s_1^{*\,2}\, s_2^{*\,2} \ldots s_m^{*\,2}\, w_1^*.$$

---

[1]) Zu diesem Abschnitt vgl. auch: F. Levi, Geometrische Konfigurationen. Leipzig 1929.

Hierin ist w_1^* leer oder durchläuft jede überhaupt durchlaufene Strecke in jeder Richtung einmal. Hierin bedeute s^2 den Weg ss.

Ist nämlich

$$w = s\, w_2\, s\, w_4$$

ein Randweg von f, so ist nach 5, 10 die Mannigfaltigkeit $\mathfrak{M}'$, in der f' den Randweg

$$s_1^{*\,2}\, w_2^{-1}\, w_4$$

besitzt, zu $\mathfrak{M}$ benachbart. ·Es sei nun

$$s_1^{*\,2}\, s_2^{*\,2} \ldots s_i^{*\,2}\, w_1\, s_{i+1}\, w_2\, s_{i+1}\, w_3$$

Randweg einer zu $\mathfrak{M}$ elementarverwandten Mannigfaltigkeit $\mathfrak{M}^*$. Dann ist auch

$$w_1\, s_{i+1}\, w_2\, s_{i+1}\, w_3\, s_1^{*\,2}\, s_2^{*\,2} \ldots s_i^{*\,2}$$

Randweg und daher $(w_3\, s_1^{*\,2}\, s_2^{*\,2} \ldots s_i^{*\,2}$ spielt die Rolle von w_4 in 5, 10

$$s_{i+1}^{*}\, w_2\, w_1^{-1}\, s_{i+1}^{*}\, w_3\, s_1^{*\,2} \ldots s_i^{*\,2}$$

Randweg in einer zu $\mathfrak{M}^*$ benachbarten Mannnigfaltigkeit $\overline{\mathfrak{M}^*}$. Indem wir nun $w_2\, w_1^{-1}$ die Rolle von w_2 in 5, 10 spielen lassen, erkennen wir

$$s_{i+1}^{*\,2}\, w_1\, w_2^{-1}\, w_3\, s_1^{*\,2}\, s_2^{*\,2} \ldots s_i^{*\,2}$$

bzw.

$$s_1^{*\,2}\, s_2^{*\,2} \ldots s_i^{*\,2}\, s_{i+1}^{*\,2}\, w'$$

als Randweg einer zu $\mathfrak{M}$ elementarverwandten Mannigfaltigkeit. Durch Induktion folgt nun das Behauptete.

Zur weiteren Normierung des Randweges beweisen wir den

Satz 2: *Es sei $w = w_1\, w_2\, w_3$ ein Randweg in einer Mannigfaltigkeit $\mathfrak{M}$, es durchlaufe hierin w_2 jede Strecke, die w_2 überhaupt durchläuft, in beiden Richtungen, und es sei*

$$w_2 = w_{21}\, k_1\, w_{22}\, k_2 \ldots w_{2,r}\, k_r\, w_{2,r+1}, \tag{1}$$

wo

$$k_i = s_{i1}\, s_{i2}\, s_{i1}^{-1}\, s_{i2}^{-1}$$

sei, alsdann gibt es zwei Streckenpaare s_1, s_1^{-1}, s_2, s_2^{-1} aus den w_{2i}, welche sich gegenseitig trennen oder die w_{2i} sind leer. D. h. w_2 durchläuft bei geeigneter Numerierung erst s_1, dann s_2, dann wieder s_1, und dann wieder s_2.

Wir betrachten die Teilwege der Form $s\, w'\, s^{-1}$ von w_2, wo s von den w_{2i} durchlaufen werde; es gibt gewiß kürzeste Wege dieser Art, $s_1\, w'\, s_1^{-1}$ sei ein solcher. Alsdann ist w' gewiß nicht leer. Denn die s sind singuläre Strecken und nach **5**, 3 ist ein Randweg aus singulären Strecken reduziert. w' kann aber auch nicht nur aus Elementen k_i bestehen, weil

$$s\, k_i\, k_{i+1} \ldots k_{i+l}\, s^{-1}$$

nach **5**, 3 in einem Randweg nicht auftreten kann. Führt w' aber über s_2, wo s_2 auch von den w_{2i} durchlaufen werde, so durchläuft w' die Strecke s_2 nur einmal. Denn sonst wäre der Teilweg $s_2\, w'\, s_2^{-1}$ von w_2 kürzer als $s_1\, w'\, s_1^{-1}$. Also trennen sich die Streckenpaare s_1, s_1^{-1}; s_2, s_2^{-1} in w_2.

Satz 3. *Sind die Wege w_{2i} in* (1) *nicht leer, so gibt es eine zu der Mannigfaltigkeit* $\mathfrak{M}$ *benachbarte mit einem Randweg*

$$w' = w_1\, w_2'\, w_3,$$

wo w_2' ein Element der Form $k = s_1\, s_2\, s_1^{-1}\, s_2^{-1}$ mehr als w enthält.

w_2 enthält zwei Streckenpaare s_1, s_1^{-1}; s_2, s_2^{-1}, die sich trennen. Wir setzen daher

$$w_2 = w_{21}'\, s_1\, w_{22}'\, s_2\, w_{23}'\, s_1^{-1}\, w_{24}'\, s_2^{-1}\, w_{25}';$$

wir gehen nun zu einer benachbarten Mannigfaltigkeit über, indem wir s_2 durch s_2^{*} ersetzen und den neuen Randweg

$$w_1\, w_{21}'\, s_1\, s_2^{*}\, s_1^{-1}\, w_{24}'\, w_{23}'\, s_2^{*\,-1}\, w_{22}'\, w_{25}'\, w_3$$

bilden, und zu einer weiteren benachbarten Mannigfaltigkeit, indem wir s_1 durch s_1^{*} ersetzen und den Randweg

$$w_1\, w_{21}'\, w_{23}'\, w_{24}'\, s_1^{*}\, s_2^{*}\, s_1^{*\,-1}\, s_2^{*\,-1}\, w_{22}'\, w_{25}'\, w_3$$

bilden. Hierin tritt

$$s_1^{*}\, s_2^{*}\, s_1^{*\,-1}\, s_2^{*\,-1} = k^{*}$$

als neues Element der behaupteten Form hinzu. Es ist aber keiner der in w_2 auftretenden Wege k_i zerstört. Aus dem zweiten und dritten Satz folgt sofort:

Satz 4. *Durchläuft ein Randweg w einer Mannigfaltigkeit jede Strecke in beiden Richtungen, so gibt es eine elementarverwandte Mannigfaltigkeit, deren Randweg*

$$w' = k_1\, k_2 \ldots k_g \quad \text{mit} \quad k_i = s_{1i}\, s_{2i}\, s_{1i}^{-1}\, s_{2i}^{-1} \quad (i = 1, 2, \ldots, g) \quad (2)$$

ist.

Durchläuft ein Randweg w einer Mannigfaltigkeit eine Strecke zweimal in derselben Richtung, so gibt es eine zu ihr elementarverwandte, deren Randweg entweder

$$w' = s_1^2 s_2^2 \ldots s_g^2$$

oder

$$w' = s_1^2 s_2^2 \ldots s_m^2 k_1 k_2 \ldots k_n \tag{3}$$

ist, wo

$$k_i = s_{1i} s_{2i} s_{1i}^{-1} s_{2i}^{-1} \quad (i = 1, 2, \ldots, n)$$

ist.

Wir zeigen schließlich:

Satz 5. *Durchläuft ein Randweg einer Mannigfaltigkeit eine Strecke zweimal in derselben Richtung, so gibt es eine zu ihr elementarverwandte mit dem Randweg*

$$w' = s_1^2 s_2^2 \ldots s_g^2 \tag{4}$$

Zum Beweis zeigen wir, daß sich in (3) ein „Kommutator" k_1 durch zwei „Quadrate" s^2 ersetzen läßt. Sei

$$w'' = s_m^2 s_{11} s_{12} s_{11}^{-1} s_{12}^{-1} w_1$$

ein Randweg, der aus (3) durch zyklische Vertauschung entsteht. Wir gehen zu einer benachbarten Mannigfaltigkeit über, indem wir s_m durch s_m^* ersetzen, und

$$\overline{w}'' = s_m^* s_{12}^{-1} s_{11}^{-1} s_m^* s_{11}^{-1} s_{12}^{-1} w_1$$

als Randweg nehmen; alsdann ersetzen wir s_{11} durch s_{11}^* und nehmen

$$\overline{\overline{w}}'' = s_m^* s_{12}^{-1} s_{11}^{*-1} s_{11}^{*-1} s_m^{*-1} s_{12}^{-1} w_1$$

als Randweg, schließlich ersetzen wir s_{12} durch s_{12}^* und nehmen

$$w^* = s_m^* s_m^* s_{11}^* s_{11}^* s_{12}^* s_{12}^* w_1$$

als Randweg. Die Mannigfaltigkeiten mit den Randwegen (2) und (4), sowie die Mannigfaltigkeit aus einem Flächenstückpaar, zwei Punkten und einem Streckenpaar mögen *„kanonische Normalformen"* heißen.

12. Normalformen unter Beibehaltung einer Strecke

Wir wollen zur Verfeinerung dieses Resultates untersuchen, welche Normalformen sich erreichen lassen, wenn eine der Strecken des ursprünglichen Randweges s stets beibehalten werden soll, während die übrigen Strecken wie bisher ersetzt werden dürfen.

10*

Zunächst läßt sich die Form

$$w = s_1^2\, s_2^2 \ldots s_m^2\, w_1\, s\, w_2\, s^\varepsilon\, w_3 \quad (\varepsilon = \pm 1)$$

durch Einführung geeigneter Strecken s_1, s_2, ..., s_m erreichen, wo w_1, w_2, w_3 alle Strecken insgesamt in beiden Richtungen durchlaufen. Diese läßt sich durch Einführung von

$$s_i' = s_i\, w_1,\ \ s_i'' = w_1^{-1}\, s_i' \quad (i = 1, 2, \ldots, m)$$

durch

$$w' = s_1''^2\, s_2''^2 \ldots s_m''^2\, s\, w_2\, s^\varepsilon\, w_3\, w_1$$

ersetzen. In neuer Bezeichnung legen wir daher die Form

$$w = s_1^2\, s_2^2 \ldots s_m^2\, s\, w_1\, s^\varepsilon\, w_2 \quad (\varepsilon = \pm 1) \tag{1}$$

zugrunde.

1. Entweder durchläuft nun bereits w_1 jede Strecke, die es überhaupt durchläuft in beiden Richtungen, dann gilt dasselbe von w_2, und durch Einführung neuer Strecken läßt sich w_1 und w_2 durch je einen Weg aus Kommutatoren ersetzen. Alsdann muß nach 5, 3 $\varepsilon = +1$ sein. Beginnt w_2 mit $s_\alpha\, s_\beta\, s_\alpha^{-1}\, s_\beta^{-1}$, so läßt sich der Teilweg $s\, s_\alpha\, s_\beta\, s_\alpha^{-1}\, s_\beta^{-1}$ nacheinander durch

$$s_\alpha'\, s_\beta\, s_\alpha'^{-1}\, s\, s_\beta^{-1}, \qquad s_\alpha'\, s_\beta'\, s\, s_\alpha'^{-1}\, s_\beta'^{-1};$$
$$s_\alpha''\, s\, s_\beta'\, s_\alpha''^{-1}\, s_\beta'^{-1}, \qquad s_\alpha''\, s_\beta''\, s_\alpha''^{-1}\, s_\beta''^{-1}\, s \tag{2}$$

ersetzen.

Durch Anwendung solcher Schritte verwandeln wir w in

$$s_1^2\, s_2^2 \ldots s_m^2\, w_1'\, w_2'\, s^2.$$

Und alsdann, falls $m \neq 0$, wie in 5, 11 in einen Weg aus Quadraten

$$s_1^2\, s_2^2 \ldots s_n^2\, s^2.$$

2. Oder aber es gibt eine Strecke t, welche einmal von w_1 und einmal im entgegengesetzten Sinne von w_2 durchlaufen wird. Dann können wir

$$w_1 = w_{11}\, t\, w_{12} = t'$$

als neue Strecke nehmen und erhalten

$$w = s_1^2\, s_2^2 \ldots s_m^2\, s\, t'\, s^\varepsilon\, w_1'\, t'^{-1}\, w_2'; \tag{3}$$

dabei tritt jeder Kommutator, der in w_1 und w_2 auftrat, auch in w_1' und w_2' auf. Entweder besteht nun w_1' und w_2' nur aus Kommutatoren oder $w_1'\, w_2'$ ist leer, oder es gibt in

$$t'\, s^\varepsilon\, w_1'\, t'^{-1}\, w_2'$$

ein sich trennendes Paar von solchen Strecken, die nicht zu den Kommutatoren gehören. Alsdann aber läßt sich durch die Umformungen aus 5, 10 dies Streckenpaar durch ein neues ersetzen, das einen Kommutator bildet. Dabei geht dann

$$t' \, s^{\varepsilon} w_1{}' \, t'^{-1} w_2 \quad \text{in} \quad w_1{}'' \, s^{\varepsilon} w_2{}''$$

über.

Durch Wiederholungen dieser Umformungen erhalten wir die Gestalt (1) oder (3), wo w_i bzw. $w_i{}'$ nur aus Kommutatoren bestehen, und diese können wir durch die Umformungen in (2) bzw. in

$$w = s_1^2 \, s_2^2 \ldots s_m^2 \, w_8 \, s \, t \, s^{\varepsilon} \, t^{-1}$$

überführen, wo w_8 nur aus Kommutatoren besteht, die wir, falls $m \neq 0$, wieder in Quadrate verwandeln können.

Im Fall $m \neq 0$ können wir ferner $\varepsilon = + 1$ erreichen. Denn

$$s \, t \, s^{-1} \, t^{-1} \, s_1^2 \, w'$$

läßt sich durch Einführung von

$$s^{-1} t^{-1} s_1 = s_1{}'$$

in

$$s \, t \, s_1{}' \, t \, s \, s_1{}' \, w'$$

überführen. Hieraus ergibt sich:

Durchläuft der Randweg jede Strecke in beiden Richtungen, so läßt sich die zweite Normalform unter Beibehaltung einer beliebigen Strecke erreichen.

Durchläuft der Randweg nicht jede Strecke in beiden Richtungen, so sind vier Fälle zu unterscheiden:

Die beizubehaltende Strecke heiße s, und w sei der Randweg.

1. w passiert nur s zweimal in derselben Richtung ($\varepsilon = +1$). Es wird

a) $w' = k_1 k_2 \ldots k_r s^2$ oder   b) $w' = k_1 k_2 \ldots k_r \, s \, t \, s \, t^{-1}$.

2. Es gibt eine von s verschiedene Strecke, welche w zweimal in derselben Richtung passiert. Es wird

a) $w' = s_1^2 s_2^2 \ldots s_n^2 s^2$ oder   b) $w' = s_1^2 s_2^2 \ldots s_n^2 \, s \, t \, s \, t^{-1}$.

Daß sich diese Fälle nicht aufeinander zurückführen lassen, werden wir in **6**, 6 und 7 sehen.

13. Orientierbarkeit. Charakteristik

Um die Klassifikation der Mannigfaltigkeiten aus endlich vielen Elementen zu Ende zu führen, müssen wir noch überlegen, ob Normalformen zueinander elementarverwandt sein können. Dies ist nicht der Fall. Der Beweis beruht auf der Invarianz von zwei Eigenschaften einer Mannigfaltigkeit bei elementaren Transformationen, auf der Invarianz der *Orientierbarkeit* und der *Charakteristik*.

Seien $f_1^{\pm 1}$, $f_2^{\pm 1}$, ..., $f_n^{\pm 1}$ die sämtlichen verschiedenen Flächenstücke einer Mannigfaltigkeit. w_i^ε sei ein positiver Randweg von f_i^ε ($\varepsilon = \pm 1$). Lassen sich nun die Flächenstücke

$$f_1^{\varepsilon_1}, f_2^{\varepsilon_2}, \ldots, f_n^{\varepsilon_n}$$

so auswählen, daß die Randwege $w_i^{\varepsilon_i}$ jede Strecke s ($\varepsilon_i = \pm 1$) einmal im positiven und einmal im negativen Sinne durchlaufen, so heißt die Mannigfaltigkeit orientierbar.

Ist

$$f_1^{\varepsilon_1}, f_2^{\varepsilon_2}, \ldots, f_n^{\varepsilon_n}$$

eine Auswahl, die unserer Forderung genügt, so trifft dies auch für

$$f_1^{-\varepsilon_1}, f_2^{-\varepsilon_2}, \ldots, f_n^{-\varepsilon_n}$$

zu. Eine andere orientierbare Auswahl aber außer diesen beiden gibt es nicht. Ist nämlich in $f_1^{\eta_1}$ der Exponent η_1 ausgewählt, so ist dadurch der Exponent für alle an f_1 anstoßenden Flächenstücke festgelegt. Daraus folgert man das Behauptete in Verbindung mit 5, 6.

Die *Invarianz der Orientierbarkeit* bei elementaren Transformationen ist leicht einzusehen. Geht $\mathfrak{M}'$ aus $\mathfrak{M}$ durch eine elementare Transformation erster Art hervor, so behalten wir die Auswahl der Flächenstücke für $\mathfrak{M}'$ bei. Geht $\mathfrak{M}'$ aus $\mathfrak{M}$ durch elementare Erweiterung zweiter Art hervor und wird hierbei f_i durch f_{i1}, f_{i2} ersetzt, so sei

$$w_i = w_{i1}\, w_{i2} \quad \text{und} \quad w_{i1}\, s'^{-1}$$

ein positiver Randweg von f_{i1}, $s'\, w_{i2}$ ein positiver Randweg von f_{i2}. Wir ersetzen nun in der Auswahl der Flächenstücke

$$f_i^{\varepsilon_i} \quad \text{durch} \quad f_{i1}^{\varepsilon_i}, f_{i2}^{\varepsilon_i}$$

und erkennen, daß sowohl die in w_i auftretenden Strecken wie auch die neue Strecke s' alsdann vorschriftsmäßig durchlaufen werden.

Ebenso sieht man: Ist $\mathfrak{M}'$ orientierbar, so ist auch $\mathfrak{M}$ orientierbar. Sind nämlich $f_{i1}^{\varepsilon_{i1}}$, $f_{i2}^{\varepsilon_{i2}}$ zwei längs s' benachbarte Flächenstücke, die in einer orientierbaren Auswahl der Flächenstücke von $\mathfrak{M}'$ auftreten, so sei

$w_{i1}\, s'^{-1}$ ein Randweg von $f_{i1}^{\varepsilon_{i1}}$ und $s'\, w_{i2}$ ein Randweg von $f_{i2}^{\varepsilon_{i2}}$;

nach Voraussetzung durchlaufen die Randwege s' ja in beiden Richtungen. Wir ersetzen nun

$$f_{i1}^{\varepsilon i1}, f_{i2}^{\varepsilon i2} \quad \text{durch} \quad f_i^{\varepsilon i}$$

mit dem Randweg $w_{i1} w_{i2}$.

Indirekt folgt sofort: Ist $\mathfrak{M}$ eine nichtorientierbare Mannigfaltigkeit und geht $\mathfrak{M}'$ durch eine elementare Transformation aus $\mathfrak{M}$ hervor, so ist auch $\mathfrak{M}'$ nicht orientierbar. Wäre nämlich $\mathfrak{M}'$ orientierbar, so müßte es auch $\mathfrak{M}$ sein.

Sobald ein Zyklus von Strecken, die in einem Punkt beginnen, mehr als zwei Strecken enthält, kann man einen positiven Zyklus $s_{\alpha_1}, s_{\alpha_2}, \ldots, s_{\alpha_r}$ und einen negativen, der dann durch $s_{\alpha_r}, s_{\alpha_r-1}, \ldots, s_{\alpha_1}$ bestimmt ist, unterscheiden. Bei orientierbaren Mannigfaltigkeiten kann man die jeweils positiven Zyklen so bestimmen, daß folgendes gilt: Sind

$$\ldots, s_{\alpha_1}, s, s_{\alpha_2}, \ldots \quad \text{und} \quad \ldots, s_{\beta_2}, s^{-1}, s_{\beta_1}, \ldots$$

die beiden positiven Zyklen, in denen die Strecke s auftritt, und sind $s\,w_1$, $s\,w_2$ die beiden einfachen mit s beginnenden Randwege, so beginnen bei geeigneter Numerierung w_i mit $s_{\alpha_i}^{-1}$ und endigen mit s_{β_i}. Läßt sich eine solche Erklärung der positiven Zyklen nicht treffen, so ist die Fläche nicht orientierbar. Läßt sich eine solche Einteilung treffen, so folgt hingegen noch nicht, daß die Fläche orientierbar sein muß, wie man an der Fläche mit dem einen Zyklus $s, s-1$ und dem Randweg s^2 sieht.

Unter der *Charakteristik* eines Flächenkomplexes $\mathfrak{F}$ aus endlich vielen Elementen, nämlich a_0 Punkten, $2\,a_1$ Strecken und $2\,a_2$ Flächenstücken, verstehen wir die Zahl

$$c = -a_0 + a_1 - a_2.$$

Ist $\mathfrak{F}'$ ein Komplex, der durch eine elementare Erweiterung erster Art aus $\mathfrak{F}$ hervorgeht, so ist die Anzahl a_0' der Punkte von $\mathfrak{F}'$ gleich $a_0 + 1$, die Anzahl $2\,a_1'$ der Strecken gleich $2\,a_1 + 2$, $2\,a_2'$, die der Flächenstücke gleich $2\,a_2$ und daher

$$-a_0 + a_1 - a_2 = -a_0' + a_1' - a_2'.$$

Ähnlich schließt man bei elementarer Reduktion erster Art. Geht $\mathfrak{F}'$ durch elementare Erweiterung zweiter Art aus $\mathfrak{F}$ hervor, so sind die Anzahl a_0', a_1', a_2' der Punkte, Strecken und Flächenstücke

$$a_0' = a_0, \quad 2\,a_1' = 2\,a_1 + 2, \quad 2\,a_2' = 2\,a_2 + 2$$

und hieraus folgt wieder die Invarianz von c. Ähnlich schließt man bei elementarer Reduktion zweiter Art.

Wenden wir diese beiden Begriffe auf die Normalformen von Mannigfaltigkeiten an, so sehen wir: Die Mannigfaltigkeiten 5, 11 (2) sind orientierbar, die Mannigfaltigkeiten 5, 11 (4) sind nicht orientierbar. Für die Mannigfaltigkeit aus einem Flächenstück, einer Strecke und zwei Punkten hat die Charakteristik den Wert — 2, für die Mannigfaltigkeiten 5, 11 (2) den Wert $2g - 2$ (g heißt das *Geschlecht* dieser Mannigfaltigkeiten), für die Mannigfaltigkeiten 5, 11 (4) den Wert g. Verschiedene Normalformen sind also nicht zueinander elementarverwandt.   Ferner gilt:

Zwei Mannigfaltigkeiten sind elementarverwandt, wenn sie beide orientierbar oder beide nicht orientierbar sind und die gleiche Charakteristik besitzen.

Die Mannigfaltigkeiten 5, 11 (2) kann man als Kugel mit g Henkeln, die Mannigfaltigkeiten 5, 11 (4) als Kugel mit g eingefügten projektiven Ebenen veranschaulichen.

Sechstes Kapitel

Gruppen und Flächenkomplexe

1. Wegegruppe eines Flächenkomplexes

Wir wenden uns jetzt dem Zusammenhang zwischen Gruppen und Flächenkomplexen zu, der einerseits durch die Wege in den Komplexen, andererseits durch die Überlagerungen von Komplexen, ganz analog wie bei den Streckenkomplexen, vermittelt wird. $\mathfrak{F}$ sei ein zusammenhängender Flächenkomplex, $\mathfrak{C}$ der in ihm enthaltene zusammenhängende Streckenkomplex.

$\mathfrak{W}_{\mathfrak{C}}$ sei die Gruppe der in $\mathfrak{C}$ verlaufenden, in p_0 beginnenden geschlossenen Wege. Wir erklären nun mit Hilfe der Randwege in $\mathfrak{F}$ eine invariante Untergruppe $\mathfrak{R}$ von $\mathfrak{W}_{\mathfrak{C}}$ bzw. ein System definierender Relationen einer Gruppe $\mathfrak{W}_{\mathfrak{C}}/\mathfrak{R} = \mathfrak{W}_{\mathfrak{F}}$, die wir als Gruppe der in p_0 beginnenden geschlossenen Wege von $\mathfrak{F}$ bezeichnen wollen.

Sei $\mathfrak{B}$ ein Baum aus Strecken von $\mathfrak{F}$, der sämtliche Punkte von $\mathfrak{F}$ enthält, S_1, S_2, ..., S_n das System von Erzeugenden der Wegegruppe von $\mathfrak{C}$ mit dem Anfangspunkt p_0. f_i sei ein beliebiges Flächenstück aus $\mathfrak{F}$, w_i ein Randweg desselben, der im Punkte p_k beginnt und endigt. Ferner sei w_k' der einfache Weg von p_0 nach p_k im Baum $\mathfrak{B}$, alsdann ist $w_k' w_i w_k'^{-1}$ ein in p_0 beginnender geschlossener Weg, und ist

$$[w_k' w_i w_k'^{-1}] = R_i (S_l)$$

das diesem Wege zugeordnete Potenzprodukt in den S, so heiße R_i *die dem Flächenstück f_i zugeordnete definierende Relation.* Die Gesamtheit der Relationen R_i, die wir so erhalten, sei das System definierender Relationen von $\mathfrak{W}_{\mathfrak{F}}$. Das Produkt R_i ist bis auf zyklische Vertauschung und Übergang zum formalinversen Potenzprodukt durch f_i bestimmt. Denn die Strecken in w_i allein bestimmen das Potenzprodukt R_i, weil w_k' ja in $\mathfrak{B}$ verläuft.

Es ist jetzt unsere Aufgabe zu zeigen, daß *die* so bestimmte *Gruppe von der Auswahl von* $\mathfrak{B}$ *unabhängig* ist. Sei also $\mathfrak{B}'$ ein in $\mathfrak{C}$ zu $\mathfrak{B}$ benachbarter Baum,

$$S_1', \; S_2', \; \ldots, \; S_n'$$

das zu $\mathfrak{B}'$ gehörige Erzeugendensystem der Wegegruppe von p_0 aus in $\mathfrak{C}$, $R_i'(S_k')$ eine dem Randweg w_i des Flächenstückes f_i zugeordnete definierende Relation. Nun wissen wir aber nach **4, 6**, wie die S_k' durch die S_k auszudrücken sind. Übersetzen wir nun $R_i'(S_k')$ in ein Potenzprodukt $\overline{R}_i(S_k)$ der S_k, so geht $\overline{R}_i(S_k)$ aus $R_i(S_k)$ durch elementare Umformung in der freien Gruppe der S hervor. Es gehen also alle Folgerelationen der $R_i'(S_k')$ ebenfalls hierbei in Folgerelationen der $R_i(S_k)$ über. Ebenso schließt man das Umgekehrte. Also ist die Bestimmung der invarianten Untergruppe $\mathfrak{R}$ von der Auswahl des Baumes $\mathfrak{B}$ unabhängig und damit auch $\mathfrak{W}_{\mathfrak{F}} = \mathfrak{W}_{\mathfrak{C}}/\mathfrak{R}$.

Die Gruppen der Wege von p_0 *und* p_0' *aus sind zueinander einstufig isomorph.* Nehmen wir nämlich denselben Baum $\mathfrak{B}$ zur Definition der Erzeugenden beider Gruppen und dieselben Randwege w_i zur Erklärung der definierenden Relationen, so sind die definierenden Relationen ganz dieselben. Wir sprechen daher auch von der Wegegruppe von $\mathfrak{F}$, womit genauer die Struktur aller dieser Gruppen gemeint ist.

2. Die Wegegruppe als Invariante bei elementaren Transformationen

Die Wegegruppen elementarverwandter Flächenkomplexe sind einstufig isomorph zueinander.

Sei $\mathfrak{F}'$ ein Flächenkomplex, der durch eine elementare Erweiterung erster Art aus $\mathfrak{F}$ hervorgeht, indem die Strecke s mit dem Anfangspunkt p_i und dem Endpunkt p_k aus $\mathfrak{F}$ durch die beiden Strecken s_1', s_2' ersetzt wird, p' sei der neu hinzugefügte Punkt, in welchem s_1' endige und s_2' beginne. Ist nun s eine nicht singuläre Strecke, so gibt es einen Baum $\mathfrak{B}$, welcher alle Punkte von $\mathfrak{C}$ und s enthält. Ersetzen wir in $\mathfrak{B}$ die Strecke s durch s_1', s_2', p', so entsteht aus $\mathfrak{B}$ ein Baum $\mathfrak{B}'$, der sämtliche Punkte von $\mathfrak{F}'$ enthält und man sieht, daß die Erklärung der Erzeugenden und definierenden Relationen der von $p_0 \neq p'$ ausgehenden Wege in $\mathfrak{F}$ und $\mathfrak{F}'$ formal identisch wird, wenn wir einmal $\mathfrak{B}$ und einmal $\mathfrak{B}'$ zugrunde legen.

Ist $s = s_1$ eine singuläre Strecke, also $p_i = p_k$, und $\mathfrak{B}$ irgendein Baum aus $\mathfrak{F}$, der alle Punkte enthält, so sei $\mathfrak{B}'$ der Baum, der aus $\mathfrak{B}$ durch Hinzunahme von s_1' und p' entsteht. Sind $s_1, s_2, \ldots, s_n$ die Strecken aus $\mathfrak{F}$, die nicht zu $\mathfrak{B}$ gehören, so sind $s_2', s_2, \ldots, s_n$ die Strecken aus $\mathfrak{F}'$, die nicht zu $\mathfrak{B}'$ gehören, und die den Strecken $s_2, s_3, \ldots, s_n$ entsprechenden Erzeugenden sind miteinander für $\mathfrak{F}$ und $\mathfrak{F}'$ identisch. Ist die der Strecke s_1 in $\mathfrak{F}$ entsprechende Erzeugende

$$S_1 = [w\, s_1\, w^{-1}],$$

so ist

$$S_1' = [w\, s_1'\, s_2'\, w^{-1}].$$

Randwege, die s_1 nicht enthalten, entsprechen solchen, die s_1' nicht enthalten, und bleiben also unverändert. Durchläuft ein Randweg in $\mathfrak{F}$ die Strecke s_1 gerade k-mal, so durchläuft der in $\mathfrak{F}'$ entsprechende den Weg $s_1'\, s_2'$ gerade k-mal, und das diesem Wege in $\mathfrak{F}'$ entsprechende Potenzprodukt entsteht also aus dem in den S_k, indem S_1 durch S_1' ersetzt wird.

Sei $\mathfrak{F}'$ jetzt ein Flächenkomplex, der durch elementare Erweiterung zweiter Art aus $\mathfrak{F}$ entsteht, indem die Strecke s_0', die von p_i nach p_k führt, neu hinzugefügt und das Flächenstück f mit dem Randweg $w_1 w_2$ durch zwei Flächenstücke mit den Randwegen $w_1 s_0'^{-1}$, $s_0' w_2$ ersetzt wird. Ist $\mathfrak{B}$ irgendein Baum von $\mathfrak{F}$, der alle Punkte enthält, so hat $\mathfrak{B}$ bezüglich $\mathfrak{F}'$ dieselben Eigenschaften. Die Erzeugenden $S_1, S_2, \ldots, S_n$ in $\mathfrak{F}$ sind auch Erzeugende in $\mathfrak{F}'$ und außerdem kommt in $\mathfrak{F}'$ noch die der Strecke s_0' entsprechende Erzeugende S_0' hinzu. Die Relationen von $\mathfrak{F}$, bis auf die dem Randwege von f entsprechenden, bleiben erhalten. Ist $R(S_k)$ das dem Randweg $w_1 w_2$ von f entsprechende Potenzprodukt, $R_1'(S_k, S_0')$ bzw. $R_2'(S_k, S_0')$ das dem Weg $w_1 s_0'^{-1}$ bzw. $s_0' w_2$ entsprechende Potenzprodukt, so geht $R_1' R_2'$ durch eine elementare Reduktion in der freien Gruppe der S_0', S_k in $R(S_k)$ über. Also sind die zu $\mathfrak{F}$ und $\mathfrak{F}'$ gehörigen Wegegruppen nach dem Satz von Tietze in 2, 10 zueinander einstufig isomorph.

Ein spezieller Isomorphismus I zwischen den beiden Wegegruppen $\mathfrak{W}_{\mathfrak{F}}$ und $\mathfrak{W}_{\mathfrak{F}'}$ bezüglich desselben Grundpunktes p, der in beiden Komplexen $\mathfrak{F}$ und $\mathfrak{F}'$ vorkommt, wird durch die folgende Festsetzung vermittelt. Ist w ein Weg, der sowohl in $\mathfrak{F}$ wie in $\mathfrak{F}'$ vorkommt, so sei

$$I([w]) = [w]'. \tag{1}$$

Sind $\mathfrak{F}$ und $\mathfrak{F}^{(n)}$ zwei Komplexe, die durch elementare Transformation auseinander hervorgehen,

$$\mathfrak{F}^{(1)} = \mathfrak{F}, \ \mathfrak{F}^{(2)}, \ \ldots, \ \mathfrak{F}^{(n)}$$

eine Kette von Komplexen, in der je zwei benachbarte durch je eine elementare Erweiterung oder Reduktion auseinander hervorgehen, und kommt der Punkt p in allen Komplexen $\mathfrak{F}^{(i)}$ vor und ist I_k der durch die Festsetzungen (1) zwischen den Wegegruppen mit dem Grundpunkt p von $\mathfrak{F}^{(k)}$ und $\mathfrak{F}^{(k+1)}$ bewirkte Isomorphismus

$$I_k([w]^{(k)}) = [w]^{(k+1)},$$

so heiße

$$I([w]) = I_{n-1}(I_{n-2} \cdots I_1([w]^{(1)})) = [w]^{(n)}$$

der durch die Kette $\mathfrak{F}^{(i)}$ bewirkte Isomorphismus zwischen den Wegegruppen $\mathfrak{W}_{\mathfrak{F}^{(1)}}$ *und* $\mathfrak{W}_{\mathfrak{F}^{(n)}}$. Gibt es zwei verschiedene Ketten, die $\mathfrak{F}^{(1)}$ und $\mathfrak{F}^{(n)}$ verbinden, und entsprechen ihnen zwei solche Isomorphismen I und I', so wird durch II'^{-1} ein Automorphismus der Wegegruppe $\mathfrak{W}_{\mathfrak{F}^{(1)}}$ bewirkt.

3. Homotopie und Homologie

Mit Hilfe der Wegegruppe lassen sich die sämtlichen geschlossenen Wege eines Komplexes auch unabhängig von der Auszeichnung eines Punktes klassifizieren. Ist nämlich w ein in p_0 beginnender geschlossener Weg, p_1 ein beliebiger anderer Punkt und w_1 ein Weg, der von p_1 nach p_0 führt, so ist $w_1 w w_1^{-1}$ ein geschlossener, in p_1 beginnender Weg, dem in der Wegegruppe mit dem Grundpunkt p_1 das Element $[w_1 w w_1^{-1}]$ entspricht. Ist w_1' irgendein anderer von p_1 nach p_0 führender Weg, so ist $[w_1' w w_1'^{-1}]$ ein transformiertes Element von $[w_1 w w_1^{-1}]$,

$$[w_1' w w_1'^{-1}] = [w_1' w_1^{-1}] [w_1 w w_1^{-1}] [w_1' w_1^{-1}]^{-1}. \tag{1}$$

Einem geschlossenen Weg w entspricht also in einer Wegegruppe eine bestimmte Klasse transformierter Elemente, die mit $\{w\}$ bezeichnet sei. Natürlich können verschiedene geschlossene Wege zu derselben Klasse transformierter Elemente gehören. Sind w und w^* zwei solche Wege, ist also

$$\{w\} = \{w^*\} \tag{2}$$

in der Wegegruppe mit dem Grundpunkt p_1, so gilt das auch bei der Wahl eines anderen Grundpunktes p_2. Denn die Wegegruppen sind ja durch die Wege isomorph aufeinander bezogen. Die Beziehung $\{w\} = \{w^*\}$ hängt also nur von den Wegen w und w^* selbst ab. Wir nennen Wege, für die (1) oder (2) zutrifft, zueinander *homotop*. Diese Beziehung ist transitiv. w ist offenbar zu jedem durch zyklische Vertauschungen aus ihm hervorgehenden Wege homotop. Ist ferner $w = w_1\, w_2\, w_3$ und ist $w_2\, w_2'^{\,-1}$ ein einfacher Randweg eines Flächenstückes, so ist w zu $w_1\, w_2'\, w_3$ homotop. Diese beiden Sätze kann man auch umgekehrt zur Definition der Homotopie verwenden.

Ein Weg w heißt homotop Null, wenn $\{w\}$ die Identität ist. Die Aufgabe zu entscheiden, ob ein Weg homotop Null ist, ist also dasselbe wie das Wortproblem, und zu entscheiden, ob zwei Wege homotop sind, dasselbe wie das Transformationsproblem der Wegegruppe zu lösen (vgl. 7, 14 und 15).

Zu einer Klasse $\{w\}$ konjugierter Elemente gehört ein wohlbestimmtes Element in der Faktorgruppe $\mathfrak{W}/\mathfrak{K}$ der Kommutatorgruppe $\mathfrak{K}$ der Wegegruppe $\mathfrak{W}$, das mit $\langle w \rangle$ bezeichnet werden möge. Zwei Wege w und w^* mögen zueinander *homolog* heißen, wenn $\langle w \rangle = \langle w^* \rangle$ ist. Die Homologie ist transitiv. Sagen wir, der Weg durchläuft die Strecke s_i gerade $k = (m - n)$-mal, wenn er sie m-mal in positivem und n-mal in negativem Sinne durchläuft, so sind zwei Wege dann gewiß homolog, wenn sie dieselben Strecken gleich oft durchlaufen. Ein Weg heißt homolog Null, wenn $\langle w \rangle$ das Einheitselement ist, bzw. wenn $\{w\}$ aus Elementen der Kommutatorgruppe besteht. Die Homologie von Kurven läßt sich nach 2, 13 stets entscheiden.

4. Einfache Wege auf Mannigfaltigkeiten

Besonderes Interesse haben die Begriffe der Homotopie und Homologie bei einfachen Wegen auf Mannigfaltigkeiten. Die Homotopie- und Homologieeigenschaften solcher Wege hängen nämlich damit zusammen, ob und wie sie die Mannigfaltigkeit zerlegen. Wir sagen: *Der Weg w zerlegt die Mannigfaltigkeit $\mathfrak{M}$*, wenn in dem zu $\mathfrak{M}$ dualen Komplex $\mathfrak{D}$ jeder Baum $\mathfrak{B}'$, der alle Punkte von $\mathfrak{D}$ enthält, auch mindestens eine Strecke enthält, die bei der dualen Zuordnung einer von w passierten Strecke entspricht; gibt es hingegen einen solchen Baum, der keine derartige Strecke enthält, so sagen wir, w zerlegt die Mannigfaltigkeit nicht.

Sei nun w ein einfacher Weg der Mannigfaltigkeit $\mathfrak{M}$, so sei $\mathfrak{B}_1$ ein Baum aus Strecken von w, der alle Punkte, die w durchläuft, enthält, $\mathfrak{B}$ ein Baum, der die Strecken aus $\mathfrak{B}_1$ und sämtliche Punkte von $\mathfrak{M}$ enthält. Entfernt man die Strecken von $\mathfrak{B}$ durch Reduktionen dritter Art, so wird $\mathfrak{M}$ in eine äquivalente Mannigfaltigkeit $\mathfrak{M}^*$, die nur einen Punkt enthält, verwandelt, in welcher w eine einzige, natürlich singuläre Strecke s^* entspricht.

Entweder zerlegt nun w die Mannigfaltigkeit $\mathfrak{M}$ und daher s^* die Mannigfaltigkeit $\mathfrak{M}^*$ nicht, dann gibt es in der zu $\mathfrak{M}^*$ dualen Mannigfaltigkeit einen Baum $\mathfrak{B}^{*\prime}$, der alle Punkte enthält, aber die s^* entsprechende Strecke nicht enthält, und $\mathfrak{M}^*$ läßt sich dann in eine äquivalente Mannigfaltigkeit aus einem Punkt und einem Flächenstück verwandeln, in deren Rand s^* auftritt.

Oder w zerlegt $\mathfrak{M}$ und s^* also $\mathfrak{M}^*$, dann existiert ein solcher Baum $\mathfrak{B}^{*\prime}$ nicht. Alsdann läßt sich $\mathfrak{M}^*$ in eine Mannigfaltigkeit $\mathfrak{M}^{**}$ aus zwei Flächenstücken, f_1^{**}, f_2^{**} verwandeln, die nur längs s^* aneinanderstoßen, denn anderenfalls ließen sich die beiden Flächenstücke durch ein einziges ersetzen, ohne s^* zu entfernen, und es gäbe in der zu $\mathfrak{M}^*$ dualen Mannigfaltigkeit also einen Baum $\mathfrak{B}^{*\prime}$, der alle Punkte, aber die s^* entsprechende Strecke nicht enthält. Bezeichnen wir die beiden mit s^* beginnenden Randwege in $\mathfrak{M}^{**}$ mit $s^{*-1} r_1^{**}$ und $s^{*-1} r_2^{**}$, so lassen sich die r_i^{**} durch die in 5, 9 beschriebenen Umformungen je in eine der Normalformen $s_1^2 s_2^2 \ldots s_l^2$ oder $k_1 k_2 \ldots k_l$ mit $k_i = s_{i1} s_{i1} s_{i1}^{-1} s_{i2}^{-1}$ $(i = 1, 2, \ldots, l)$ überführen; der eine dieser Wege kann auch leer sein.

Hieraus ergeben sich einige einfache Sätze:

Ist $\mathfrak{M}$ eine orientierbare Mannigfaltigkeit und ist w ein einfacher geschlossener Weg, der $\mathfrak{M}$ zerlegt, so ist w homolog Null und umgekehrt: ist w ein einfacher Weg und homolog Null, so zerlegt w die Mannigfaltigkeit.

Ist $\mathfrak{M}$ nicht orientierbar, und w ein einfacher Weg, der $\mathfrak{M}$ zerlegt, so ist w entweder homolog Null, oder es gibt einen Weg w', für den

$$\langle w \rangle = \langle w' w' \rangle = \langle w' \rangle^2$$

und umgekehrt: ist w ein einfacher Weg und homolog Null oder homolog einem zweimal durchlaufenen Weg $w' w'$, so zerlegt w die Mannigfaltigkeit $\mathfrak{M}$.

Denn wenn w zerlegt, so ist

$$\langle w \rangle = \langle s^* \rangle = \langle r_1^{**} \rangle,$$

und wenn w nicht zerlegt, so ist

$$\langle w \rangle = \langle s^* \rangle,$$

wo s^* eine Strecke ist, die in einer äquivalenten Normalform auftritt. $\langle s^*\rangle$ ist daher also weder das Einheitselement noch das Quadrat eines anderen Gruppenelements.

Später werden wir zeigen, daß die Elemente $[r_1^{**}]$ und $[r_2^{**}]$ nur dann das Einheitselement sind, wenn der eine der Wege, etwa r_1^{**}, leer ist. Alsdann ergibt sich:

Ein einfacher Weg ist dann und nur dann homotop Null, wenn er sich durch Reduktionen der Mannigfaltigkeit in eine singuläre Strecke verwandeln läßt, welche der vollständige Rand eines Flächenstückes ist.

5. Schnittzahlen

Die Zugehörigkeit von Wegen zu bestimmten Homologieklassen hat eine wichtige geometrische Konsequenz, das Auftreten von Schnittpunkten[1]) betreffend. Wir beschränken uns bei dieser Tatsache auf orientierbare Flächen. Hier können wir jedem Schnittpunkt p zweier Wege w_1 und w_2 in dieser Reihenfolge einen Index zuordnen durch die folgende Festsetzung: Es sei

$$w_i = w_{i1}\, s_{i1}^{-1}\, s_{i2}\, w_{i2},$$

wo die s_{ik} in dem *Schnittpunkt* p beginnende Strecken sind. Wenn sich die Streckenpaare s_{i1}, s_{i2} ($i = 1, 2$) im Zyklus der in p beginnenden Strecken nicht trennen, die Wege w_1 und w_2 in p sich also nicht durchsetzen, erhalte p den *Index Null*, sonst *den Index $+1$ oder -1*, je nachdem s_{12}, s_{22}, s_{11}, s_{21} in dieser Reihenfolge im positiven oder negativen Zyklus der in p beginnenden Strecken auftreten. Analog erklären wir den Index für einen gemeinsamen Anfangs- und Endpunkt geschlossener Wege, der mit zu den Schnittpunkten gerechnet werde.

Sind nun w_1, w_2 zwei *geschlossene Wege*, die keine Strecken gemeinsam durchlaufen und jeden Schnittpunkt nur einmal passieren, so heiße die Summe der Indizes dieser Punkte die *Schnittzahl*

$$N\,(w_1,\, w_2)$$

der beiden Wege w_1 und w_2.

Offenbar ist

$$N\,(w_1,\, w_2) = -\,N\,(w_2,\, w_1), \quad N\,(w_1^{-1},\, w_2) = -\,N\,(w_1,\, w_2).$$

---

[1]) H. Poincaré, Rendic. d. Palermo **18**, 314 (1899).

Ferner stellt man leicht die folgende weitere Eigenschaft der Schnittzahl fest: Ist $w_1 = w_{11} w_{12}$, wo die w_{1i} selbst geschlossene Wege sind, so ist

$$N(w_1, w_2) = N(w_{11}, w_2) + N(w_{12}, w_2).$$

Ist w_1' ein zu w_1 homotoper Weg, der mit w_2 keine Strecken gemeinsam hat, so ist

$$N(w_1', w_2) = N(w_1, w_2).$$

Man beweist dies am bequemsten, indem man die zugehörige Mannigfaltigkeit in Dreiecke unterteilt und die Wirkung einer Deformation über ein Dreieck verfolgt.

Sind insbesondere w_1 und w_1' Wege, die in demselben Punkte p beginnen, und ist in der zu p gehörigen Wegegruppe $[w_1'] = [w_1]$, so ist es hiernach also erlaubt, von einer Schnittzahl der Klasse $[w_1]$ und $[w_2]$ zu reden, bzw. es führt zu keinem Widerspruch, wenn wir

$$N([w_1], [w_2]) = \dot{N}(w_1, w_2)$$

setzen, und es ist dann weiter

$$N([w_{11}] [w_{12}], [w_2]) = N([w_{11}], [w_2]) + N([w_{12}], [w_2]).$$

Halten wir $[w_2]$ jetzt fest, so sehen wir, daß die Schnittzahlen bezüglich $[w_2]$ eine zur Wegegruppe isomorphe kommutative Gruppe bilden; ein Weg k, für den $[k]$ zur Kommutatorgruppe gehört, hat also immer die Schnittzahl $N(k, w_2) = 0$, oder anders ausgedrückt: *die Schnittzahl $N(w_1, w_2)$ hängt nur von der Homologieklasse $\langle w_1 \rangle$ ab;* wir können daher eine Funktion $N(\langle w_1 \rangle, w_2)$ erklären. Wegen

$$N(w_1, w_2) = -N(w_2, w_1)$$

gilt dasselbe für die zweite Argumentstelle. Um die Bestimmung von

$$N(\langle w_1 \rangle, \langle w_2 \rangle)$$

zu Ende zu führen, legen wir ein System von Erzeugenden S_i, T_i zugrunde, das der kanonischen Normalform 5, 11 (2) der Mannigfaltigkeit entspricht, und beachten, daß

$$N(S_i, S_k) = N(T_i, T_k) = N(S_i, T_k) = 0 \quad (i \neq k)$$

und bei geeigneten Festsetzungen

$$N(S_i, T_i) = 1$$

ist.

Da ferner für zwei Wege w_k aus der Homologieklasse
$$\Pi_i S_i^{a_{ki}} T_i^{b_{ki}} \ (k = 1,\ 2)$$

$$N(w_1,\ w_2) = N(\Pi\, S_i^{a_{1i}}\, T_i^{b_{1i}},\ w_2)$$
$$= \Sigma\, a_{1i}\, N(S_i,\ w_2) + \Sigma\, b_{1i}\, N(T_i,\ w_2)$$
$$= \Sigma\, a_{1i}\, a_{2k}\, N(S_i,\ S_k) + \Sigma\, a_{1i}\, b_{2k}\, N(S_i,\ T_k)$$
$$+\ \Sigma\, b_{1i}\, a_{2k}\, N(T_i,\ S_k) + \Sigma\, b_{1i}\, b_{2k}\, N(T_i,\ T_k)$$

ist, ergibt sich für $N(w_1,\ w_2)$ die bilineare Form
$$\sum_i (a_{1i}\, b_{2i} - a_{2i}\, b_{1i}).$$

Sind S_i' und T_i' ein anderes System von Erzeugenden der Wegegruppe, das ebenfalls den Wegen einer zweiten Normalform zugeordnet ist, und $\Pi\, S_i'^{a'_{ki}}\, T_i'^{b'_{ki}}$ die den Wegen w_k zugeordneten Homologieklassen, so muß nach unserer Überlegung
$$\sum_i (a'_{1i}\, b'_{2i} - a'_{2i}\, b'_{1i}) = \sum_i (a_{1i}\, b_{2i} - a_{2i}\, b_{1i})$$
sein.

Schließlich noch eine Anwendung der Formel: Es sei unter Beibehaltung oben festgelegter Bedeutung von S_i, T_i, S_i', T_i' in der Faktorgruppe der Kommutatorgruppe
$$S_i' = \Pi_k S_k^{\alpha_{ik}}\, \Pi\, T_k^{\beta_{ik}}, \quad T_i' = \Pi_k S_k^{\gamma_{ik}}\, \Pi\, T_k^{\delta_{ik}},$$

so ist
$$N(S_i',\ T_i) = \alpha_{ii} \quad \text{und} \quad N(S_i,\ T_i') = \delta_{ii},$$

und also ist $s = \Sigma\, \alpha_{ii} + \Sigma\, \delta_{ii}$, die Spur der Matrix
$$\begin{pmatrix} \alpha_{ik} & \beta_{ik} \\ \gamma_{ik} & \delta_{ik} \end{pmatrix},$$

welche den Übergang von den S_i, T_i zu den S_i', T_i' in der Faktorgruppe der Kommutatorgruppe vermittelt, gleich der Schnittzahl
$$\Sigma\, N(S_i',\ T_i) + \Sigma\, N(S_i,\ T_i').$$

Die Untersuchungen der Schnittpunkte geschlossener Wege lassen sich weitgehend verfeinern, indem man Klasseneinteilungen der Schnittpunkte vornimmt, die nur von der Homotopieklasse der Wege [1]) abhängen.

---

[1]) R. Baer, Journ. f. r. u. a. Math. **156**, 231 (1927).

6. Einufrige und zweiufrige Wege

Um die Eigenschaften der einfachen Wege noch etwas genauer verfolgen zu können, führen wir einen neuen Begriff, den der „einufrigen" und den der „zweiufrigen" Wege ein.

Sei w irgendein einfacher geschlossener Weg der Mannigfaltigkeit $\mathfrak{M}$, der nacheinander die Punkte $p_0, p_1, \ldots, p_n = p_0$ und die Strecken $s_1, s_2, \ldots, s_n$ passiert. Es mögen nun sukzessive die neuen Strecken

$$s_{i1}, s_{i2} \quad (i = 1, 2, \ldots, n)$$

eingeführt und so $\mathfrak{M}$ zu den Mannigfaltigkeiten $\mathfrak{M}_{i1}, \mathfrak{M}_{i2}$ erweitert werden; s_{i1}, s_{i2} beginne in p_{i-1} und endige in p_i, und sind $s_i w_{i1}$ und $s_i w_{i2}$ die beiden mit s_i beginnenden Randwege in $\mathfrak{M}_{i-1,2}$, so mögen statt dessen neue Flächenstücke mit den Randwegen $s_{i1} w_{i1}$, $s_{i2} w_{i2}$ und ferner zwei neue Flächenstücke mit den Randwegen $s_i s_{i1}^{-1}$, $s_i s_{i2}^{-1}$ eingeführt werden. Hierbei ist vorausgesetzt, daß die Wege w_{i1}, w_{i2} die Strecke s_i nicht durchlaufen. Der Weg w ist in der neuen Mannigfaltigkeit $\mathfrak{M}_{n,2}$ in Zweiecke eingebettet. Die Verteilung der zweiten Indizes 1, 2 der neuen Strecken kann so getroffen werden, daß in den Sternen der Punkte p_i die Anordnung

$$s_{i1}, s_i, s_{i2}, \ldots, s_{i+1,2}^{-1}, s_{i+1}^{-1}, s_{i+1,1}^{-1}, \ldots \quad (i = 1, 2, \ldots, n)$$

erzielt wird. Alsdann ist aber der Stern des Punktes p_0 völlig bestimmt und erhält entweder die Anordnung

$$s_{n1}, s_n, s_{n2}, \ldots, s_{12}^{-1}, s_1^{-1}, s_{11}^{-1}, \ldots$$

oder die Anordnung

$$s_{n2}, s_n, s_{n1}, \ldots, s_{12}^{-1}, s_1^{-1}, s_{11}^{-1}, \ldots$$

Im ersten Fall nennen wir den Weg *zweiufrig*, im zweiten *einufrig*.

Bilden wir nämlich die Wege

$$w_k = s_{1k} s_{2k} \cdots s_{nk} \quad (k = 1, 2),$$

so bleiben sie im ersten Fall, anschaulich gesprochen, immer auf derselben Seite von w, im zweiten Fall gelangen wir von der einen auf die andere Seite von w.

Besitzt eine Mannigfaltigkeit einen einufrigen Weg, so ist sie nicht orientierbar. Denn alsdann lassen sich die zu den Punkten $p_0, p_1, \ldots, p_n$ gehörenden Sterne nicht so orientieren, wie dies in Abschnitt 5, 13 verlangt wurde. *Andererseits lassen sich auf nicht orientierbaren Mannigfaltigkeiten immer einufrige und zweiufrige Wege angeben.*

Wir zeigen: Eine singuläre Strecke, die in einem Randweg in der Form $s^2 w$ auftritt, ist einufrig, eine Strecke, die in der Form $s t\, s t^{-1} w$ auftritt, ist zweiufrig. Bilden wir nämlich neue Mannigfaltigkeiten durch Hinzunahme der Strecke s' und nehmen im ersten Fall $s' s^{-1}$ und $s' s w$ als neue Randwege, im zweiten Fall $s' s^{-1}$ und $s t\, s' t^{-1} w$ als neue Randwege, so enthält der Zyklus der in dem Punkt der Normalform beginnenden Strecken im ersten Fall den Teilstern s^{-1}, s'^{-1}, s; s' geht also von einem Ufer von s auf das andere — im zweiten Fall den Teilstern $s^{-1}, s'^{-1}, t^{-1}, s', s$; s' bleibt also auf demselben Ufer von s. Damit hat das Auftreten einer Strecke im Randweg in den beiden Formen $s^2 w$ und $s t\, s t^{-1} w$ eine geometrische Deutung gewonnen, und *es ist gezeigt, daß sich die Formen* 1a *und* 1b, *sowie die Formen* 2a *und* 2b *in* 5, 12 *bestimmt nicht aufeinander zurückführen lassen.*

Man kann die Ein- und Zweiufrigkeit ganz analog auch für nicht einfache Wege erklären und zeigen, daß homotope Kurven immer gleichzeitig einufrig sind oder nicht. Zerlegende Kurven sind offenbar stets zweiufrig.

7. Einfache Streifen

Die im vorigen Abschnitt konstruierten Mannigfaltigkeiten mit den Wegen w, w_1, w_2 mögen noch den folgenden Erweiterungen dritter Art unterworfen werden: An Stelle eines jeden Punktes p_i mögen drei Punkte p_{i1}, p_i, p_{i2} treten, die durch die neuen Strecken t_{i1} mit den Randpunkten p_{i1}, p_i und t_{i2} mit den Randpunkten p_{i2}, p_i miteinander verbunden seien. Ist

$$s_{i1}^{-1}, s_i^{-1}, s_{i2}^{-1}, s_{\alpha_{i1}}, s_{\alpha_{i2}}, \ldots, s_{\alpha_{ir}}, s_{i+1,2}, s_{i+1}, s_{i+1,1}, s_{\beta_{i1}}, s_{\beta_{i2}}, \ldots, s_{\beta_{il}}$$

der Stern der Strecken durch p_i, so möge jetzt

$$s_{i1}^{-1}, s_{\beta_{il}}, \ldots, s_{\beta_{i1}}, s_{i+1,1}, t_{i1} \quad \text{Stern von } p_{i1},$$

$$s_{i2}^{-1}, s_{\alpha_{i1}}, \ldots, s_{\alpha_{ir}}, s_{i+1,2}, t_{i2} \quad \text{Stern von } p_{i2},$$

$$s_i^{-1}, t_{i1}^{-1}, s_{i+1}, t_{i2} \quad \text{Stern von } p_i$$

werden.

Hierbei werden w_1 und w_2 in zwei einfache Wege verwandelt, welche sich bei zweiufrigem Wege w schließen, und welche sich bei einufrigem w zu einem einzigen einfachen Weg $w_1 w_2$ zusammenschließen lassen. Die Zweiecke um p_i haben sich in Vierecke verwandelt. Der Komplex aus diesen Vierecken und ihren Randelementen ist eine berandete Mannigfaltigkeit, die ein *Streifen* genannt werden möge. Bei einufrigen Wegen entsteht ein Streifen, welcher sich durch Hinzufügung eines Flächenstückes mit dem Randweg $w_1 w_2$ in eine Mannigfaltigkeit verwandelt, welche eine projektive Ebene ist, der Streifen ist ein Möbiussches Band. Bei zweiufrigem Wege entsteht ein Streifen, welcher sich durch Hinzufügung von zwei Flächenstücken mit den Randwegen w_i in eine Kugel verwandeln läßt — ein zylindrisches Band.

Entfernen wir umgekehrt aus $\mathfrak{M}$ die Punkte $p_0, \ldots, p_{n-1}$, die Strecken $s_1, \ldots, s_n$, t_{i1}, t_{i2} und die genannten Vierecke des Streifens, so verwandelt sich $\mathfrak{M}$ entweder — wenn w nämlich $\mathfrak{M}$ nicht zerlegt — in eine berandete Mannigfaltigkeit $\mathfrak{R}$, die durch Hinzufügung von einem oder zwei Flächenstücken mit dem Randweg $w_1 w_2$ bzw. den Randwegen w_i in eine unberandete Mannigfaltigkeit $\mathfrak{M}'$ verwandelt werden kann. Oder $\mathfrak{M}$ zerfällt — wenn w nämlich $\mathfrak{M}$ zerlegt — in zwei berandete Mannigfaltigkeiten $\mathfrak{R}_1$ und $\mathfrak{R}_2$.

Bei den nicht zerlegenden Schnitten w *auf nicht orientierbaren Mannigfaltigkeiten* kann man nun wieder *zwei Typen nicht zerlegender Schnitte* unterscheiden, *je nachdem, ob die aus* $\mathfrak{M}$ *längs w aufgeschnittene Mannigfaltigkeit orientierbar oder nicht orientierbar ist.* Man überzeugt sich leicht, daß durch diese Eigenschaft die einfachen Wege, die sich in einen Randweg vom Typus 1 a, b in 5, 12 einbetten lassen, von solchen, bei denen das nicht möglich ist, und die mithin zu dem Typus 2 a, b in 5, 12 führen, zu unterscheiden sind. Denn wenn man eine Mannigfaltigkeit mit dem Randweg vom Typus 1 a, b längs s aufschneidet, so entsteht eine orientierbare Mannigfaltigkeit, hingegen bei einem Randweg vom Typus 2 a, b eine nichtorientierbare Mannigfaltigkeit. *Damit ist* jetzt *gezeigt, daß die vier Typen von Randwegen, die bei nicht orientierbaren Mannigfaltigkeiten in 5, 12 erzielt wurden, sich nicht aufeinander zurückführen lassen.*

8. Normalformen und Wegegruppen

Die vorigen Abschnitte zeigen, daß die Gruppenelemente $[w]$, die zu einfachen nicht zerschneidenden Kurven w gehören, eine spezielle Klasse bilden. Es liegt nahe, zu fragen, wie sich alle

Elemente dieser Klasse bestimmen lassen. Diese Frage hängt, wie Abschnitt **6**, 4 zeigt, mit einer anderen eng zusammen. *Es seien w_1, w_2, ..., w_g von einem Punkte p_1 ausgehende geschlossene Kurven, die bei geeigneter Reduktion der Mannigfaltigkeit in die g singulären Strecken eines Normalpolygons übergehen. Alsdann sind die $[w_i]$ ($i = 1, 2, ..., g$) spezielle g-Tupel von Gruppenelementen*, und es fragt sich, wie dieselben beschaffen sind. Sie bilden jedenfalls ein System von Erzeugenden. Genauer können wir unsere Frage daher so formulieren: *Seien $[w_i]$ und $[w_i']$ zwei solche g-Tupel, wie lassen sich alsdann die $[w_i']$ durch die $[w_i]$ ausdrücken* [1])?

Nun wird die Reduktion einer Mannigfaltigkeit in eine Normalform aber nach **5**, 9 durch Angabe von zwei verträglichen Bäumen $\mathfrak{B}$, $\mathfrak{B}'$ festgelegt, die alle Punkte von $\mathfrak{M}$ bzw. von der zu $\mathfrak{M}$ dualen Mannigfaltigkeit enthalten. Es sei daher $\mathfrak{B}$, $\mathfrak{B}'$ ein Paar, bei dem die $[w_i]$ in die singulären Strecken des Normalpolygons übergehen, $\overline{\mathfrak{B}}$, $\overline{\mathfrak{B}}'$ ein Paar, bei dem die $[w_i']$ dies tun. Durch diese Baumpaare sind die Gruppenelemente $[w_i]^{\pm 1}$ und $[w_i']^{\pm 1}$ je bis auf die Art der Numerierung festgelegt, und wir untersuchen deswegen zur Beantwortung unserer Frage zunächst die Beziehungen dieser Baumpaare.

Wir können nun $\mathfrak{B}$ und $\overline{\mathfrak{B}}$ in eine *Kette benachbarter Bäume* aus $\mathfrak{M}$

$$\mathfrak{B} = \mathfrak{B}_1, \mathfrak{B}_2, ..., \mathfrak{B}_n = \overline{\mathfrak{B}}$$

einbetten, welche alle Punkte von $\mathfrak{M}$ enthalten; zu jedem $\mathfrak{B}_i$ gibt es alsdann einen verträglichen Baum $\mathfrak{B}_i'$, der alle Punkte von $\mathfrak{M}'$ enthält. Ferner sieht man ohne weiteres ein, daß zwei mit $\mathfrak{B}_i$ verträgliche Bäume $\mathfrak{B}_{i1}'$ und $\mathfrak{B}_{ik}'$ sich in eine Kette benachbarter, mit $\mathfrak{B}_i$ verträglicher Bäume $\mathfrak{B}_{i2}'$, ..., $\mathfrak{B}_{ik-1}'$ einbetten lassen. Sind schließlich $\mathfrak{B}_i$ und $\mathfrak{B}_{i+1}$ zwei benachbarte Bäume, so gibt es entweder einen Baum $\mathfrak{B}_i'$, der mit $\mathfrak{B}_i$ und $\mathfrak{B}_{i+1}$ verträglich ist, oder es gibt zwei benachbarte Bäume $\mathfrak{B}_i'$ und $\mathfrak{B}_{i+1}'$, welche bzw. mit $\mathfrak{B}_i$ und $\mathfrak{B}_{i+1}$ verträglich sind. Ist nämlich s_{i+1} die Strecke, welche in $\mathfrak{B}_{i+1}$, aber nicht in $\mathfrak{B}_i$ vorkommt, und ist w_i der einfache Weg, welcher die Randpunkte von s_{i+1} in $\mathfrak{B}_i$ miteinander verbindet und somit die Strecke s_i passiert, welche in $\mathfrak{B}_i$, aber nicht in $\mathfrak{B}_{i+1}$ vorkommt, so zerlegt der Weg $s_{i+1} w_i$ entweder $\mathfrak{M}$ oder nicht. Im ersten Fall gibt es einen sowohl mit $\mathfrak{B}_i'$ wie $\mathfrak{B}_i$ ver-

---

[1]) Vgl. K. Reidemeister, Journ. f. r. u. a. Math., Henselfestschrift (1932).

träglichen Baum. Im zweiten Fall enthält jeder mit $\mathfrak{B}_i$ verträgliche Baum $\mathfrak{B}_i'$ die der Strecke s_{i+1} zugeordnete Strecke s_{i+1}'. Ersetzt man nun s_{i+1}' durch die s_i dual entsprechende Strecke s_{i}', so entsteht aus $\mathfrak{B}_i''$ ein zu $\mathfrak{B}_i'$ benachbarter, mit $\mathfrak{B}_{i+1}$ verträglicher Baum $\mathfrak{B}_{i+1}'$.

9. Mannigfaltigkeiten aus zwei Flächenstücken und zwei Punkten

Wir fassen nun den Fall näher ins Auge, in welchem zwei benachbarte Bäume $\mathfrak{B}_i$, $\mathfrak{B}_{i+1}$ vorliegen, für die es einen mit beiden verträglichen Baum $\mathfrak{B}'$ nicht gibt. In diesem Fall läßt sich *die Mannigfaltigkeit durch elementare Transformationen so abändern, daß sich in der neu entstehenden Mannigfaltigkeit $\mathfrak{M}^*$ ein Baum $\mathfrak{B}_{i,i+1}$ angeben läßt, welcher sowohl zu $\mathfrak{B}_i$ wie $\mathfrak{B}_{i+1}$ benachbart ist, und in der zu $\mathfrak{M}^*$ dualen Mannigfaltigkeit zwei Bäume $\mathfrak{B}_i^{*'}$ und $\mathfrak{B}_{i+1}^{*'}$, welche einerseits mit $\mathfrak{B}_i$ und $\mathfrak{B}_{i,i+1}$, andererseits mit $\mathfrak{B}_{i,i+1}$ und $\mathfrak{B}_{i+1}$ verträglich sind.*

Sind $\mathfrak{B}_i'$ und $\mathfrak{B}_{i+1}'$ zwei benachbarte, mit $\mathfrak{B}_i$ bzw. $\mathfrak{B}_{i+1}$ verträgliche Bäume, so entfernen wir durch Reduktionen alle Strecken, welche sowohl in $\mathfrak{B}_i$ wie $\mathfrak{B}_{i+1}$ vorkommen, und welche den sowohl in $\mathfrak{B}_i'$ wie $\mathfrak{B}_{i+1}'$ vorkommenden entsprechen. Dadurch verwandelt sich $\mathfrak{M}$ in eine Mannigfaltigkeit aus zwei Flächenstücken f_1, f_2 und zwei Punkten p_1, p_2, die Bäume bestehen aus je einer Strecke. Die in $\mathfrak{B}_i$ vorkommende heiße s_i, die in $\mathfrak{B}_{i+1}$ vorkommende s_{i+1}. Dann entspricht die Strecke aus $\mathfrak{B}_i'$ dual der Strecke s_{i+1} und die Strecke aus $\mathfrak{B}_{i+1}'$ der Strecke s_i. Ist r_1, r_2 je ein einfacher Randweg von f_1, f_2, so ist

$$r_1 = s_i\, r_{11}\, s_{i+1}^{\varepsilon_1}\, r_{12}, \qquad r_2 = s_i\, r_{21}\, s_{i+1}^{\varepsilon_2}\, r_{22}.$$

Hierin passieren r_{11}, r_{12} insgesamt jede Strecke keinmal oder zweimal. Dasselbe gilt von r_{21} und r_{22}. Andernfalls würde nämlich der aus $s_i\, s_{i+1}^{-1}$ gebildete geschlossene Weg (s_i, s_{i+1} möge je von p_1 nach p_2 führen) die Mannigfaltigkeit nicht zerlegen.

Entweder sind nun alle Strecken außer s_i und s_{i+1} singulär. Dann ist entweder die in r_1 der Strecke s_i folgende Strecke s_α oder die letzte Strecke von r_1, s_β eine singuläre Strecke (andernfalls wäre nämlich $s_\alpha = s_\beta = s_{i+1}^{\varepsilon_1}$). Sei etwa s_α singulär, sie beginnt und endigt in p_2, und unterteilen wir f_1 in f_{11} und f_{12}, indem wir die Strecke t mit den Randpunkten p_1 und p_2 hinzufügen, und wenn

$r_1 = s_i\, s_\alpha\, r_3$ ist, $r_{11} = t\, r_3$ als Randweg von f_{11} und $r_{12} = s_i\, s_\alpha\, t^{-1}$ als Randweg von f_{12} erklären. Alsdann zerlegt der Weg $t\, s_{i+1}^{-1}$ die Mannigfaltigkeit nicht. Denn f_{11} und f_{12} stoßen längs s_α und f_{11} und f_3 längs s_i aneinander. Ebenso zerlegt auch der Weg $t\, s_i^{-1}$ die Mannigfaltigkeit nicht. Denn f_{11} und f_{12} stoßen längs s_α und f_{11} und f_3 längs s_{i+1} aneinander. Der Baum aus der Strecke t genügt also den gestellten Forderungen. Ganz analog verfahren wir, wenn $s_\alpha = s_{i+1}^{\varepsilon_1}$ und s_β singulär ist.

Gibt es hingegen außer s_i und s_{i+1} noch eine reguläre Strecke s_γ, die von p_1 nach p_2 führt, so genügt der Baum aus s_γ unseren Forderungen. Denn die Wege $s_\gamma\, s_i^{-1}$ und $s_\gamma\, s_{i+1}^{-1}$ zerlegen die Mannigfaltigkeit nicht.

10. Elementarverwandtschaft und Isomorphismen

Um die Ergebnisse der beiden vorigen Abschnitte präziser aussprechen zu können, führen wir in Analogie zu dem Begriff der „benachbarten Normalpolygone" dem Abschnitt 5, 10 („Normalpolygon" sei gleichbedeutend mit „Normalform einer Mannigfaltigkeit") den Begriff der „dual benachbarten Normalpolygone" ein:

Zwei Normalpolygone heißen *dual benachbart*, wenn sie durch eine Erweiterung und eine darauffolgende Reduktion dritter Art auseinander hervorgehen.

Alsdann heißt unser Resultat so:

Seien $\mathfrak{N}$ und $\mathfrak{N}'$ zwei Normalpolygone, ferner sei eine Kette von Mannigfaltigkeiten

$$\mathfrak{N} = \mathfrak{M}^{(1)}, \ldots, \mathfrak{M}^{(n)}, \mathfrak{M}^{(n+1)}, \ldots, \mathfrak{M}^{(m)} = \mathfrak{N}'$$

gegeben. Hierin gehe $\mathfrak{M}^{(i)}$ aus $\mathfrak{M}^{(i-1)}$ durch elementare Unterteilung hervor für $(i = 1, 2, \ldots, n)$ und durch elementare Reduktion für $(i = n+1, \ldots, m)$; $I([w]) = [w]'$ sei der hierdurch bewirkte Isomorphismus zwischen den Gruppen von $\mathfrak{N}$ und $\mathfrak{N}'$. Alsdann gibt es eine Kette von Normalpolygonen

$$\mathfrak{N} = \mathfrak{N}^{(1)}, \mathfrak{N}^{(2)}, \ldots, \mathfrak{N}^{(m)} = \mathfrak{N}',$$

die zu je zwei aufeinanderfolgenden benachbart oder dual benachbart sind, und der durch diese Kette vermittelte Isomorphismus $I'([w])$ ist mit $I([w])$ identisch.

Es seien nun $s_1^{(t)\pm 1}$, $s_2^{(t)\pm 1}$, $\ldots$, $s_g^{(t)\pm 1}$ die $2\,g$ Strecken, welche in $\mathfrak{N}^{(t)}$ vorkommen, und $S_1^{(t)\pm 1}$, $S_2^{(t)\pm 1}$, $\ldots$, $S_g^{(t)\pm 1}$ die durch sie bestimmten Gruppenelemente, I_i der nach **6**, 2 zwischen $\mathfrak{N}^{(i)}$ und $\mathfrak{N}^{(i+1)}$ bestimmte Isomorphismus, und zwar sei

$$T_k^{(i)} = I_i(S_k^{(i+1)}).$$

Alsdann lassen sich die Elemente $T_k^{(i)}$ derart durch die $S_l^{(i)}$ ausdrücken, daß diese Potenzprodukte ein System freier Erzeugenden der durch die $S_l^{(i)}$ bestimmten freien Gruppe sind. Wenn $\mathfrak{N}^{(i)}$ und $\mathfrak{N}^{(i+1)}$ benachbart sind, so folgt dies aus den in Abschnitt **6**, 2 aufgestellten Formeln. Wenn sie dual benachbart sind, so beachte man, daß die Zusammenhangszahl des Streckenkomplexes auch bei dem Übergangskomplex aus zwei Punkten und einem Flächenstück erhalten bleibt. Das Behauptete folgt dann aus dem über Erzeugendenwechsel in Streckenkomplexen in **4**, 6 Bewiesenen.

Hieraus folgt aber das Analoge auch für beliebige elementarverwandte Normalformen. Ist I der zwischen den Wegegruppen von $\mathfrak{N}^{(1)}$ und $\mathfrak{N}^{(n)}$ bestimmte Isomorphismus, und $T_k^{(1)} = I(S_k^{(n)})$, so lassen sich die $T_k^{(1)}$ derart als Potenzprodukte der $S_k^{(1)}$ darstellen, daß diese Produkte ein System von freien Erzeugenden der durch die $S_k^{(1)}$ bestimmten freien Gruppe werden.

Es bleibt die Aufgabe, die Systeme von Erzeugenden $T_k^{(1)}$, die man so erhalten kann, übersehbar zu machen. Zu diesem Zwecke verfeinern wir das bisherige Ergebnis durch folgenden Satz:

Sind $\mathfrak{N}$ und $\mathfrak{N}'$ zwei dual benachbarte Normalpolygone, so gibt es eine Kette

$$\mathfrak{N}^{(1)} = \mathfrak{N}, \ \mathfrak{N}^{(2)}, \ \ldots, \ \mathfrak{N}^{(n)} = \mathfrak{N}'$$

von benachbarten Normalpolygonen, welche zwischen $\mathfrak{N}$ und $\mathfrak{N}'$ denselben Isomorphismus herstellt, der der ursprünglichen Transformation entspricht.

Jedenfalls gibt es eine Kette $\mathfrak{N}^{(1)} = \mathfrak{N}, \ \mathfrak{N}^{(2)}, \ \ldots, \ \mathfrak{N}^{(n)} = \mathfrak{N}'$ von dual benachbarten Normalpolygonen der speziellen Art, daß der Übergang von $\mathfrak{N}^{(i)}$ zu $\mathfrak{N}^{(i+1)}$ durch einen Komplex bewirkt wird, in welchem der neu eingeführte und dann wieder eliminierte Punkt gerade nur drei Strecken berandet. Der duale Sachverhalt wurde schon in **5**, 10 hervorgehoben. Ich behaupte, $\mathfrak{N}^{(i)}$ und $\mathfrak{N}^{(i+1)}$ sind alsdann auch benachbart.

Zum Beweise betrachten wir den Komplex aus einem Flächenstück f und zwei Punkten p_1, p_2, welcher den Übergang vermittelt.

s_i, s_{i+1}^{-1} und s_1 seien die drei Strecken, welche von p_1 nach p_2 führen. Durch Reduktion von s_i bzw. s_{i+1} entstehe $\mathfrak{N}^{(i)}$ bzw. $\mathfrak{N}^{(i+1)}$. Der Randweg von f läuft dreimal über p_2 und enthält die Teilwege $s_i s_1^{-1}$, $s_1 s_{i+1}$ oder $s_{i+1}^{-1} s_1^{-1}$, $s_i s_{i+1}$ oder $s_{i+1}^{-1} s_i^{-1}$. Sei etwa

$$r = s_i s_1^{-1} r_1 s_1 s_{i+1} r_2 s_i s_{i+1} r_3.$$

Alsdann bleibt als Randweg in $\mathfrak{N}^{(i)}$

$$r^{(i)} = s_1^{-1} r_1 s_1 s_{i+1} r_2 s_{i+1} r_3$$

und in $\mathfrak{N}^{(i+1)}$

$$r^{(i+1)} = s_i s_1^{-1} r_1 s_1 r_2 s_i r_3.$$

Bilden wir nun das Dreieck $s_i s_1^{-1} t$ und eliminieren s_1, so entsteht aus $\mathfrak{N}^{(i+1)}$ der Randweg

$$t^{-1} r_1 t s_i r_2 s_i r_3.$$

Dieser ist aber bis auf die Bezeichnung ($t \sim s$, $s_{i+1} \sim s_i$) mit dem Randweg von $\mathfrak{N}^{(i)}$ identisch.

Bei den beiden verschiedenen Verwandlungen von $\mathfrak{N}^{(i)}$ in $\mathfrak{N}^{(i+1)}$ wird ferner derselbe Isomorphismus zwischen ihren Gruppen bewirkt.

Anschaulich kann man die Beziehung zwischen den beiden Transformationen so beschreiben, daß man das eine Mal den einen Endpunkt der Strecke s_1 über die Strecke s_i bzw. s_{i+1} herübergleiten läßt, und daß man im zweiten Falle aus der Anfangs- und Endlage und der Strecke s_i bzw. s_{i+1} ein Dreieck bildet, das den Übergang zwischen Anfangs- und Endlage vermittelt.

Den Übergang von zwei benachbarten Normalpolygonen kann man schließlich durch eine Kette von Erweiterungen und Reduktionen bewirken, bei welchen das neu eingeführte und dann wieder eliminierte Flächenstück ein Dreieck ist. Nennen wir diese Abänderungen Dreieckstransformationen, so haben wir also den Satz:

Sind $\mathfrak{N}$ und $\mathfrak{N}'$ zwei elementarverwandte Normalpolygone, und ist I der durch die elementaren Transformationen von $\mathfrak{N}$ in $\mathfrak{N}'$ bewirkte Isomorphismus zwischen den Gruppen von $\mathfrak{N}$ und $\mathfrak{N}'$, so läßt sich derselbe Isomorphismus auch durch eine Kette

$$\mathfrak{N} = \mathfrak{N}^{(1)}, \ \mathfrak{N}^{(2)}, \ \ldots, \ \mathfrak{N}^{(n)} = \mathfrak{N}'$$

bewirken, wo $\mathfrak{N}^{(i)}$ aus $\mathfrak{N}^{(i-1)}$ durch eine Dreieckstransformation hervorgeht.

11. Einige Probleme

Aus den Ergebnissen des vorigen Abschnittes läßt sich eine Methode herleiten, die Erzeugenden der Automorphismengruppe von Wegegruppen aufzustellen, die sich durch elementare Transformationen und Abbildungen isomorpher (vgl. **6,** 12) Mannigfaltigkeiten bewirken lassen. Die durch elementare Abänderung von Normalformen bewirkten Erzeugendenwechsel der Wegegruppe vermitteln im Fall des Torus sogleich Automorphismen, weil der Torus als Normalform nur die kanonische besitzt; bei den Flächen höheren Geschlechtes ist das nicht der Fall, weil es hier stets verschiedene Normalformen gibt, welche zwar elementarverwandt, aber nicht isomorph zueinander sind. Die durch elementare Transformationen induzierten Erzeugendenwechsel bilden hier vielmehr ein Gruppoid (**1,** 15), dessen Einheiten den verschiedenen Normalformen der Fläche entsprechen. Als Erzeugende dieses Gruppoids kann man nach dem Schlußergebnis von **6,** 10 diejenigen Transformationen

$$S_i' = S_i \quad (i \neq a) \quad S_a' = S_a S_b^{\pm 1} \quad \text{oder} \quad S_a' = S_b^{\pm 1} S_a$$

nehmen, die einer Abänderung entsprechen, welche eine Normalform wieder in eine solche verwandelt.

Übrigens sieht man, daß die durch elementare Abänderungen bestimmte Automorphismengruppe beim Torus mit der Automorphismengruppe der Wegegruppe der freien kommutativen Gruppe von zwei Erzeugenden identisch ist. Der analoge Satz ist von Dehn und Nielsen[1]) auch für die Gruppen der übrigen orientierbaren Mannigfaltigkeiten bewiesen.

Auf einem andern als dem hier skizzierten Wege ist die Automorphismengruppe für $p = 2$ von Baer[2]) bestimmt worden.

Umgekehrt kann man fragen, wieweit die elementaren Transformationen durch die induzierten Isomorphismen der Wegegruppen gekennzeichnet sind. Zur Präzision dieser Frage bemerken wir: Nach Tietze kann man zwei elementarverwandte Mannigfaltigkeiten stets so unterteilen, daß zwei isomorphe Komplexe entstehen. Genauer gilt: Sind $\mathfrak{M}$ und $\mathfrak{M}'$ zwei Mannigfaltigkeiten, welche durch eine Kette von Erweiterungen und Reduktionen auseinander hervorgehen, so kann man den Übergang so herstellen, daß zuerst nur Erweiterungen

---

[1]) J. Nielsen, Acta math. **50,** 191 (1927).
[2]) R. Baer, Journ. f. r. u. a. Math. **160,** 1 (1928).

und alsdann nur Reduktionen vorgenommen werden und daß hierbei
der durch die beiden Ketten bewirkte Isomorphismus der zugehörigen
Wegegruppen derselbe ist[1]). Seien jetzt $\mathfrak{M}$ und $\mathfrak{M}'$ kanonische
Normalformen ($\mathfrak{M}$ und $\mathfrak{M}'$ sind alsdann isomorph) und $\mathfrak{M}^*$ die
Mannigfaltigkeit der Kette, die die meisten Elemente enthält,
w_i und w_i' ($i = 1, 2, \ldots, q$) seien die den Strecken s_i und s_i'
von $\mathfrak{M}$ und $\mathfrak{M}'$ in $\mathfrak{M}^*$ entsprechenden Wege und der induzierte
Automorphismus ein innerer, — in welchem Zusammenhang
stehen die Wege w_i und w_i'? Man wird alsdann, einem Satz
von Baer[2]) über kontinuierliche Mannigfaltigkeiten entsprechend,
vermuten, daß sich die w_i in die w_i' in $\mathfrak{M}^*$ oder einer Unterteilung
von $\mathfrak{M}^*$ so deformieren lassen, daß auch in der Zwischenlage $\overline{w_i}$
stets ein System einfacher Wege bilden, die sich nur in einem Punkte
treffen. In Zusammenhang hiermit steht der ebenfalls kombinatorisch
noch nicht bewiesene Satz: einfache homotope Wege sind stets auch
„isotop"[2]), d. h. sie lassen sich bei geeigneter Unterteilung der
Ausgangsmannigfaltigkeit stets so ineinander deformieren, daß auch
die Zwischenlagen einfache Wege sind.

Man würde auf Grund dieses Resultates weiterhin sehen, daß
sich die elementaren Transformationen, welche eine Mannigfaltigkeit
in eine isomorphe überführen und daher in der Wegegruppe Automorphismen induzieren, ganz analog wie die kontinuierlichen Abbildungen kontinuierlicher Mannigfaltigkeiten klassifizieren ließen.

Man vergleiche ferner zu diesem Fragenkomplex die Bestimmung
der einfachen Wege einer Mannigfaltigkeit nach Dehn und Baer,
die nach dem zu Beginn von **6**, 8 Gesagten mit der Bestimmung
der Automorphismengruppe in Zusammenhang steht.

12. Überlagerungen von Flächenkomplexen

Die Überlagerung von Flächenkomplexen läßt sich ähnlich wie
die von Streckenkomplexen erklären, und die grundlegenden Sätze
lassen sich ebenfalls ganz ähnlich gewinnen wie früher.

Sind $\mathfrak{F}$ und $\mathfrak{F}^*$ zwei Flächenkomplexe, so sagen wir, $\mathfrak{F}$ überlagert $\mathfrak{F}^*$, wenn eine Abbildung $A(\mathfrak{F}) = \mathfrak{F}^*$ der Punkte, Strecken

---

[1]) H. Tietze, Mon. f. Math. u. Phys., Jahrg. 19, S. 1, und E. Biltz,
Math. Zeitschr. 18, 1 (1923).

[2]) R. Baer, Journ. f. r. u. a. Math. 159, 101 (1928).

und Flächenstücke von $\mathfrak{F}$ auf die von $\mathfrak{F}^*$ gegeben ist und dabei das Folgende gilt:

A. 1. *Ist $\mathfrak{C}$ der in $\mathfrak{F}$ enthaltene Streckenkomplex und $\mathfrak{C}^*$ der in $\mathfrak{F}^*$ enthaltene, so möge die Abbildung $A(\mathfrak{C}) = \mathfrak{C}^*$ eine Überlagerung von $\mathfrak{C}$ über $\mathfrak{C}^*$ sein, die den Forderungen von 4, 17 genügt.*

A. 2. *Jedem Flächenstück f von $\mathfrak{F}$ entspreche ein wohlbestimmtes Flächenstück $A(f) = f^*$ von $\mathfrak{F}^*$, und es sei $A(f^{-1}) = (A(f))^{-1}$.*

Der Bequemlichkeit halber wollen wir, ehe wir die letzte Bedingung formulieren, annehmen, daß in $\mathfrak{F}^*$ jeder einfache positive Randweg w irgendeines Flächenstückes f^* nur dies eine Flächenstück f^* positiv berandet.

A. 3. *Ist r ein einfacher positiver Randweg des Flächenstückes f aus $\mathfrak{F}$, so sei $A(r) = r^*$ ein einfacher positiver Randweg von $A(f)$. Ist w' irgendein Weg aus $\mathfrak{F}$, für welchen $A(w') = r^*$ ist, wo r^* ein Randweg von f^* ist, so gebe es auch in $\mathfrak{F}$ ein Flächenstück f', für das w' ein positiver einfacher Randweg ist und für das $A(f') = f^*$ ist.*

$\mathfrak{F}$ heiße zu $\mathfrak{F}^*$ isomorph, wenn es eine Überlagerung $A(\mathfrak{F}) = \mathfrak{F}^*$ gibt. Die Isomorphie ist transitiv. Sind $\mathfrak{F}$, $\mathfrak{F}^*$, $\mathfrak{F}^{**}$ drei Flächenkomplexe, und ist $A(\mathfrak{F}) = \mathfrak{F}^*$ und $A'(\mathfrak{F}^*) = \mathfrak{F}^{**}$ bzw. eine Überlagerung von $\mathfrak{F}$ über $\mathfrak{F}^*$ und $\mathfrak{F}^*$ über $\mathfrak{F}^{**}$, so sei

$$A''(\mathfrak{F}) = A'(A(\mathfrak{F})) = \mathfrak{F}^{**}$$

die durch A und A' zwischen $\mathfrak{F}$ und $\mathfrak{F}^{**}$ vermittelte Abbildung. Alsdann überlagert der Streckenkomplex aus $\mathfrak{F}$ denjenigen aus $\mathfrak{F}^{**}$, jedem f^{**} entspricht ein f, und es ist $A''(f^{-1}) = (A''(f))^{-1}$. Ist schließlich w^{**} irgendein einfacher Randweg eines einfachen Flächenstückes f^{**} und $A''(w) = A'(w^*) = w^{**}$ und $A(w) = w^*$, so ist w^* ein einfacher positiver Randweg des Flächenstückes f^* mit $A(f) = f^*$ und w ein einfacher positiver Randweg des Flächenstückes f mit $A(f) = f^*$, bzw. mit $A''(f) = f^{**}$.

13. Überlagerung von Strecken- und Flächenkomplexen

Man kann die Überlagerungen des Streckenkomplexes $\mathfrak{C}$ über $\mathfrak{C}^*$, welche sich zu Überlagerungen eines Flächenkomplexes $\mathfrak{F}$ über $\mathfrak{F}^*$ erweitern lassen, sofort übersehen. *Es ist notwendig und hinreichend, daß bei der Überlagerung*

$$A(\mathfrak{C}) = \mathfrak{C}^*$$

die sämtlichen Wege w, welche über einfachen Randwegen von $\mathfrak{C}^*$
liegen, geschlossen sind. Notwendig ist dies nach A. 3 in **6, 1**, weil
Randwege von Flächenstücken ja stets geschlossen sind; hinreichend
ist es, weil sich ein Streckenkomplex $\mathfrak{C}$, welcher $\mathfrak{C}^*$ in der vor-
geschriebenen Weise überlagert, sogleich zu einem Flächenkomplex $\mathfrak{F}$
erweitern läßt, welcher $\mathfrak{F}^*$ überlagert. Sind nämlich $f_1^{*\pm1}$, $f_2^{*\pm1}$, $\ldots$
die sämtlichen Flächenstücke von $\mathfrak{F}^*$, $r_i^{*\pm1}$ je ein einfacher positiver
Randweg von $f_i^{*\pm1}$ ($i = 1,\ 2,\ \ldots$), und sind r_{i1}, r_{i2}, $\ldots$ die
sämtlichen Wege in $\mathfrak{C}$ über r_i^*, so nehmen wir die Flächenstücke
$f_{i1}^{\pm1}$, $f_{i2}^{\pm1}$ $\ldots$ ($i = 1,\ 2,\ \ldots$) zu $\mathfrak{C}$ hinzu und erklären r_{ik} als einen
einfachen positiven Randweg von f_{ik}. Der Komplex $\mathfrak{F}$ aus $\mathfrak{C}$ und
den $f_{ik}^{\pm1}$ überlagert alsdann $\mathfrak{F}^*$.

Ist nämlich r irgendein Weg, der über einem einfachen Randweg r^* liegt, $A(r) = r^*$, so ist auch r ein einfacher Randweg.
Nach **4, 8** geht r nämlich durch zyklische Vertauschung aus
einem der Wege $r_{ik}^{\pm1}$ über $r_i^{*\pm1}$ hervor. r berandet also mindestens
ein Flächenstück f.

r berandet übrigens auch eventuell mehrere Flächenstücke
f_1, f_2, $\ldots$, f_n, nämlich dann, wenn es n verschiedene zyklische Vertauschungen $r^{(1)}$, $r^{(2)}$, $\ldots$, $r^{(n)}$ von r gibt, für welche $A(r^{(i)}) = r^{*\varepsilon_i}$
($\varepsilon_i = \pm1$) ist. Hierbei kann es z. B. vorkommen, daß r genau
zwei verschiedene Flächenstücke f_{11} und f_{12} berandet, für welche
$A(f_{11}) = A(f_{12})$ ist, nämlich dann, wenn es zwei zyklische Vertauschungen $r^{(11)}$ und $r^{(12)}$ von r gibt, für die $A(r^{(11)}) = A(r^{(12)})$
ist. $A(r^{(11)}) = r^{(11)*}$ muß alsdann durch eine zyklische Transformation in sich übergeführt werden, d. h. es muß $r^{(11)*} = w^* w^*$ sein.

Die gefundene Bedingung für die Überlagerungen des Strecken-
komplexes $\mathfrak{C}^*$, die sich zu Überlagerungen des Flächenkomplexes $\mathfrak{F}^*$
erweitern lassen, wollen wir in eine solche für die Permutationen
übersetzen, die zu jeder Überlagerung eines Streckenkomplexes $\mathfrak{C}$
über $\mathfrak{C}^*$ nach **4, 10** gehören. Sei $\mathfrak{B}^*$ irgendein Baum, der alle
Punkte von $\mathfrak{C}^*$ enthält, $s_1^{*\pm1}$, $s_2^{*\pm1}$, $\ldots$ die Strecken aus $\mathfrak{C}^*$, welche
nicht in $\mathfrak{B}^*$ vorkommen, π_1, π_2, $\ldots$ die ihnen bzw. entsprechenden
Permutationen und S_1^*, S_2^*, $\ldots$ die ihnen entsprechenden Erzeugenden der Wegegruppe von $\mathfrak{C}^*$. Ferner seien r_1^*, r_2^*, $\ldots$ die
sämtlichen einfachen Randwege von Flächenstücken aus $\mathfrak{C}^*$. Alsdann müssen die diesen Wegen r_i^* entsprechenden Permutationen
gleich der identischen Permutation sein. Nach **4, 16** müssen also

die π_i den Relationen der Wegegruppe des Flächenkomplexes genügen. Die von den π_i erzeugte Gruppe ist also eine Darstellung der Wegegruppe $\mathfrak{W}$ von $\mathfrak{F}^*$. Umgekehrt läßt sich jeder solchen Permutationsgruppe ein Streckenkomplex $\mathfrak{C}$ mit $A(\mathfrak{C}) = \mathfrak{C}^*$ und daher auch ein Flächenkomplex $\mathfrak{F}$ mit $A(\mathfrak{F}) = \mathfrak{F}^*$ zuordnen.

14. Die Wegegruppe des Überlagerungskomplexes

Unter den Voraussetzungen des vorigen Abschnittes ist es nach **4, 17** klar, daß die Gruppe der geschlossenen in p beginnenden Wege von $\mathfrak{C}$ zu einer Untergruppe der geschlossenen in $A(p) = p^*$ beginnenden Wege von $\mathfrak{C}^*$ isomorph ist. Wir behaupten nun weiter:

Die Gruppe $\mathfrak{W}$ der Klassen in p beginnender geschlossener Wege des Flächenkomplexes $\mathfrak{F}$ ist zu einer Untergruppe $\mathfrak{U}$ der Gruppe $\mathfrak{W}^*$ der in $A(p) = p^*$ beginnenden geschlossenen Wege des Flächenkomplexes $\mathfrak{F}^*$ einstufig isomorph.

Ist w ein in p beginnender geschlossener Weg, $A(w) = w^*$, $[w]$ bzw. $[w^*]$ das Element der Gruppe $\mathfrak{W}$ bzw. $\mathfrak{W}^*$, zu dem w bzw. w^* gehört, so erklären wir die Zuordnung I durch

$$I([w]) = [w^*] = [A(w)]$$

und behaupten, daß I die Elemente von $\mathfrak{W}$ auf eine Untergruppe $\mathfrak{U}$ von $\mathfrak{W}^*$ eineindeutig abbildet. Da

$$[w^{-1}] = [w]^{-1}, \quad [A(w^{-1})] = [A(w)]^{-1}$$

und da ferner

$$[w_1][w_2] = [w_1 w_2] \quad \text{und} \quad [A(w_1)][A(w_2)] = [A(w_1 w_2)],$$

müssen wir nur noch die Eineindeutigkeit beweisen, also zeigen: Sind w_1 und w_2 zwei in p beginnende geschlossene Wege und $[w_1] = [w_2]$, so ist auch

$$[A(w_1)] = [A(w_2)],$$

und umgekehrt, sind w_1^* und w_2^* zwei in p^* beginnende geschlossene Wege und w_1, w_2 die beiden in p beginnenden, ebenfalls geschlossenen Wege, für die

$$A(w_i) = w_i^* \quad (i = 1, 2)$$

ist, und ist $[w_1^*] = [w_2^*]$, so ist auch $[w_1] = [w_2]$. Das kommt aber darauf hinaus, zu zeigen: Ist $[w]$ das Einheitselement in $\mathfrak{F}$, so ist $[A(w)]$ das Einheitselement in $\mathfrak{U}$, und umgekehrt ist $[A(w)]$ Einheitselement in $\mathfrak{U}$, so ist auch $[w]$ Einheitselement in $\mathfrak{W}$. Ist nun $[w]$ das Einheitselement, so läßt sich w durch elementare Erweiterung und Reduktion so verwandeln, daß w sich aus Teilwegen der Form $w' r w'^{-1}$ zusammensetzt, die ebenfalls in p beginnen und endigen, und für die r ein einfacher Randweg in $\mathfrak{F}$ ist. Dann ist aber

$$A (w' r w'^{-1}) = A (w') \, A (r) \, A (w'^{-1})$$

und $A (r)$ ebenfalls ein einfacher Randweg in $\mathfrak{F}^*$ und $[A (w' r w'^{-1})]$ also das Einheitselement von $\mathfrak{W}^*$. Daraus folgt der erste Teil des Behaupteten. Da auch umgekehrt r ein Randweg in $\mathfrak{F}$ ist, wenn $A (r) = r^*$ Randweg in $\mathfrak{F}^*$ ist, so folgt auch die Umkehrung der Behauptung.

Ist $\mathfrak{F}$ zusammenhängend, so läßt sich jeder Punkt p_i, für den $A (p_i) = p^*$ ist, mit $p = p_0$ verbinden. Der Gesamtheit der Wege in $\mathfrak{F}$ von p nach p_i entspricht alsdann eine Restklasse $\mathfrak{U} G$ in der Gruppe $\mathfrak{W}^*$ des Komplexes $\mathfrak{F}^*$. Die zugehörigen Permutationen stehen in demselben Zusammenhang zu den Restklassen, wie er in **4, 17** beschrieben wurde. Zu jeder Untergruppe $\mathfrak{U}$ von $\mathfrak{W}^*$ läßt sich ebenfalls analog zu **4, 17** eine Überlagerung $\mathfrak{F}$ von $\mathfrak{F}^*$ konstruieren.

Man kann sich an diesen Flächenkomplexen wieder das Verfahren, die Erzeugenden und definierenden Relationen von Untergruppen zu bestimmen, veranschaulichen. Ein System von Wegen w_i von p_0 nach den p_i liefert ein volles Repräsentantensystem G_i der Restklassen $\mathfrak{U} G$ von $\mathfrak{U}$ in $\mathfrak{W}^*$. Die w_i bilden einen Baum, wenn die G_i der SCHREIERschen Bedingung (Σ) in **3, 6** genügen. Die Randwege der Flächenstücke f_i, welche über demselben Flächenstück f^* liegen, liefern die Relationen $G_i R G_i^{-1}$, wenn R die f^* entsprechende Relation ist. Die freie, von den Erzeugenden $U_{G,\,s}$ nach **3, 7** bestimmte Gruppe ist die zu p_0 gehörige Wegegruppe des Streckenkomplexes $\mathfrak{C}$. Nun hat man alles beisammen, um die in **3, 7** aufgestellten Sätze Schritt für Schritt an den Flächenkomplexen zu verfolgen.

Der Invarianz der Flächenkomplexgruppe bei elementaren Transformationen entspricht hier der Satz: Sind $\mathfrak{F}^*$ und $\mathfrak{F}^{*'}$ zwei elementarverwandte Flächenkomplexe, und ist $\mathfrak{F}$ eine Überlagerung von $\mathfrak{F}^*$, so gibt es einen wohlbestimmten Komplex $\mathfrak{F}'$, welcher zu $\mathfrak{F}$ elementarverwandt ist, und welcher $\mathfrak{F}^{*'}$ überlagert.

15. Reguläre Überlagerungen

Nehmen wir für $\mathfrak{U}$ eine invariante Untergruppe von $\mathfrak{W}^*$, so überlagert $\mathfrak{C}$ den Komplex $\mathfrak{C}^*$ regulär und umgekehrt. Man sieht in diesem Falle ein, daß sich die in **4, 20** konstruierten Transformationen von $\mathfrak{C}$ zu *Transformationen des Flächenkomplexes* $\mathfrak{F}$ *in sich* erweitern lassen. Ist nämlich r ein einfacher Randweg in $\mathfrak{F}$ und $A(r) = r^*$ ein einfacher Randweg in $\mathfrak{F}^*$, dem wir eineindeutig das Flächenstück f^* zuordneten, so gibt es gerade ein Flächenstück f, das von r einfach berandet wird und für das $A(f) = f^*$ ist; und geht bei einer Abbildung der genannten Art von $\mathfrak{C}$ in sich r in $I(r) = r'$ über, so ist $A(r) = A(r')$ und daher auch r' ein Randweg eines wohlbestimmten Flächenstückes f', für das $A(f') = f^*$ ist. Es sei nun noch $I(f) = f'$, $I(f^{-1}) = f'^{-1}$, dann ist $I(\mathfrak{F}) = \mathfrak{F}^*$ tatsächlich eine Abbildung von $\mathfrak{F}$ auf sich, welche den Forderungen A. 1 bis A. 3 in **6**, 12 genügt. Jedes Flächenstück f geht bei der Gesamtheit der Abbildungen auf eine, aber nicht notwendig auf nur eine Weise in ein solches f' über, für das $A(f) = A(f')$ ist.

Es kann nach **6**, 13 vorkommen, daß ein Randweg r in $\mathfrak{F}$ zwei verschiedene Flächenstücke f_1 und f_2 mit $A(f_1) = A(f_2)$ berandet; alsdann geht r bei einer Transformation $I(\mathfrak{F}) = \mathfrak{F}$ in sich selbst über. Ein Beispiel hierfür bildet der Komplex $\mathfrak{F}^*$ aus einem Flächenstück, einem Punkt und einer Strecke mit $w = s^* s^*$ als einfachem Randweg; derselbe wird überlagert von einem Komplex aus zwei Flächenstücken, zwei Punkten und zwei Strecken mit dem einfachen Randweg $s_1 s_2$, der gleichzeitig Randweg für f_1 wie f_2 sei.

Der zusammenhängende Komplex $\mathfrak{F}$, welcher $\mathfrak{F}$ überlagert und in der angegebenen Weise der Untergruppe $\mathfrak{U}$ von $\mathfrak{W}^*$ entspricht, die nur aus dem Einheitselement E von $\mathfrak{W}^*$ besteht, heißt *universeller Überlagerungskomplex*. Ist $\mathfrak{F}'$ ein beliebiger zusammenhängender Überlagerungskomplex von $\mathfrak{F}^*$, so gibt es stets auch eine Überlagerung $A(\mathfrak{F}) = \mathfrak{F}'$ des universellen Überlagerungskomplexes $\mathfrak{F}$ über $\mathfrak{F}'$. Ist w ein geschlossener Weg in $\mathfrak{F}$ und $A(w) = w^*$ der ihm entsprechende Weg, so ist $[w^*]$ das Einheitselement der Gruppe $\mathfrak{W}^*$ des Komplexes $\mathfrak{F}^*$. Enthält $\mathfrak{F}^*$ nur einen Punkt, so ist der in $\mathfrak{F}$ enthaltene Streckenkomplex das Gruppenbild von $\mathfrak{W}^*$ in den Erzeugenden $[s_i^*]$, die den Strecken s_i^* von $\mathfrak{F}^*$ entsprechen.

16. Überlagerung von Mannigfaltigkeiten

Wir setzen jetzt voraus, daß der überlagerte Komplex $\mathfrak{F}^*$ eine Mannigfaltigkeit $\mathfrak{M}^*$ sei. Wir können die Überlegungen der vorhergehenden Abschnitte anwenden, wenn in $\mathfrak{M}^*$ kein einfacher Randweg r^* vorkommt, der zwei Flächenstücke f_1^* und $f_2^* \neq f_1^{*\pm 1}$ berandet.

In diesem Ausnahmefall ist aber $\mathfrak{M}^*$ eine Kugel. r^* durchläuft jede seiner Strecken s^* nur einmal. Entweder gibt es nur eine solche Strecke, und $\mathfrak{M}^*$ ist in der Tat die Kugel, oder es gibt verschiedene solcher Strecken $r^* = s^* r^{*\prime}$. Alsdann vereinigen wir f_1^* und f_2^* zu einem Flächenstück f^* mit dem Randweg $r^{*\prime} r^{*\prime -1}$. Man erkennt nun nach 5, 3 leicht, daß $r^{*\prime}$ ein einfacher Weg und $\mathfrak{M}^*$ daher eine Kugel ist. Da eine Überlagerung der Kugel mit der Kugel identisch ist — denn ihre Wegegruppe ist die Identität —, können wir von jetzt ab voraussetzen, daß jeder einfache Randweg r^* von $\mathfrak{F}^*$ nur ein Flächenstück $f^{*\pm 1}$ berandet. Der wichtigste Satz, den wir ableiten wollen, lautet:

Ist $\mathfrak{F}$ eine zusammenhängende Überlagerung einer Mannigfaltigkeit $\mathfrak{M}^*$
$$A(\mathfrak{F}) = \mathfrak{M}^*,$$
so ist $\mathfrak{F}$ selbst eine Mannigfaltigkeit.

Es ist vor allem zu zeigen, daß eine Strecke s aus $\mathfrak{F}$ entweder in der Berandung eines Flächenstückes gerade zweimal und sonst in keiner weiteren Berandung, oder daß s in der Berandung von gerade zwei verschiedenen Flächenstücken je einmal auftritt. Es sei $A(s) = s^*$. Sind $s^* r_1^*$ und $s^* r_2^*$ die beiden mit s^* beginnenden Randwege aus $\mathfrak{M}^*$, und ist

$$r_1^* \neq r_2^*, \tag{1}$$

so gibt es auch zwei verschiedene Wege $s r_i$ mit

$$A(s r_i) = s^* r_i^* \quad (i = 1, 2),$$

und jeder einfache Randweg $s r$, der in s beginnt, ist entweder gleich $s r_1$ oder gleich $s r_2$. Entweder durchläuft nun $s^* r_i^*$ die Strecke s^* nur einmal, und berandet somit zwei verschiedene Flächenstücke f_1^* und f_2^*, dann durchläuft $s r_i$ die Strecke s ebenfalls nur einmal, und s berandet ebenfalls zwei verschiedene Flächenstücke f_{11} und f_{12} mit $A(f_{1i}) = f_i^*$, oder aber $s^* r_1^*$ durchläuft s^* zweimal, dann sind $s^* r_i^*$ Randwege desselben Flächenstückes f^*, $s r_1$ durchläuft alsdann s entweder nur einmal, dann sind $s r_1$ und $s r_2$ bestimmt Randwege, die nicht durch zyklische Vertauschung und Übergang zum inversen Weg ineinander übergeführt werden können. Sie beranden also zwei wesentlich verschiedene Flächenstücke f_1 und f_2 mit $A(f_i) = f^*$ $(i = 1, 2)$, oder $s r_1$ durchläuft s gerade zweimal. Dann ist $s r_2$ eine zyklische Vertauschung von $(s r_1)^\varepsilon$ $(\varepsilon = \pm 1)$, und $s r_i$ sind also einfache Randwege desselben Flächenstückes f.

In jedem der bisher betrachteten Randwege $s\,r_i$ ist aber auch nur ein einziges Flächenstück eingespannt. Denn $s^*\,r_i^*$ läßt sich bestimmt nicht in die Form w^{*k} setzen. Es kommt nur $k = 2$ in Frage, alsdann müßte aber

$$s^*\,r_i^* = s^*\,r_{11}\,s^*\,r_{11},$$

was aber durch $r_1^* \neq r_2^*$ ausgeschlossen wird. Ist also $r_1^* \neq r_2^*$, so ist das Behauptete bewiesen.

Sei jetzt

$$r_1^* = r_2^*, \tag{2}$$

alsdann muß $s^*\,r_1^*$ die Strecke s^* zweimal durchlaufen, entweder ist dann

$$s^*\,r_1^* = s^*\,w_1^*\,s^{*\,-1}\,w_2^*$$

und also

$$s^*\,r_2^* = s^*\,w_1^{*\,-1}\,s^{*\,-1}\,w_2^{*\,-1},$$

mithin

$$w_i^* = w_i^{*\,-1}$$

der leere Weg, und also

$$s^*\,r_1^* = s^*\,s^{*\,-1},$$

und $\mathfrak{M}^*$ also die Kugel, oder es ist

$$s^*\,r_1^* = s^*\,w_1^*\,s^*\,w_2^*$$
$$s^*\,r_2^* = s^*\,w_2^*\,s^*\,w_1^*$$

und $w_1^* = w_2^* = w^*$. Hierin durchläuft $s^*\,w^*$ jede Strecke von $\mathfrak{M}^*$ gerade einmal. Entweder durchläuft nun $s\,r_1 = s\,r_2$ die Strecke s und somit jede Strecke zweimal, alsdann ist $\mathfrak{F}$ mit $\mathfrak{M}^*$ identisch, oder $s\,r_1 = s\,r_2$ durchläuft s nur einmal, dann gibt es genau zwei Strecken s_{1i}, s_{2i} über jeder Strecke s_i^* von $\mathfrak{M}^*$ und zwei Flächenstücke f_1 und f_2 über dem einen Flächenstück f^* von $\mathfrak{M}^*$. Damit ist das Behauptete auch in diesem Ausnahmefall bewiesen.

Daß die Bedingung A. 7 in **5, 3** erfüllt ist, läßt sich leicht einsehen; daraus folgt dann der oben ausgesprochene Satz unmittelbar.

Siebentes Kapitel

Verzweigte Überlagerungen

1. Begriff der verzweigten Überlagerungen

Insbesondere für Mannigfaltigkeiten ist es von Interesse, neben den bisher betrachteten Überlagerungen eine neue Art derselben zu erklären, die *verzweigte Überlagerungen* genannt werden im Gegensatz zu den bisher betrachteten *unverzweigten Überlagerungen*. Die Theorie der verzweigten Überlagerungen von Mannigfaltigkeiten kommt im wesentlichen heraus auf eine rein kombinatorische Behandlung der RIEMANNschen Flächen und der ebenen diskontinuierlichen Gruppen.

Sind $\mathfrak{C}$ und $\mathfrak{C}^*$ zwei Flächenkomplexe, so sagen wir, $\mathfrak{C}$ überlagert $\mathfrak{C}^*$ verzweigt, wenn eine Abbildung $A(\mathfrak{C}) = \mathfrak{C}^*$ der Punkte, Strecken und Flächenstücke von $\mathfrak{C}$ auf die von $\mathfrak{C}^*$ gegeben ist und dabei die Forderungen A. 1 und A. 2 aus **6**, 12 erfüllt sind und ferner an Stelle von A. 3 das Folgende gilt:

A. 31. *Ist r ein einfacher positiver Randweg des Flächenstückes f aus $\mathfrak{C}$, so sei $A(r) = w^*$ der k-fach durchlaufene Randweg r^* des Flächenstückes $A(f) = f^*$, also $w^* = r^{*k}$. Ist $r = w_1 w_2 \ldots w_k$ und $A(w_i) = r^*$, so sei $w_i \neq w_l$, wenn $i \neq l$ ist.*

A. 32. *Ist w' irgendein Weg aus $\mathfrak{C}$, für welchen $A(w') = r^*$ ist, wo r^* ein Randweg von einem Flächenstück f^* ist, so möge es auch in $\mathfrak{C}$ ein und nur ein Flächenstück f' geben, in dessen Randweg r' der Weg w' vorkommt, und es sei alsdann $A(r')$ der k-fach durchlaufene Randweg von f^*, also $A(r') = r^{*k}$. $k - 1$ heiße die Verzweigungszahl von f.*

Dabei sei wieder vorausgesetzt, daß in $\mathfrak{C}^*$ jeder einfache positive Randweg eines Flächenstückes f^* nur dieses eine Flächenstück positiv berandet. Überlagert der Flächenkomplex $\mathfrak{C}$ den Flächenkomplex $A'(\mathfrak{C}) = \mathfrak{C}^*$ und $\mathfrak{C}^*$ den Komplex $A(\mathfrak{C}^*) = \mathfrak{C}^{**}$, so ist die durch

$$A''(\mathfrak{C}) = A'(A(\mathfrak{C})) = \mathfrak{C}^{**}$$

12*

vermittelte Abbildung der Elemente von $\mathfrak{C}$ auf diejenigen von $\mathfrak{C}^{**}$ eine Überlagerung, und zwar eine verzweigte oder unverzweigte, je nachdem eine der beiden Abbildungen A oder A' verzweigt ist oder beide unverzweigt sind.

Ist die Überlagerung des Streckenkomplexes von $\mathfrak{C}$ über den Streckenkomplex von $\mathfrak{C}^*$ von endlicher Ordnung o, so besteht eine einfache Relation zwischen den Verzweigungszahlen $k-1$ und der Ordnung. *Ist f^* ein Flächenstück aus $\mathfrak{C}^*$, sind*

$$f_1^{\pm 1}, \; f_2^{\pm 1}, \; \ldots, \; f_r^{\pm 1}$$

die Flächenstücke über $f^{*\,\pm 1}$, $A(f_i) = f^*$, und ist $k_i - 1$ die Verzweigungszahl von f_i, so ist

$$o = \sum_{i=1}^{r} k_i. \tag{1}$$

Denn beginnt ein Randweg r^* von f^* mit s^*, so gibt es in dem Randweg w_i von f_i nach Forderung A. 31 gerade k_i Teilwege, welche über r^* stehen, und mithin jedenfalls k_i verschiedene Strecken

$$s_{il} \quad (l = 1, 2, \ldots, k_i),$$

welche über s^* stehen. Ferner müssen s_{il} und s_{jm} verschiedene Strecken über s^* sein, wenn $i \neq j$ ist. Anderenfalls wären nämlich die Randwege von f_i und f_j miteinander identisch, und nach A. 32 müßte alsdann $f_i = f_j$ sein. Es gibt also mindestens

$$\sum_{i=1}^{r} k_i$$

verschiedene Strecken über s^*. Da andererseits (wiederum nach A. 32) jede Strecke über s^* in einem Randweg eines Flächenstückes f_i enthalten sein muß, so ist in der Tat (1) erfüllt. Ein Flächenstück f^* wird hiernach von höchstens o Flächenstücken f_i überlagert.

Ist $\mathfrak{C}_1$ bzw. $\mathfrak{C}_1^*$ der Streckenkomplex aus $\mathfrak{C}$ bzw. $\mathfrak{C}^*$, so ist durch die Abbildung $A(\mathfrak{C}_1) = \mathfrak{C}_1^*$, die durch eine verzweigte Überlagerung vermittelt wird, die gesamte Abbildung $A(\mathfrak{C}) = \mathfrak{C}^*$ selbst bereits festgelegt. Die Randwege in $\mathfrak{C}$ sind nämlich dadurch gekennzeichnet, daß sie einerseits über Randwegen von $\mathfrak{C}^*$ stehen und andererseits geschlossene Wege sind.

Aus dieser Bemerkung folgt, daß man *reguläre verzweigte Überlagerungen* ganz ebenso wie unverzweigte als solche erklären kann, bei denen die Überlagerung der zugehörigen Streckenkomplexe regulär ist, und daß sich ferner ganz analog die Abbildungen der regulären Überlagerung in sich erklären lassen, welche die Elemente von $\mathfrak{C}$ über demselben Element von $\mathfrak{C}^*$ untereinander vertauschen. Dagegen wird der enge Zusammenhang zwischen der Wegegruppe von $\mathfrak{C}$ und $\mathfrak{C}^*$ bei verzweigten Überlagerungen zerstört.

Bei regulären Überlagerungen sind die Verzweigungszahlen der Flächenstücke, die über demselben f^* stehen, alle einander gleich. Liegt hierbei f verzweigt über f^* von der Ordnung $k-1 \neq 0$, so gibt es solche Transformationen von $\mathfrak{C}$ in sich, welche den Randweg von f zyklisch in sich verschieben und welche also f wieder in f überführen. *Unter den regulären Überlagerungen sind also die verzweigten dadurch gekennzeichnet, daß sie Transformationen mit Fixelementen (nämlich Fix-Flächenstücken) gestatten.*

Das eingangs hervorgehobene Interesse dieser Überlagerungen für Mannigfaltigkeiten beruht auf dem Satz, daß *verzweigte Überlagerungen von Mannigfaltigkeiten wiederum Mannigfaltigkeiten* sind. Denn wenn jede Strecke s^* nur in zwei Randwegen $s^* w_1^*$ und $s^* w_2^*$ auftritt, so gilt dasselbe für jede über s^* liegende Strecke s.

2. Transformationen in sich und Automorphismen

Bei einer regulären Überlagerung $A\,(\mathfrak{C}) = \mathfrak{C}^*$ muß man drei Arten von Gruppen auseinanderhalten: die Wegegruppe $\mathfrak{W}$ des Komplexes $\mathfrak{C}$, die Wegegruppe $\mathfrak{W}^*$ des Komplexes $\mathfrak{C}^*$ und die Gruppe $\mathfrak{T}$ der Abbildungen von $\mathfrak{C}$ in sich, welche zu der regulären Überlagerung gehören. Wir haben bisher den Zusammenhang zwischen $\mathfrak{W}$ und $\mathfrak{W}^*$ einerseits, den zwischen $\mathfrak{T}$ und $\mathfrak{W}^*$ andererseits bei unverzweigten Überlagerungen untersucht, und wir wollen uns jetzt noch der Beziehung zwischen $\mathfrak{T}$ und $\mathfrak{W}$ bei beliebigen regulären Überlagerungen zuwenden.

Es seien $p_0, p_1, p_2, \ldots$ die Punkte aus $\mathfrak{C}$ über demselben Punkt p^* aus $\mathfrak{C}^*$ und $\mathfrak{W}_i$ die Gruppe der in p_i beginnenden geschlossenen Wege aus $\mathfrak{C}$, T_i die Abbildung von $\mathfrak{C}$ auf sich, welche p_0 nach p_i überführt. Alsdann vermittelt die Abbildung T_i zugleich einen bestimmten Isomorphismus I_i zwischen der Gruppe $\mathfrak{W}_0$ und $\mathfrak{W}_i$. Nun ist uns aber bereits eine Klasse von Isomorphismen zwischen den Gruppen $\mathfrak{W}_i$ bekannt. Ist nämlich w ein in p_i beginnender geschlossener Weg, h_i ein Weg, der von p_0 nach p_i führt, so ist $h_i\, w\, h_i^{-1}$ ein in p_0 beginnender geschlossener Weg und die Abbildung

$$[w] \longrightarrow [h_i\, w\, h_i^{-1}] \tag{1}$$

ein solcher Isomorphismus I_i^*. Mithin bilden die Transformationen $I_i I_i^{*-1}$ also Automorphismen der Gruppe $\mathfrak{W}_0 = \mathfrak{W}$, und zwar eine Restklasse von Automorphismen, welche sich aus einem Repräsentanten A_i und aus den inneren Automorphismen von $\mathfrak{W}$ zusammensetzen läßt. Die Gesamtheit dieser Automorphismen bildet eine Gruppe $\mathfrak{A}$; dieselbe ist isomorph zur Gruppe $\mathfrak{T}$ der Transformationen T, wenn keine der von der Identität verschiedenen Transformationen T nur innere Automorphismen induziert, und ist $\mathfrak{J}$ die Untergruppe der inneren Automorphismen von $\mathfrak{W}_0$, die ja nach 1, 12 eine invariante Untergruppe von $\mathfrak{A}$ bilden, so ist die Faktorgruppe $\mathfrak{A}/\mathfrak{J}$ ebenfalls isomorph zu $\mathfrak{T}$, und zwar einstufig.

3. Hauptgruppe einer regulären Überlagerung

Wir können den Zusammenhang zwischen $\mathfrak{W}$ und $\mathfrak{T}$ noch etwas genauer beleuchten, indem wir den universellen Überlagerungskomplex $\mathfrak{K}$ von $\mathfrak{C}$ bilden. *$A'(\mathfrak{K}) = \mathfrak{C}$ sei die Abbildung von $\mathfrak{K}$ auf $\mathfrak{C}$ und $A''(\mathfrak{K}) = \mathfrak{C}^*$ die durch A' und A induzierte Abbildung von $\mathfrak{K}$ auf $\mathfrak{C}^*$. Dann vermittelt A'' eine reguläre Überlagerung von $\mathfrak{K}$ über $\mathfrak{C}^*$.* Wegen der Transitivität der Überlagerung vermittelt A'' zunächst eine Überlagerung. Die Regularität derselben besagt: Ist w ein geschlossener Weg aus $\mathfrak{K}$ und $\overline{w}$ ein Weg aus $\mathfrak{K}$, für den $A''(w) = A''(\overline{w})$ ist, so ist auch $\overline{w}$ geschlossen. Wir bilden nun $A'(w)$ und $A'(\overline{w})$ und unterscheiden die beiden Fälle, daß

$$A'(w) = A'(w) \tag{1}$$

und daß

$$A'(w) \neq A'(\overline{w}) \tag{2}$$

ist. Im ersten Falle muß $A'(w)$ nach Definition des universellen Überlagerungskomplexes in 6, 15 ein auf $\mathfrak{C}$ zusammenziehbarer Weg sein, weil w geschlossen ist, folglich steht $\overline{w}$ über diesem zusammenziehbaren Weg und muß deswegen ebenfalls geschlossen sein. Im zweiten Falle benutzen wir, daß $A\big(A'(w)\big) = A\big(A'(\overline{w})\big)$ ist, daß also $A'(\overline{w})$ aus $A'(w)$ durch eine Transformation aus $\mathfrak{T}$ hervorgeht. Berandet also $A'(w)$ ein Flächenstück aus $\mathfrak{C}$, so muß dasselbe auch für $A'(\overline{w})$ gelten, und mithin muß auch $\overline{w}$ in $\mathfrak{K}$ geschlossen sein.

Ist $\mathfrak{C}^*$ ein Komplex, der nur einen Punkt enthält — und man kann jeden zusammenhängenden Komplex in einen solchen verwandeln, ohne seine Gruppe zu ändern und $\mathfrak{C}$ analog abgeändert denken —, so ist der in $\mathfrak{K}$ enthaltene Streckenkomplex $\mathfrak{K}_1$ nach 4, 18 ein Gruppenbild. Denn die Überlagerung $A''(\Re_1) = \mathfrak{C}_1^*$ ist regulär. Die Erzeugenden und definierenden Relationen der durch dieses Gruppenbild bestimmten Gruppe $\mathfrak{V}$ lassen sich aus denen von $\mathfrak{W}^*$ ablesen. Sind s_1^*, s_2^*, ... die singulären Strecken von $\mathfrak{C}_1^*$ und $r_1^*(s^*)$, $r_2^*(s^*)$, ..., $r_n^*(s^*)$ die einfachen Randwege der Flächenstücke $f_1^*, f_2^*, \ldots, f_n^*$ aus $\mathfrak{C}^*$, sind ferner die Flächenstücke f_i^* bei der Abbildung $(k_i - 1)$-fach verzweigt überlagert, so entsprechen die Erzeugenden S_1, S_2, ... von $\mathfrak{V}$ eineindeutig den s_1^*, s_2^*, ..., und die definierenden Relationen erhält man, indem man in den Potenzprodukten $r_i^*(s^*)^{k_i}$ die s_i^* bzw. durch S_i ersetzt. Denn die Randwege der Flächenstücke von $\Re$ und $\mathfrak{C}$ stehen über den Wegen $r_i^*(s^*)^{k_i}$. $\mathfrak{V}$ *heiße die Hauptgruppe der regulären Überlagerung* $A(\mathfrak{C}) = \mathfrak{C}^*$.

4. Struktur der Hauptgruppe

Die Struktur der Hauptgruppe $\mathfrak{V}$ steht mit $\mathfrak{W}_0$ und den Automorphismen von $\mathfrak{W}_0$ aus $\mathfrak{A}$ in Zusammenhang. Die Wege w des Gruppenbildes $\Re_1$, welche in Punkten beginnen und endigen, die über p_0 von $\mathfrak{C}$ liegen, bestimmen eine *Untergruppe* $\mathfrak{U}$ *von* $\mathfrak{V}$, *welche zu* $\mathfrak{W}_0$ *einstufig isomorph ist.* Die Potenzprodukte aus $\mathfrak{U}$ erhält man, indem man in $A''(w) = w^*(s^*)$ die s_i^* durch S_i ersetzt.

Trägt man irgendein Element aus $\mathfrak{U}$ von irgendeinem Punkte p in $\Re_1$ ab, so endet der diesem Element entsprechende Weg in einem Punkte p', der über demselben Punkt in $\mathfrak{C}$ steht wie p, $A'(p) = A'(p')$. Denn die Überlagerung $A(\mathfrak{C}) = \mathfrak{C}^*$ ist regulär. Die Gruppe $\mathfrak{U}$ hängt also von p_0 nicht ab. $\mathfrak{U}$ *ist* aus diesem Grunde *eine invariante Untergruppe von* $\mathfrak{V}$. Ist nämlich U irgendein Wort aus $\mathfrak{U}$, so bestimmt U von irgendeinem Punkte abgetragen einen Weg, dessen Bild in $\mathfrak{C}$ geschlossen ist, $S U S^{-1}$ bestimme einen Weg, dessen Bild in $\mathfrak{C}$ ein Weg $s w \bar{s}^{-1}$ sei; w ist hierin der U entsprechende geschlossene Weg und daher $s = \bar{s}$; denn beide Strecken endigen in demselben Punkt und stehen über derselben Strecke s^*. Also ist $s w s^{-1}$ wiederum geschlossen, und $S U S^{-1}$ gehört also zu $\mathfrak{U}$.

Zugleich sieht man hieraus, daß *dem durch*

$$S \mathfrak{U} S^{-1} = \mathfrak{U}$$

vermittelten Automorphismus von $\mathfrak{U}$ *ein bestimmter Automorphismus aus der oben angegebenen Gruppe* $\mathfrak{A}$ *zugeordnet ist.* Denn ist p irgendein Punkt aus $\mathfrak{C}$, und sind w und $w' = s w s^{-1}$ die den Elementen U und

SUS^{-1} entsprechenden Wege, so wird der Teilweg w von w' entweder in einem von p verschiedenen Punkt p' beginnen und endigen, oder in p beginnen und endigen. Im ersten Falle können wir s an Stelle von h in der Formel 7, 2 (1) verwenden und den durch $S\mathfrak{U}S^{-1} = \mathfrak{U}$ vermittelten Automorphismus als

$$[w] \longrightarrow [s\,w\,s^{-1}]$$

schreiben. Im zweiten Falle ist s ein geschlossener Weg aus $\mathfrak{C}$, gehört also in die Untergruppe $\mathfrak{U}$, und $S\mathfrak{U}S^{-1} = \mathfrak{U}$ ist ein innerer Automorphismus von $\mathfrak{U}$.

Das Gruppenbild $\mathfrak{R}_1$ gestattet nach 4, 20 eine einfachtransitive Gruppe von Transformationen $\overline{\mathfrak{B}}$, die zur Gruppe der Wege $\mathfrak{B}$ einstufig isomorph ist, die $\mathfrak{U}$ entsprechende Untergruppe $\overline{\mathfrak{U}}$ von $\overline{\mathfrak{B}}$ vertauscht diejenigen Punkte untereinander, welche über demselben Punkt von $\mathfrak{C}$ stehen. Diese Abbildungen von $\mathfrak{R}_1$ auf sich lassen sich zu solchen von $\mathfrak{R}$ erweitern.

Einer Abbildung T von $\mathfrak{C}$, welche den Punkt p_0 in den Punkt p_i überführt, entspricht eine Klasse von Abbildungen der Überlagerung $\mathfrak{R}$: nämlich alle diejenigen Abbildungen, welche einen Punkt über p_0 in einen Punkt über p_i überführen. Die Gesamtheit dieser Transformationen bildet eine Restklasse nach $\overline{\overline{\mathfrak{U}}}$. *Die Gruppe $\mathfrak{T}$ ist also zur Faktorgruppe $\overline{\mathfrak{B}}/\overline{\mathfrak{U}}$ bzw. $\mathfrak{B}/\mathfrak{U}$ einstufig isomorph.*

Ebenso folgt: die Gruppe $\mathfrak{B}$ ist zur Gruppe $\mathfrak{A}$ der oben angegebenen Automorphismen von $\mathfrak{W}_0$ isomorph. Ist nämlich V irgendein Element aus $\mathfrak{B}$, so ist durch

$$VUV^{-1} = U' \tag{1}$$

diesem Element ein bestimmter Automorphismus aus $\mathfrak{A}$ zugeordnet. Diese Beziehung vermittelt einen Isomorphismus von $\mathfrak{B}$ auf $\mathfrak{A}$, sie ist ein einstufiger Isomorphismus, wenn es in $\mathfrak{B}$ nie zwei Elemente gibt, welche in $\mathfrak{U}$ denselben Automorphismus induzieren, bzw. wenn aus

$$V_0 U V_0^{-1} = U \tag{2}$$

gültig für alle U aus $\mathfrak{U}$ immer $V_0 = 1$ folgt. In diesem Falle ist die V_0 entsprechende Abbildung von $\mathfrak{C}$ auf sich die Identität. Wenn keine der Transformationen T innere Automorphismen in $\mathfrak{U}$ induziert, also kein Automorphismus (1) ein innerer Automorphismus von $\mathfrak{U}$ ist, es sei denn, daß V zu $\mathfrak{U}$ gehört, so muß V_0 in (2) also zu $\mathfrak{U}$ gehören, und zwar wegen (2) genauer zum Zentrum von $\mathfrak{U}$. Zusammenfassend können wir also sagen:

Die Gruppe der Autormorphismen $\mathfrak{A}$ *und die Gruppe* $\mathfrak{B}$ *sind einstufig isomorph, wenn*

1. eine jede von der Identität verschiedene Transformation T *aus* $\mathfrak{T}$ *einen Automorphismus induziert, der kein innerer Automorphismus ist und*

2. wenn das Zentrum von $\mathfrak{U}$ *nur aus dem Einheitselement besteht.*

5. Gruppenbilder und Mannigfaltigkeiten

Jedes Gruppenbild einer endlichen Gruppe kann man auf verschiedene Weise in die reguläre Überlagerung einer orientierten Mannigfaltigkeit verwandeln [1]). Dies wird erreicht, indem man in die von einem Punkt des Gruppenbildes ausgehenden Strecken in bestimmter Weise zyklisch anordnet. s_{ik} seien die von den Punkten p_k ausgehenden Strecken des Gruppenbildes, $S_i^{\pm 1}$ ($i = 1, 2, \ldots, r$) die den Strecken s_{ik} entsprechenden Erzeugenden der zugehörigen Gruppe, und es sei $A(s_{ik}) = S_i$ ($i = 1, 2, \ldots, r$), ferner sei

$$s_{\alpha_1, k}, \; s_{\alpha_2, k}, \; \ldots, \; s_{\alpha_{2r}, k}$$

ein den Punkten p_k ($k = 1, 2, \ldots, o$) zugeordnete Stern, der die sämtlichen von p_k ausgehenden Strecken gerade einmal enthält. *Bilden wir nun den Stern*

$$A(s_{\alpha_1, k}), \; A(s_{\alpha_2, k}), \; \ldots, \; A(s_{\alpha_{2r}, k}); \tag{1}$$

so möge für alle k *derselbe „Stern" der* S *entstehen.*

Mit Hilfe dieser Sterne erklären wir eine Klasse von Wegen, die wir in einfache positive Randwege unserer Mannigfaltigkeit verwandeln und schon jetzt Randwege nennen wollen. *Der geschlossene Weg*

$$s_{\beta_1 \gamma_1} \; s_{\beta_2 \gamma_2} \cdots s_{\beta_m \gamma_m}$$

heiße ein positiver Randweg $r(s)$, *wenn*

$$s_{\beta_i \gamma_i}^{-1}, \; s_{\beta_{i+1}, \; \gamma_{i+1}} \; (i = 1, 2, \ldots, m-1) \quad und \quad s_{\beta_m \gamma_m}^{-1}, \; s_{\beta_1 \gamma_1}$$

in dieser Anordnung im Stern des Punktes vorkommen, in welchem diese beiden Strecken beginnen. $r(s)$ *heiße ein einfacher Randweg, wenn* $r(s)$ *keinen Teilweg enthält, der ebenfalls Randweg nach der eben gemachten Erklärung ist.*

---

[1]) Vgl. E. Steinitz: „Polyeder und Raumeinteilungen", Math. Enzykl. III, A B 12, § 48, 49.

Jede Strecke läßt sich in mindestens einen einfachen positiven Randweg einbetten, der sie positiv durchläuft, und zwei verschiedene solche Wege gehen durch zyklische Vertauschung auseinander hervor. Ebenso läßt sich jede Strecke in mindestens einen einfachen positiven Randweg einbetten, der sie in negativem Sinne durchläuft, und zwei verschiedene solche Wege gehen durch zyklische Vertauschung auseinander hervor. Jeder Randweg durchläuft dieselbe Strecke nur einmal in demselben Sinne, er kann jedoch eine Strecke in beiden Richtungen durchlaufen. Die so bestimmten Randwege haben also die in 5, 13 festgestellten Eigenschaften von Randwegen orientierter Mannigfaltigkeiten.

Sind

$$r_i(s) \quad (i = 1, 2, \ldots, q)$$

ein System von Randwegen, aus dem alle einfachen positiven Randwege durch zyklische Vertauschung der s gewonnen werden können, so fügen wir nun die q Flächenstücke $f_1, f_2, \ldots, f_q$ mit den Randwegen $r_1, r_2, \ldots, r_q$ hinzu. Es entsteht alsdann eine orientierbare Mannigfaltigkeit $\mathfrak{M}$.

Die geschlossenen Wege des Gruppenbildes zerfallen nunmehr in zwei Klassen, solche, welche in $\mathfrak{M}$ zusammenziehbar sind, und solche, die dies nicht sind. Ist w in $\mathfrak{M}$ zusammenziehbar, und ist $\overline{w}$ ein anderer Weg, für den $A(w) = A(\overline{w})$ ist, so ist auch $\overline{w}$ in $\mathfrak{M}$ zusammenziehbar. Denn ist w ein einfacher Randweg und $A(w) = A(\overline{w})$, so ist auch $\overline{w}$ wegen der Forderung über die Sterne der Punkte p_k ein Randweg.

Hieraus folgt, daß sich *die Abbildungen des Gruppenbildes zu solchen der Mannigfaltigkeit $\mathfrak{M}$ erweitern* lassen. Hierbei werden die Flächenstücke natürlich i. a. nicht transitiv untereinander vertauscht.

Bildet man die zu $\mathfrak{M}$ duale Mannigfaltigkeit $\overline{\mathfrak{M}}$, so gestattet $\overline{\mathfrak{M}}$ ebenfalls eine Gruppe von Abbildungen, bei welchen die Flächenstücke, die den Punkten von $\mathfrak{M}$ bzw. denen des Gruppenbildes entsprechen, transitiv untereinander vertauscht werden.

Aus den Randwegen $r_i(s)$ ergibt sich eine Klasse von Relationen $R_i(S)$ der Gruppe, indem man in $r_i(s)$ die s durch $A(s)$ ersetzt; zu höchstens je o sind diese Relationen miteinander identisch, wenn o wie oben die Ordnung der Gruppe ist. Sind

$$R_i(S) \quad (i = 1, 2, \ldots, e)$$

die verschiedenen Relationen, so gibt es für jedes R_i einen maximalen Exponenten k_i, so daß

$$R_i = R_i^{*\,k_i}$$

ist. *Aus den R_i^* können wir die Mannigfaltigkeit $\mathfrak{M}^*$ konstruieren, welche die Mannigfaltigkeit $\mathfrak{M}$ regulär überlagert.* Wir ordnen nämlich den Erzeugenden $S_i^{\pm 1}$ je eine singuläre Strecke $s_i^{*\pm 1}$ zu, die in p^* beginnt und endigt, und nehmen als einfache positive Randwege der Flächenstücke f_i^* die $r_i^*(s^*)$ $(i = 1, 2, \ldots, e)$, die entstehen, indem man in den $R_i^*(S)$ die S_i durch s_i^* ersetzt. Der Stern der Strecken s^* in p^* geht alsdann durch Vertauschung der S mit den entsprechenden s^* aus dem Zyklus (1) hervor, und $\mathfrak{M}$ überlagerte $\mathfrak{M}^*$ in der Tat regulär.

Konstruieren wir den *universellen Überlagerungskomplex* $\mathfrak{K}$ von $\mathfrak{M}$, so bildet der Streckenkomplex $\mathfrak{K}_1$ von $\mathfrak{K}$ das Gruppenbild der Hauptgruppe $\mathfrak{B}$ dieser Überlagerung mit den Erzeugenden

$$S_l\,(l = 1, 2, \ldots, r)$$

und den Relationen

$$R_i = R_i^{*\,k_i} \equiv 1 \quad (i = 1, 2, \ldots, e).$$

$\mathfrak{K}$ heiße ein *ebener Komplex* und $\mathfrak{K}_1$ mit der zyklischen Anordnung der Strecken, die von einem Punkte ausgehen, *ein ebenes Gruppenbild erster Art*, $\mathfrak{B}$ *eine ebene Gruppe erster Art*.

6. Punktartige Verzweigung

Man kann unter Umständen auch aus dem Gruppenbild einer unendlichen Gruppe mit endlich vielen Erzeugenden eine Mannigfaltigkeit erklären, indem man einen Zyklus der Erzeugenden vorgibt, nämlich dann, wenn dadurch wirklich geschlossene Randwege entstehen. Das braucht aber nicht der Fall zu sein. Will man hier nämlich eine Strecke in einen Randweg einbetten, so kann es vorkommen, daß dieser Weg sich nicht schließt. Man erhält aber auch so eine ganz bestimmte, der Ausgangsstrecke eindeutig zugeordnete Klasse immer noch fortsetzbarer Wege bzw. einen unendlichen offenen Weg, der *unendlicher Randweg* genannt werden möge.

Daraus erkennt man, daß ein Gruppenbild mit unendlichen Randwegen als eindimensionaler dualer Komplex $\mathfrak{D}_1$ einer Mannigfaltigkeit $\overline{\mathfrak{M}}$ aufgefaßt werden kann, die man erhält, indem man jedem Punkt p_i des Gruppenbildes ein Flächenstück $\overline{f_i}$ und den Klassen der durch zyklische Vertauschung hervorgehenden Randwege sowie den unendlichen Randwegen je einen Punkt $\overline{p_k}$ von $\overline{\mathfrak{M}}$ entsprechen läßt. Es entsteht so ein Komplex, der eine Gruppe von Transformationen gestattet, welche die Flächenstücke $\overline{f_i}$ einfach transitiv untereinander vertauschen. Solche Komplexe wurden ursprünglich zur Repräsentation beliebiger Gruppen mit endlich vielen Erzeugenden verwendet [1]).

Zu $\overline{\mathfrak{M}}$ kann man analog den universellen Überlagerungskomplex $\overline{\mathfrak{K}}$ konstruieren. $\overline{\mathfrak{K}}$ heiße ein Überlagerungskomplex zweiter Art, der zu $\overline{\mathfrak{K}}$ duale eindimensionale Komplex $\mathfrak{K}_1$ mit der bestehenden zyklischen Anordnung der Strecken in einem Punkte heiße *ein ebenes Gruppenbild zweiter Art*, die zugehörige Gruppe eine *ebene Gruppe zweiter Art*. Spannt man in die durch diese zyklische Anordnung der Strecken in den Punkten bestimmten endlichen Randwege Flächenstücke ein, so berandet jeder einfache geschlossene Weg aus $\overline{\mathfrak{K}}_1$ ein Flächenstück.

Kehren wir zu dem Fall zurück, wo sich die Mannigfaltigkeit $\mathfrak{M}$ und die zu ihr duale $\overline{\mathfrak{M}}$ beide aus dem Gruppenbild konstruieren lassen. $\mathfrak{M}$ überlagere hierbei $\mathfrak{M}^*$, und zwar sei $A(\mathfrak{M}) = \mathfrak{M}^*$. Man kann alsdann eine zu $\mathfrak{M}^*$ duale Mannigfaltigkeit $\overline{\mathfrak{M}}^*$ und eine durch die duale Zuordnung vermittelte Überlagerung $B(\overline{\mathfrak{M}}) = \overline{\mathfrak{M}}^*$ erklären. Falls die Überlagerung A unverzweigt ist, gilt dies auch von B und umgekehrt. Ist A hingegen verzweigt, so bildet die Überlagerung B einen neuen Typus von Überlagerungen, *die Verzweigung findet hier an Punkten statt*.

Eine solche Überlagerung läßt sich bei allgemeinen Flächenkomplexen nicht bilden, weil dort den Punkten keine Sterne entsprechen. Bei Mannigfaltigkeiten hingegen ist es sehr geläufig, sich für die punktartige Verzweigung zu interessieren, z. B. bei Konstruktion der Riemannschen Flächen in der Funktionentheorie und bei Konstruktion der Fundamentalbereiche diskontinuierlicher Gruppen. Im übrigen hängen beide Arten der Überlagerung so eng zusammen, daß es gleichgültig ist, von welcher Definition man den Ausgang nimmt.

---

[1]) W. v. Dyck, Math. Ann. **20**, 1 (1882).

7. Elementarverwandte Überlagerungen

Von Interesse ist weniger der einzelne Überlagerungskomplex, als vielmehr die Klasse dieser Komplexe, die durch elementare Transformationen auseinander hervorgehen. Überlagert die Mannigfaltigkeit $\mathfrak{M}$ die Mannigfaltigkeit $\mathfrak{M}^*$, und ist $A(\mathfrak{M}) = \mathfrak{M}^*$ unverzweigt, und wird $\mathfrak{M}^*$ durch elementare Transformation zu $\mathfrak{M}^{*\prime}$ abgeändert, so läßt sich auch $\mathfrak{M}$ durch eine elementare Transformation zu $\mathfrak{M}'$ abändern und eine Überlagerung $A'(\mathfrak{M}') = \mathfrak{M}^{*\prime}$ erklären, die in denjenigen Stücken, welche in $\mathfrak{M}$ und $\mathfrak{M}'$ sowie in $\mathfrak{M}^*$ und $\mathfrak{M}^{*\prime}$ gemeinsam vorkommen, mit der Abbildung A identisch ist. Dies hatten wir in 6, 14 bereits ausgeführt. Ähnlich liegen die Verhältnisse bei verzweigten Überlagerungen. *Wird $\mathfrak{M}^*$ durch eine elementare Erweiterung abgeändert, so läßt sich auch $\mathfrak{M}$ analog erweitern und eine neue verzweigte Überlagerung der neuen Mannigfaltigkeit erklären. Dagegen lassen die Reduktionen, die in $\mathfrak{M}^*$ möglich sind, sich nicht immer durch Abänderungen von $\mathfrak{M}$ ausgleichen.* Ist nämlich

$$A(f_i) = f_i^* \quad (i = 1, 2),$$

und überlagert f_i das Flächenstück f_i^* in beiden Fällen verzweigt, und werden f_1^* und f_2^* beide von der Strecke s^* berandet, so können die über s^* liegenden Strecken nicht eliminiert werden, weil mehrere solche gleichzeitig in den Berandungen von f_1 und f_2 auftreten. Überlagert hingegen f_2 z. B. f_2^* unverzweigt, so kann man die über f_2^* liegenden Flächenstücke sukzessive mit den über f_1^* liegenden durch elementare Reduktion verschmelzen. Reduktionen erster und dritter Art lassen sich stets ausführen. Analoges gilt von den Reduktionen erster Art bei den Überlagerungen, die in Punkten verzweigt sind.

Sind $A(\mathfrak{M}) = \mathfrak{M}^*$ und $A'(\mathfrak{M}') = \mathfrak{M}^{*\prime}$ zwei Überlagerungskomplexe, die in der beschriebenen Weise durch elementare Transformationen auseinander hervorgehen, so mögen sie kurz zueinander *elementarverwandt* heißen.

8. Normalformen von Überlagerungen

Nach diesen Vorbemerkungen wollen wir den verzweigt überlagerten Komplex $\mathfrak{M}^*$ in eine Normalgestalt bringen und folgenden Satz beweisen: *Ist die Überlagerung $A(\mathfrak{M}) = \mathfrak{M}^*$ längs den Flächenstücken $f_1^*, f_2^*, \ldots, f_n^*$ mit den Randwegen $r_1^*, r_2^*, \ldots, r_n^*$ verzweigt,* *und zwar von der Ordnung* $k_i - 1$ $(k_i \leq k_{i+1})$, *so gibt es eine äquivalente Überlagerung* $A(\mathfrak{N}) = \mathfrak{N}^*$, *bei der* $\mathfrak{N}^*$ *einen Punkt und* n *Flächenstücke* f_i^* *mit den Randwegen*

$$r_i^*(s^*) = s_i^* \quad (i = 1, 2, \ldots, n-1), \quad r_n^*(s^*) = s_1^* s_2^* \ldots s_{n-1}^* r^*(s^*)$$

enthält, $r^*(s^*)$ *ist hierin der Randweg eines Normalpolygons.*

Zunächst lassen sich nämlich durch Reduktionen dritter Art in $\mathfrak{M}^*$ alle Punkte zu einem einzigen zusammenziehen und die unverzweigt überlagerten Flächenstücke durch Reduktionen zweiter Art eliminieren. Durchläuft der Randweg von f_1^* in der so entstandenen Mannigfaltigkeit nun z. B. noch verschiedene Strecken, so zerlegen wir f_1^* in f_{11}^* mit den Randwegen $r_{11}^* = t^*$ und f_{12}^* mit dem Randwég $r_{12}^* = t^{*-1} r_1^*$. Liegt f_1 über f_1^* und ist der Randweg r_1 von f_1 gleich $r_{11} r_{12} \ldots r_{1k}$ mit $A(r_{1i}) = r_1^*$, so ist f_1 in f_{11} mit dem Randweg $t_1 t_2 \ldots t_k$ und f_{1i} mit dem Randweg $t_i^{-1} r_{1i}$ $(i = 1, 2, \ldots, k)$ zu verwandeln, f_{11}^* wird $(k-1)$-fach verzweigt und f_{1i}^* unverzweigt überlagert. Daher läßt sich f_{1i}^* durch elementare Reduktion mit $f_n^{*\prime}$ verschmelzen. Durch Iteration dieses Schrittes erreichen wir eine Gestalt, in welcher $n-1$ Flächenstücke f_i^* vorkommen, die nur von einer Strecke t_i^* berandet werden. Der Rand des letzten Flächenstückes r_n^* durchläuft diese t_i^* nur je einmal, die übrigen Strecken je zweimal.

Es sei ferner $r_n^* = t_\alpha^{*-1} s^* r_{n1}^*$ oder $r_n^* = t_\alpha^{*-1} t_\beta^{*-1} r_{n1}^*$, wir können dann in vier Schritten statt dessen die Randwege $r_n^{\prime *} = s^* t_\alpha^{*-1} r_{n1}^*$ bzw. $\bar{t}_\beta^{*-1} \bar{t}_\alpha^{*-1} r_{n1}^*$ erreichen. Im ersten Fall unterteilen wir f_n^* durch eine Strecke u^* in f_{n1}^* mit dem Randweg $t_\alpha^{*-1} s^* u^*$ und f_{n2}^* mit $u^{*-1} r_{n1}^*$, f_{n1}^* wird alsdann unverzweigt und f_{n2}^* verzweigt überlagert, und f_{n1}^* läßt sich daher mit f_α^* längs t_α^* zu $f_\alpha^{\prime *}$ mit dem Randweg $s^* u^*$ verschmelzen. Alsdann unterteilen wir $f_\alpha^{\prime *}$ mit $t_\alpha^{\prime *}$ in ein Flächenstück $f_\alpha^{\prime\prime *}$ mit dem Randweg $t_\alpha^{\prime *}$ und $f_{n1}^{\prime *}$ mit dem Randweg $s^* u^* t_\alpha^{\prime *-1}$ und verschmelzen alsdann das unverzweigt überlagerte $f_{n1}^{\prime *}$ mit f_{n2}^* längs u^*. Im zweiten Fall verfährt man analog.

Durch sukzessive Anwendung dieser Operation kann man f_n^* mit dem Randweg

$$t_1^* t_2^* \ldots t_{n-1}^* r^*(s^*)$$

erhalten. Hierbei wird $r^*(s^*)$ der Rand eines Normalpolygons, das man nach 5, 11 in die kanonische Normalgestalt überführen kann.

Bei den punktartig verzweigten Überlagerungen erzielt man Normalformen mit einem Flächenstück und n Verzweigungspunkten der Ordnung $k_i - 1$. Die Verzweigungspunkte p_i der Ordnung $k_i - 1$ $(k_i \leq k_{i+1})$ $(i = 1, 2, \ldots, n-1)$ beranden je eine reguläre Strecke t_i^*, welche in p_n endigt, der Randweg des Flächenstückes ist dann

$$t_1^*\, t_1^{*-1}\, t_2^*\, t_2^{*-1} \ldots t_{n-1}^*\, t_{n-1}^{*-1}\, r^*\,(s^*),$$

wo $r^*(s^*)$ der Rand eines Normalpolygons zweiter Art ist.

9. Hauptgruppen in der Normalform

Aus dem vorigen Abschnitt ergibt sich für Hauptgruppen:

Die Hauptgruppe $\mathfrak{B}$ hat in der Normalgestalt die Relationen

$$\begin{aligned}
T_i^{k_i} &\equiv 1 \quad (i = 1, 2, \ldots, n-1) \\
R_n &= R_n^{*\,k_n} = (T_1\, T_2 \ldots T_{n-1}\, R(S))^{k_n} \equiv 1.
\end{aligned} \tag{1}$$

Hierin entsteht $R(S)$ aus $r^*(s^*)$, indem man die s^* bzw. durch die S ersetzt. Die Struktur der Gruppe $\mathfrak{B}$ ist also durch die Verzweigungszahlen und das Geschlecht des Überlagerungskomplexes $\mathfrak{M}^*$ festgelegt. Besitzt bei den punktartig verzweigten Überlagerungen mindestens ein Punkt unendliche Verzweigungsordnung, so bleiben nur Relationen der Form

$$T_i^{k_i} = 1 \tag{2}$$

übrig. Die Gruppe wird also freies Produkt zyklischer Gruppen.

Während sich bei flächenartig verzweigten Überlagerungskomplexen erster Art aus der Struktur der Gruppe sofort das Geschlecht der überlagerten Mannigfaltigkeit erkennen läßt (man bilde die Faktorgruppe der Kommutatorgruppe und setze in ihr alle Elemente endlicher Ordnung gleich der Identität, es entsteht eine freie ABELsche Gruppe mit $2g$ Erzeugenden, und g ist das gesuchte Geschlecht), ist dies bei den punktartig verzweigten im allgemeinen nicht der Fall. Zum Beispiel läßt sich das Gruppenbild einer freien Gruppe mit zwei Erzeugenden so in der Ebene realisieren, daß die überlagerte Mannigfaltigkeit das Geschlecht 0 oder 1 bekommt.

Die Anzahl der Verzweigungsflächen bzw. -punkte und die Verzweigungszahlen lassen sich in beiden Fällen bestimmen, und zwar mit Hilfe des folgenden Satzes:

Seien T_i, S_k die Erzeugenden der Gruppe $\mathfrak{B}$ in der Normalgestalt, welche die Relationen (1) bzw. (2) erfüllen. *Ist alsdann Q irgendein Element endlicher Ordnung, also*

$$Q^q = 1 \ (q \neq 0, \ 1),$$

so ist

$$Q = L\, T_i^a\, L^{-1} \ \textit{oder} \ \ Q = L\, R_n^{*\,a}\, L^{-1}.$$

Dagegen ist kein T_i das Transformierte eines Elementes T_l^a mit $i \neq l$ oder eines Elementes $R_n^{*\,a}$. Ist dieser Satz richtig, so sind die k_i offenbar durch die Gruppenstruktur bestimmt. Der Beweis des Satzes ergibt sich aus der Lösung des Wortproblems, die für ebene Gruppen erster Art mit der Einschränkung $k_i \geqq 5$ in 7, 15 bis 17 und für ebene Gruppen zweiter Art in 2, 6 erbracht ist.

Aus der Beziehung zu den überlagerten Komplexen kann man sich die Gestalt der ebenen Gruppenbilder in der Normalform sehr leicht verdeutlichen. Bei den Gruppen erster Art berandet jede Strecke gerade zwei Flächenstücke. Um jeden Punkt herum liegen in der Normalgestalt $n - 1$ Flächenstücke, die bzw. den $(n - 1)$ Relationen $T_i^{k_i}$ $(i = 1, 2, \ldots, n - 1)$ entsprechen, dieselben werden je durch ein der Relation R_n entsprechendes Flächenstück verbunden. Zwischen den $T_1^{k_1}$ und $T_n^{k_n}$ entsprechenden Flächenstücken liegen schließlich $2\,g$ der Relation R_n entsprechende Flächenstücke. Die $n + 2\,g - 1$ der Relation R_n entsprechenden Flächenstücke um jeden Punkt entsprechen den $n + 2\,g - 1$ verschiedenen, durch zyklische Permutation aus R_n hervorgehenden Relationen. So kann man die Gruppenbilder unserer Gruppen nach geometrischen Vorschriften konstruieren.

10. Eigenschaften elementar verwandter Überlagerungen

Sind äquivalente Überlagerungen $A(\mathfrak{M}) = \mathfrak{M}^*$ und $A'(\mathfrak{M}') = \mathfrak{M}^{*\prime}$ vorgelegt, so sind die ihnen zugeordneten Gruppen $\mathfrak{T}$, $\mathfrak{A}$, $\mathfrak{B}$, $\mathfrak{U}$ und $\mathfrak{T}'$, $\mathfrak{A}'$, $\mathfrak{B}'$, $\mathfrak{U}'$ einstufig isomorph. Es gibt genauer einen solchen Isomorphismus zwischen $\mathfrak{B}$ und $\mathfrak{B}'$, daß darin die Untergruppe $\mathfrak{U}$ von $\mathfrak{B}$ in die Untergruppe $\mathfrak{U}'$ von $\mathfrak{B}'$ übergeht. Diese Isomorphismen reichen aber ohne weiteres nicht hin, um die Äquivalenz zu garantieren. Die Äquivalenz beliebiger Überlagerungen läßt sich jedoch auf die Äquivalenz der ebenen Überlagerungen zurückführen.

Sind $A(\mathfrak{R}) = \mathfrak{R}^*$ und $A'(\mathfrak{R}') = \mathfrak{R}^{*\prime}$ zwei ebene Überlagerungen, die durch eine bestimmte Kette von elementaren Transformationen miteinander verknüpft sind, so wird dadurch zwischen ihren Gruppen $\mathfrak{B}$ und $\mathfrak{B}'$ ein bestimmter Isomorphismus bewirkt. Sind T_i, S_i bzw. T_i', S_i' die Erzeugenden von $\mathfrak{B}$ und $\mathfrak{B}'$ und $I(\mathfrak{B}') = \mathfrak{B}$ der angegebene Isomorphismus, so sind

$$I(T_i') \quad \text{und} \quad I(S_i')$$

bestimmte Potenzprodukte in den T_i, S_i. Sind überdies die beiden Komplexe $\mathfrak{K}$ und $\mathfrak{K}'$ isomorph, so sind die Relationen zwischen den T_i, S_i und T_i', S_i' ganz dieselben und die Transformation $\bar{T}_i = I(T_i)$ $\bar{S}_i = I(S_i)$ ist mithin ein Automorphismus der Gruppe $\mathfrak{B}$. Die Gesamtheit der so durch elementare Transformation bewirkten Automorphismen bilden eine Gruppe $\mathfrak{G}$.

Sind nun $A(\mathfrak{M}) = \mathfrak{M}*$ *und* $A'(\mathfrak{M}') = \mathfrak{M}*'$ *zwei Überlagerungen in der Normalgestalt* $\mathfrak{B}$, $\mathfrak{U}$, $\mathfrak{B}'$, $\mathfrak{U}'$ *die ihnen zugeordneten Gruppen, so ist notwendig und hinreichend für die Elementarverwandtschaft der beiden Überlagerungen, daß bei der durch*

$$S_i \longrightarrow S_i' \quad T_i \longrightarrow T_i'$$

vermittelten Zuordnung der Gruppen $\mathfrak{B}$ *und* $\mathfrak{B}'$ *auch* $\mathfrak{U}$ *in* $\mathfrak{U}'$ *übergeht, oder daß es einen Automorphismus aus* $\mathfrak{G}$ *gibt, welcher* $\mathfrak{B}'$ *auf sich und* $\mathfrak{U}'$ *in* $\mathfrak{U}''$ *überführt, wenn* $\mathfrak{U}$ *bei der Abbildung* $S_i \longrightarrow S_i'$ $T_i \longrightarrow T_i'$ *in* $\mathfrak{U}''$ *übergeht.*

Sind zwei Überlagerungen gegeben, bei denen sich die Gruppe $\mathfrak{B}$ so auf $\mathfrak{B}'$ mittels $I_1(\mathfrak{B}) = \mathfrak{B}'$ isomorph beziehen läßt, daß dabei $\mathfrak{U}$ nach $\mathfrak{U}'$ übergeht und wird ferner durch elementare Transformationen ein Isomorphismus $I_2(\mathfrak{B}) = \mathfrak{B}'$ zwischen $\mathfrak{B}$ und $\mathfrak{B}'$ bewirkt, bei welchem die Untergruppe $\mathfrak{U}$ in die Untergruppe $\mathfrak{U}''$ übergeht, so geht $\mathfrak{U}''$ aus $\mathfrak{U}'$ natürlich durch einen Automorphismus $A(\mathfrak{B}') = \mathfrak{B}'$ von $\mathfrak{B}'$ hervor. Es ist aber nicht gesagt, daß A zu $\mathfrak{G}$ gehört. Die Frage, ob durch irgendeinen Isomorphismus I_1 von $\mathfrak{B}$ auf $\mathfrak{B}'$ die Elementarverwandtschaft der zugehörigen Überlagerungen garantiert wird, kommt also auf die Frage heraus, ob die durch elementare Transformationen bewirkten Automorphismen von $\mathfrak{B}$ alle Automorphismen von $\mathfrak{B}$ sind oder nicht. Für unverzweigte Überlagerungen ist $\mathfrak{G}$ die vollständige Automorphismengruppe (vgl. 6, 11), sonst ist dies vorläufig nur eine Vermutung.

11. Untergruppen ebener Gruppen

Es sei ein ebener Überlagerungskomplex $\mathfrak{K}$ mit $A(\mathfrak{K}) = \mathfrak{M}*$ vorgelegt, $\mathfrak{B}$ *sei die Gruppe der Transformationen des Komplexes* $\mathfrak{K}$ *in sich und* $\mathfrak{U}$ *irgendeine Untergruppe von* $\mathfrak{B}$. *Alsdann gibt es einen*

Komplex $\mathfrak{M}$ *und eine reguläre Überlagerung* $A'(\mathfrak{K}) = \mathfrak{M}$ *derart,
daß zwei Elemente von* $\mathfrak{K}$ *dann und nur dann über demselben Element
von* $\mathfrak{M}$ *stehen, wenn sie durch eine Transformation aus* $\mathfrak{U}$ *ineinander
übergeführt werden.* Wir können nämlich zunächst den eindimensionalen Komplex $\mathfrak{M}_1$ und eine Überlagerung $A'(\mathfrak{K}_1) = \mathfrak{M}_1$ des
eindimensionalen Unterkomplexes $\mathfrak{K}_1$ von $\mathfrak{K}$ nach 4, 20 konstruieren,
alsdann die zyklische Anordnung der Strecken durch einen Punkt
von $\mathfrak{K}_1$ auf $\mathfrak{M}_1$ übertragen und dann $\mathfrak{M}$ mit Hilfe der nun in $\mathfrak{M}_1$
bestimmten Randwege konstruieren. Es gibt alsdann auch eine
Überlagerung $A''(\mathfrak{M}) = \mathfrak{M}^*$, für die $A''(A'(\mathfrak{K})) = A(\mathfrak{K}) = \mathfrak{M}^*$ ist.
Dies folgt ebenfalls analog wie in 4, 20. A'' ist eine reguläre
Überlagerung oder nicht, je nachdem $\mathfrak{U}$ eine invariante Untergruppe
von $\mathfrak{B}$ ist oder nicht. Ist A'' eine unverzweigte Überlagerung, so
gilt dies auch von A'; ist A'' eine verzweigte Überlagerung, so
kann A' verzweigt oder unverzweigt sein. Nur im letzten Fall
ist $\mathfrak{U}$ zur Wegegruppe von $\mathfrak{M}$ einstufig isomorph.

$\mathfrak{U}$ besitzt jedoch stets ebene Gruppenbilder. Um ein solches
Gruppenbild zu konstruieren, bilden wir nach 4, 17 ein vollständiges
System von Fundamentalbereichen des eindimensionalen Komplexes $\mathfrak{K}_1$
nach der Gruppe $\mathfrak{U}$. $\mathfrak{B}_1$ sei ein Baum, dessen Punkte sich durch
Transformationen aus $\mathfrak{U}$ nicht ineinander überführen lassen, jeder
Punkt von $\mathfrak{K}$ lasse sich hingegen mittels solcher Transformationen
in einen Punkt von $\mathfrak{B}_1$ überführen; $\mathfrak{B}_2$, $\mathfrak{B}_3$, ... seien die Bäume,
die durch die Transformationen von $\mathfrak{U}$ aus $\mathfrak{B}_1$ hervorgehen. $\mathfrak{B}$ sei
ferner der Baum von $\mathfrak{M}$, für den $A'(\mathfrak{B}_1) = \mathfrak{B}$ gilt. Ziehen wir
nun durch Reduktion dritter Art die Bäume $\mathfrak{B}$, $\mathfrak{B}_i$ auf je einen
Punkt p, p_i zusammen, so entstehen zwei neue Komplexe $\mathfrak{M}'$, $\mathfrak{K}'$
und eine Überlagerung $A'(\mathfrak{K}') = \mathfrak{M}'$ und hierin liefert $\mathfrak{K}_1'$ ein
Gruppenbild von $\mathfrak{U}$; denn die regulär überlagerte Mannigfaltigkeit $\mathfrak{M}'$
enthält ja nur einen Punkt. $\mathfrak{U}$ ist offenbar die Hauptgruppe der
Überlagerung $A'(\mathfrak{K}') = \mathfrak{M}'$. Ferner folgt: Untergruppen ebener
Gruppen erster (zweiter) Art sind selbst ebene Gruppen erster
(zweiter) Art.

12. Verzweigungszahlen von Untergruppen

Aus dem Verhalten der Restklassen der Untergruppe $\mathfrak{U}$ in $\mathfrak{B}$
kann man ein einfaches Kriterium dafür angeben, ob die den
Relationen $R_i^{*\,k_i}(S)$ von $\mathfrak{B}$ in $\mathfrak{K}'$ entsprechenden Wege bei der Überlagerung $A'(\mathfrak{K}') = \mathfrak{M}'$ verzweigt oder unverzweigt überlagern.

$$L_1, L_2, \ldots, L_n$$

sei ein volles Repräsentantensystem der Restklassen $\mathfrak{U} L$ in $\mathfrak{B}$.
Der Baum $\mathfrak{B}$ von $\mathfrak{M}$ und die L_i können so gewählt werden, daß
den von dem Punkt p ausgehenden einfachen Wegen des Baumes
eindeutig die Potenzprodukte $L_1, L_2, \ldots, L_n$ in den Erzeugenden
von $\mathfrak{B}$ entsprechen. Dasselbe gilt von den von den Punkten p_i
ausgehenden einfachen Wegen der Bäume $\mathfrak{B}_i$. Ist V irgendein
Element aus $\mathfrak{B}$, so verstehen wir unter $\overline{V}$ wie in **3**, 1 den Repräsentanten der Restklasse $\mathfrak{U} V$. R^k sei nun eine der Relationen
$R_i^{* \, k_i}(S)$. Offenbar ist

$$\overline{V R^k} = \overline{V},$$

weil $R^k \equiv 1$ ist. Ist, für ein spezielles V, $\overline{V R^l} = \overline{V}$, so ist auch

$$\overline{V R^{2l}} = \overline{\overline{V R^l} R^l} = \overline{\overline{V} R^l} = \overline{V R^l} = \overline{V},$$

und daher allgemein $\overline{V R^{ml}} = \overline{V}$. Hieraus folgt, daß es für jedes V
ein kleinstes l gibt, das Teiler von k ist und für das $\overline{V R^l} = \overline{V}$
ist. *Ist $k = lm$, so läßt sich*

$$\overline{V} R^k \overline{V}^{-1} \doteq \left(\overline{V} R^l \overline{V R^l}^{-1} \overline{V R^l} R^l \overline{V R^{2l}}^{-1} \ldots \overline{V R^{(k-1)l}} R^l \overline{V}^{-1} \right)$$
$$= \left(\overline{V} R^l \overline{V}^{-1} \right)^m$$

*setzen. Alsdann überlagert der diesem Potenzprodukt in $\mathfrak{R}$ bzw. in $\mathfrak{R}'$
entsprechende Weg einen Weg aus $\mathfrak{M}'_i$ verzweigt von der Ordnung $m - 1$.*
Es ist klar, daß die Verzweigungsordnung mindestens $m - 1$ ist.
Um einzusehen, daß sie nicht größer ist, müssen wir feststellen,
daß das Potenzprodukt, das aus

$$\overline{V} R^l \overline{V}^{-1}$$

entsteht, wenn wir es nach dem Verfahren durch die Erzeugenden
von $\mathfrak{U}$ ausdrücken, nicht als formale Potenz $(R'')^a$ geschrieben
werden kann. Nun können wir aber, falls $\mathfrak{B}$ in der Normalgestalt
von **7**, 9 (1) mindestens zwei definierende Relationen besitzt,
$R = S R'$ setzen, wo die Erzeugende S in R' nicht mehr vorkommt, alsdann ist

$$\overline{V} R^l \overline{V}^{-1} = \prod_{i=0}^{l-1} \overline{V R^i S} \ \overline{V R^i S}^{-1} \ \overline{V R^i S R'} \overline{V R^{i+1}}^{-1},$$

und hierin sind

$$\overline{V R^i S} \ \overline{V R^i S}^{-1} \quad (i = 0, 1, \ldots, l-1)$$

nach der Erklärung von l voneinander formal verschiedene Erzeugende von $\mathfrak{U}$. Ganz ähnlich schließt man, falls $\mathfrak{B}$ in der Normalgestalt nur eine definierende Relation besitzt.

Man sieht hierin zugleich, daß die Verzweigungszahlen, die zu einer Untergruppe gehören, Teiler der Verzweigungszahlen der Gesamtgruppe sind. Ist für alle Elemente V und alle R_i^*

$$\overline{V R_i^{*l}} \neq \overline{V} \qquad (l = 1, 2, \ldots, k_i - 1),$$

so ist die zur Untergruppe $\mathfrak{U}$ gehörige Überlagerung unverzweigt und $\mathfrak{U}$ also zur Wegegruppe der Mannigfaltigkeit $\mathfrak{M}'$ einstufig isomorph.

Die Wege $\overline{V}_1 R^k \overline{V}_1^{-1}$ und $\overline{V}_2 R^k \overline{V}_2^{-1}$ können von verschiedener Ordnung verzweigt überlagern. Ist $\mathfrak{U}$ hingegen eine invariante Untergruppe, so ist die Ordnung für alle V dieselbe. Ist nämlich $\overline{V_{.1} R^l} = \overline{V}_1$, so ist $\overline{R^l} = 1$ und daher allgemein $\overline{V R^l} = \overline{V}$.

Analoge Sätze gelten für Überlagerungen von Gruppenbildern der zweiten Art. Auch hier lassen sich den Untergruppen ebene Gruppenbilder zweiter Art zuordnen. Untergruppen eines freien Produktes zyklischer Gruppen sind also hiernach, wie schon in 3, 9 rein gruppentheoretisch bewiesen wurde, wieder freie Produkte zyklischer Gruppen. Die Untergruppen, bei denen alle geschlossenen Randwege unverzweigt überlagert werden, sind hier freie Gruppen. Die Kriterien für die unverzweigte Überlagerung eines Weges sind dieselben.

13. Automorphismen der Gruppen von Mannigfaltigkeiten

Wir haben in 7, 2 auf den engen Zusammenhang zwischen den Automorphismen, die von den Abbildungen T eines regulären Überlagerungskomplexes auf sich induziert werden, und der Struktur der Gruppe $\mathfrak{B}$, die zu der Überlagerung gehört, hingewiesen. Man kann diesen Zusammenhang dazu verwenden, um die Eigenschaften eines einzelnen Automorphismus zu untersuchen. Hierfür sei ein einfaches Beispiel erbracht. Man wird sich bei Untersuchung eines Automorphismus zweckmäßig auf Überlagerungen mit zyklischer Abbildungsgruppe $\mathfrak{T}$ beschränken. Jeder Automorphismus, der sich überhaupt durch Transformationen eines regulären Überlagerungskomplexes in sich realisieren läßt, kommt nämlich unter den in zyklischen Abbildungsgruppen induzierten vor. Es sei demnach eine Gruppe $\mathfrak{B}$ in der Normalform

$$T_i^{k_i} \equiv 1, \quad (T_1\, T_2 \,\cdots\, T_{n-1}\, R\,(S))^{k_n} = R_n \equiv 1$$

vorgelegt, $\mathfrak{U}$ sei eine invariante Untergruppe aus $\mathfrak{B}$ vom Index q, die zur Wegegruppe einer Mannigfaltigkeit isomorph sei, und

$$V^i\,(i = 0, 1, \ldots, q - 1)$$

ein volles Repräsentantensystem von $\mathfrak{U}$. Ist alsdann in den Bezeichnungen von **3**, 1

$$\overline{T}_i = V^{\alpha_i} \quad 0 \leq \alpha_i < q,$$

so muß $\alpha_i \neq 0$ sein, weil die $T_i^{k_i}$ entsprechenden Wege sonst verzweigt überlagert würden. Ist der größte gemeinsame Teiler von α_i und q

$$(\alpha_i', q) = \delta_i \quad \text{und} \quad \alpha_i = \beta_i\,\delta_i \quad q = \gamma_i\,\delta_i,$$

so ist $\overline{T}^l = \overline{T}^{l'}$ dann und nur dann, wenn

$$l \equiv l' \quad (\text{mod } \gamma_i).$$

Da $\overline{T_i^{k_i}} = 1$, muß also $k_i \equiv 0 \pmod{\gamma_i}$ sein, und wäre $k_i \neq \gamma_i$, so würden die $T_i^{k_i}$ entsprechenden Wege wieder verzweigt überlagert werden. Analoges gilt für R_n. Es sind also alle k_i Teiler von q.

Wir wollen nun den Fall näher ins Auge fassen, daß q eine Primzahl ist und also alle $k_i = q$ sind. Wir können alsdann $T_1^i\,(i = 0, 1, \ldots, q - 1)$ als Repräsentanten der Restklassen wählen. Bezeichnen wir die nach dem Verfahren über T_i, S_i stehenden Erzeugenden der Untergruppe mit

$$T_{ik} \quad (i = 1, 2, \ldots, n - 1; \quad k = 0, 1, \ldots, q - 1)$$

und S_{ik}, so besagen die Relationen zweiter Art, daß

$$T_{1k} \equiv 1\,(k = 0, 1, \ldots, q - 2)$$

ist; aus $T_1^q \equiv 1$ folgt $T_{1\,q-1} \equiv 1$. Die je q Relationen, die aus $T_i^q \equiv 1$ und $R_n \equiv 1$ folgen, gehen durch zyklische Vertauschung aus je einer von ihnen hervor. Die ersteren lauten

$$T_{il_1}\, T_{il_2} \,\cdots\, T_{il_q} \equiv 1, \tag{1}$$

wo

$$l_1, l_2, \ldots, l_q$$

eine Permutation der Zahlen $0, 1, \ldots, q-1$ sind. Die letzte Relation enthält jedes T_{ik} gerade einmal und jedes S_{ik} einmal mit dem Exponenten $+1$ und einmal mit dem Exponenten -1. Bei dem durch T_1 bewirkten Automorphismus in $\mathfrak{U}$ geht

$$T_{ik}, S_{ik} \quad \text{mit} \quad k < q-1 \quad \text{in} \quad T'_{ik} = T_{ik+1}, \; S'_{ik} = S_{ik+1}$$
und
$$S_{iq-1}, \; T_{iq-1} \quad \text{in} \quad S'_{iq-1} = S_{i0}, \; T'_{iq-1} = T_{i0}$$
über.

Wir fragen jetzt nach der Gestalt des in der Faktorgruppe $\mathfrak{F}$ der Kommutatorgruppe von $\mathfrak{U}$ durch Transformation mit T_1 bewirkten Automorphismus. $\mathfrak{F}$ ist eine freie kommutative Gruppe. Die Relationen können jetzt in der Tat aufgelöst werden, (1) ermöglicht T_{iq-1} durch die übrigen T_{ik} auszudrücken,

$$T'_{iq-1} = T_{i0}^{-1} T_{i1}^{-1} \ldots T_{iq-2}^{-1}.$$

Die letzte, aus R_n entstehende Relation wird hingegen zu einer Folgerelation, denn die S_{ik} heben sich heraus. Als Erzeugende von $\mathfrak{F}$ nehmen wir dementsprechend T_{ik}, S_{ik} mit $k < q-1$ und bilden die Matrix, die dem Übergang von T_{ik}, S_{ik} zu T'_{ik}, S'_{ik} entspricht. Dieselbe enthält in der Hauptdiagonale in den T'_{iq-2} entsprechenden Zeilen Glieder, die gleich -1 sind, die übrigen Glieder der Hauptdiagonale sind gleich 0, *die Spur der Matrix ist daher gleich* $-n+1$. Das ist ein spezieller Fall eines mit anderen Methoden und allgemein von NIELSEN[1]) bewiesenen Satzes.

Wie man sieht, ist *der in $\mathfrak{F}$ durch Transformation mit T induzierte Automorphismus durch die Zahlen q, n und g eindeutig bestimmt*. Man kann nach der vollständigen Charakterisierung des in $\mathfrak{U}$ selbst induzierten Automorphismus fragen. Dazu hätte man einerseits die verschiedenen Automorphismen endlicher Ordnung q aufzustellen, welche die Elemente von $\mathfrak{B}$ durch Transformation in $\mathfrak{U}$ induzieren. Denn im allgemeinen wird durch V^q ein innerer Automorphismus, nicht aber gerade der identische Automorphismus von $\mathfrak{U}$ hervorgerufen. Es ist nicht schwer einzusehen, daß diejenigen Elemente V, für welche $V \mathfrak{U} V^{-1} = \mathfrak{U}'$ von endlicher Ordnung ist, gerade die Elemente endlicher Ordnung von $\mathfrak{B}$ sind und daß die endlichen Elemente von $\mathfrak{B}$ gerade die Elemente

$$L \, T_i^l \, L^{-1}, \; L \, R_n^l \, L^{-1}$$

<hr>

[1]) J. NIELSEN, Acta Math. **50**, 189 (1927).

sind. Man hätte ferner andererseits die sämtlichen invarianten Untergruppen $\mathfrak{U}$ vom Index q in $\mathfrak{B}$ und ihre Äquivalenz bei der durch elementare Abänderungen bestimmten Automorphismengruppe $\mathfrak{G}$ von $\mathfrak{B}$ zu untersuchen.

14. Das Wortproblem der ebenen Gruppen

Zum Schluß betrachten wir das Wortproblem in den ebenen Gruppenbildern [1]). Insofern man jedes Wort im Gruppenbild als Weg aufsuchen und das Gruppenbild in der Ebene durch Aneinanderlegen von Polygonen sukzessive konstruieren kann, darf man das Wortproblem als bereits gelöst bezeichnen. Doch ist mit dieser Bemerkung allein keine weitere Einsicht gewonnen als die, daß man das Wortproblem entscheiden kann. Welche Worte gleich der Identität sind, kann man an dem Wort selbst noch nicht erkennen. Das Wortproblem läßt sich aber auch in diesem engeren Sinne für viele dieser Gruppen lösen.

Die Wegegruppe der Kugel ist die Identität, die der projektiven Ebene die zyklische Gruppe der Ordnung 2, die des Torus die freie ABELsche Gruppe mit zwei Erzeugenden. Die den ebenen Gruppenbildern zweiter Art entsprechenden Gruppen sind freie Produkte zyklischer Gruppen — in allen diesen Fällen gibt es keine Schwierigkeiten.

Nehmen wir jetzt Wegegruppen $\mathfrak{B}$ orientierbarer Mannigfaltigkeiten vom Geschlecht $g > 1$ und ein System von $2\,g$ Erzeugenden S_i und die Relation $R(S)$, die dem Randweg einer Normalform entspricht. Es gibt in R zwei Erzeugende S_1, S_2, welche sich gegenseitig trennen. Setzt man ferner

$$S_i \equiv 1 \quad (i \neq 1),$$

so entsteht eine zyklische Faktorgruppe. Es gibt also eine invariante Untergruppe $\mathfrak{F}$ von $\mathfrak{B}$, deren Restklassen durch

$$S_1^k \quad (k = 0, \pm 1, \ldots)$$

repräsentiert werden.

Wir behaupten, *daß $\mathfrak{F}$ eine freie Gruppe mit unendlich vielen Erzeugenden ist*. Bei Anwendung des Verfahrens erhalten wir

$$S_{ik} = S^k S_i S^{-k}$$

---

[1]) Vgl. M. DEHN, Math. Ann. **72**, 413 (1912).

als Erzeugende und $S_{1\,k} \equiv 1$ als Relationen zweiter Art. Drücken wir $S^l R S^{-l}$ vorschriftsmäßig durch die S_{ik} aus, so kommen in derselben stets ein $S_{2,\,a+l}$ und ein $S_{2,\,a+l+1}$ nur einmal mit Exponenten ± 1 vor. Man kann also alle Relationen auflösen, indem man S_{20} als Erzeugende weiter beibehält und alle übrigen $S_{2\,k}$ eliminiert. So entsteht eine freie Gruppe mit den Erzeugenden

$$S_{20},\ S_{ik} \quad (i = 3, 4, \ldots, 2g;\ k = 0, \pm 1, \ldots).$$

Da sich jedes Element aus $\mathfrak{W}$ in die Form $S_1^l S$ bringen läßt, wo S zu $\mathfrak{J}$ gehört und da das Wortproblem für $\mathfrak{J}$ wie in 2, 3 gelöst werden kann, ist damit auch das Wortproblem für $\mathfrak{W}$ gelöst.

Durch ähnliche Überlegungen kann man für die ebenen Gruppen erster Art das Wortproblem lösen, indem man eine invariante Untergruppe aufsucht, die zu der Wegegruppe einer orientierbaren Mannigfaltigkeit isomorph ist.

Denselben Gedanken kann man verwenden, um die Gruppen $\mathfrak{W}'$ nicht orientierbarer Mannigfaltigkeiten zu behandeln. Es ist zweckmäßig, hierbei eine Normalform mit dem Randweg $r(s) = s_1^2 s_2^2 \ldots s_g^2$ zugrunde zu legen. Man bilde die invariante Untergruppe $\mathfrak{U}$, die zu der Faktorgruppe $S_1 = S_i$ ($i = 2, 3, \ldots, g$), $S_1^2 = 1$ gehört. Nimmt man das Einheitselement und S_1 als Repräsentanten der Restklassen nach $\mathfrak{U}$ und

$$S_{ik} \quad (i = 1, 2, \ldots, g;\ k = 0, 1)$$

als Erzeugende von $\mathfrak{U}$, so ist $S_{10} \equiv 1$ auf Grund der Relation zweiter Art. Aus $R(S)$ folgen zwei Relationen, welche beide alle S_{ik} ($i \geq 2$) und S_{11} je einmal mit Exponenten $+1$ enthalten. Durch Eliminieren von S_{11} erhält man daher eine Relation zwischen den S_{ik}, welche jedes S_{ik} einmal mit dem Exponenten $+1$ und einmal mit dem Exponenten -1 enthält. Als Untergruppe einer Mannigfaltigkeitsgruppe ist $\mathfrak{U}$ ferner die Gruppe einer Mannigfaltigkeit $\mathfrak{M}$, und $\mathfrak{M}$ ist orientierbar, wie man aus der Gestalt der Relation für $\mathfrak{U}$ ersieht. Folglich ist das Wortproblem in $\mathfrak{U}$ und daher auch in $\mathfrak{W}'$ lösbar.

15. Wortprobleme in ebenen Gruppenbildern

Schärfer ist der folgende Satz über ebene Gruppenbilder erster Art, deren Relationen je mindestens die Länge 4 haben, für die also in der Normalgestalt $k_i \geq 4$ ($i = 1, 2, \ldots, n-1$) ist, oder die nur die eine Relation $R * k$

besitzen. Unter diesen Gruppen sind also alle Wegegruppen orientierbarer Mannigfaltigkeiten enthalten. Unter den angegebenen Voraussetzungen gilt nämlich:

Ist W ein Wort, welches das Einheitselement darstellt, so enthält W noch ein Teilwort W, das durch Hinzufügen eines geeigneten Faktors $S_\alpha^{\pm 1} S_\beta^{\pm 1}$ zu einer definierenden Relation oder dem Inversen einer definierenden Relation ergänzt werden kann.* Ist die Länge sämtlicher definierenden Relationen größer als 4, so ist klar, daß sich auf Grund dieses Satzes das Wortproblem lösen läßt.

Ist w ein Weg, welcher dem Wort W im Gruppenbild entspricht, so enthält w sicher einen Teilweg $\overline{w}$, der ein einfacher geschlossener Weg ist und also ein reguläres Flächenstück berandet. Wäre der Satz für solche Worte W, die einfachen geschlossenen Wegen w entsprechen, bewiesen, so gilt er allgemein. Für diese Worte beweisen wir die Behauptung durch Induktion mit Hilfe der folgenden Sätze:

Satz 1. *Ist w ein einfacher geschlossener Weg des Gruppenbildes, der nicht einfacher Randweg ist, so lassen sich stets zwei weitere einfach geschlossene Wege w_1 und w_2 angeben, die höchstens zwei Strecken gemeinsam durchlaufen und, zu $w_1 w_2$ zusammengesetzt und reduziert, einen durch zyklische Vertauschung aus w hervorgehenden Weg liefern.*

Satz 2. *Ist w ein einfacher geschlossener Weg, so gibt es mindestens vier Teilwege r (kritische Teilwege mögen sie heißen) von w, welche sich durch Hinzufügung von zwei Strecken je zu einem einfachen Randweg eines Flächenstückes im Innern von w ergänzen lassen. Besitzt w gerade k Teilwege $s_1 s_2$, welche in Randwegen von Flächenstücken auftreten, die nicht im Innern von w gelegen sind, besitzt w, wie wir sagen wollen, k „einspringende Ecken", so besitzt w mindestens $4 + k$ kritische Teilwege.*

16. Einspringende Ecken und kritische Teilwege

Wir nehmen Satz 1 als richtig an und beweisen Satz 2 durch vollständige Induktion. Es ist bequem, sich den folgenden Beweis an einem euklidischen Quadratnetz zu veranschaulichen. Satz 2 gilt für einfache Randwege und für einfache Wege, die gerade zwei Flächenstücke im Innern enthalten. Denn Randwege zweier Flächenstücke, die längs einer Strecke aneinanderstoßen, haben nur diese eine Strecke gemeinsam. Nimmt man aus einem geschlossenen

Wege w, auf welchen der Satz 2 zutrifft, zwei Strecken heraus, so werden dabei höchstens zwei kritische Teilwege zerstört, es sei denn, daß w ein einfacher Randweg ist. Denn wenn zwei kritische Teilwege Strecken gemeinsam haben, so beranden sie dasselbe Flächenstück f, w ist also entweder mit dem Rand von f identisch oder w durchläuft alle Randstrecken von f bis auf eine. Werden tatsächlich zwei kritische Teilwege durch Fortnahme von s zerstört, so ist s eine innere Strecke eines kritischen Teilweges.

Hieraus folgt: *Sind w_1 und w_2 zwei Wege, die den Behauptungen des Satzes 2 genügen und ist $w = w_1' w_2'$ ein einfacher Weg, der durch Streichen von einer Strecke aus $w_1 w_2$ entsteht, so genügt auch w unserem Satz.* Das ist klar, falls w keine neuen einspringenden Ecken bekommt. Denn ist k_i die Anzahl der einspringenden Ecken von w_i, so ist die Anzahl der kritischen Teilwege in w_i' mindestens noch $2 + k_i$. Sei jetzt etwa der Endpunkt vor w_1' eine einspringende Ecke von w. Dann ist die durch Reduktion eliminierte Strecke gewiß nicht gleichzeitig innere Strecke eines kritischen Teilweges von w_1 und w_2, w_1' oder w_2' enthält also mindestens noch $3 + k_1$ bzw. $3 + k_2$ kritische Teilwege. Wird auch der Endpunkt von w_2' eine einspringende Ecke, so kommt die durch Reduktion entfernte Strecke entweder in keinem kritischen Teilweg von w_1 und w_2 oder nur in je einem von w_1 oder w_2 vor. Die Anzahl der in einem der w_i' enthaltenen kritischen Teilwege ist also entweder $4 + k_i$ oder $3 + k_i$.

Nehmen wir jetzt an, daß bei Reduktion von $w = w_1' w_2'$ je zwei Strecken aus w_1, w_2 eliminiert werden. 1. Entweder verliert hierbei w_1 ein einspringende Ecke, alsdann werden durch Entfernung der beiden Endstrecken von w_1 höchstens zwei kritische Teilwege zerstört, und w_1' besitzt also mindestens $2 + k_1$ kritische Teilwege. 1a. Entweder ist nun w_2 ein einfacher Randweg, alsdann besitzt $w = w_1' w_2'$ mindestens $2 + k_1 + 1$ kritische Teilwege und $k_1 - 1$ einspringende Ecken, wenn bei dem Zusammenfügen neue einspringende Ecken nicht entstehen. Ist das aber der Fall, so können durch Fortnehmen der reduzierten Strecken entsprechend weniger kritische Teilwege von w_1 zerstört werden.

1b. Oder ist w_2 kein einfacher Randweg, so enthält w_2' mindestens $2 + k_2$ kritische Teilwege und der Satz bleibt richtig, falls höchstens eine einspringende Ecke entsteht. Denn w enthält $4 + k_1 + k_2$ kritische Teilwege.

Entstehen hingegen zwei einspringende Ecken, so kann es entweder sein, daß in $w_1{}'$ noch $3 + k_1$ kritische Teilwege enthalten sind. Ist das nicht der Fall, so bilden die beiden durch Reduktion entfernten Strecken in w_2 entweder einen kritischen Teilweg, oder sie gehören überhaupt keinem solchen an. Also stimmt der Satz auch in diesem Falle.

2. Nehmen wir schließlich an, daß w_1 und w_2 keine einspringende Ecke verlieren. Falls keine einspringende Ecke entsteht, ist der Satz richtig. Möge jetzt eine einspringende Ecke entstehen und in $w_1{}'$ wirklich zwei kritische Teilwege weniger als in w_1 enthalten sein. Dann wird in w_2 höchstens ein kritischer Teilweg zerstört. Entstehen zwei einspringende Ecken und enthält $w_1{}'$ zwei kritische Teilwege weniger als w_1, so wird in w_2 überhaupt kein kritischer Teilweg zerstört, und enthält $w_1{}'$ einen kritischen Teilweg weniger als w_1, so wird in w_2 höchstens ein solcher Teilweg zerstört.

Damit ist der Beweis von Satz 2 unter Voraussetzung von Satz 1 erbracht.

17. Einfache Wege in ebenen Komplexen

Wir wenden uns jetzt dem Beweis von Satz 1 zu. *Ist w ein geschlossener einfacher Weg und enthält w keine Punkte im Innern, so ist die Behauptung richtig. Enthält w Punkte im Innern, so ist zu zeigen, daß es unter diesen mindestens einen Punkt gibt, von dem zwei Strecken zu Punkten auf w führen.* Angenommen, dies sei nicht der Fall. Wir bilden den Komplex $\mathfrak{C}$, der aus den Punkten im Innern von w besteht und alle Strecken enthält, welche diese Punkte miteinander verbinden. Die Punkte von $\mathfrak{C}$ haben dann die Ordnung $2\,m$ oder $2\,m - 1$.

Wir konstruieren nun den „Rand" des Komplexes $\mathfrak{C}$ auf die folgende Weise. Ist p ein Punkt der Ordnung $2\,m - 1$ und s die Strecke, die von p zu einem Punkt auf w führt, so stoßen bei s zwei Flächenstücke zusammen, deren positive einfache Randwege $r_1 s$ und $s^{-1} r_2$ seien. Die r_i durchlaufen sicher je noch einen zweiten Punkt der Ordnung $2\,m - 1$ und wir können daher

$$r_i = r_{i1}\, r_{i2}$$

setzen und dabei erreichen, daß r_{12} und r_{21} nur Strecken aus $\mathfrak{C}$ durchlaufen, in Punkten der Ordnung $2\,m - 1$ beginnen und endigen, dagegen keine weiteren solcher Punkte durchlaufen. Diese Wege,

r_{12} und r_{31}, mögen die von p berandeten „Hilfswege" heißen. Verschiedene Hilfswege können sich als Teilwege von einfachen Randwegen nicht durchsetzen. Durch Aneinanderheften der Hilfswege setzen sich reduzierte geschlossene Wege w_i zusammen, welche als die „Randwege von $\mathfrak{C}$" bezeichnet werden mögen. Alle von einem Randweg abzweigenden Strecken aus $\mathfrak{C}$ liegen auf derselben, etwa der negativen Seite desselben. Jeder Weg w_i enthält sicher einen einfachen geschlossenen Teilweg w_{i0}, der etwa in p_0 beginne und endige. Alle im Innern von w_{i0} liegenden Punkte gehören zu $\mathfrak{C}$ und sind von der Ordnung $2\,m$. Mithin hat der Komplex $\mathfrak{C}_{i0}$ aus den Punkten und Strecken von w_{i0} und den im Innern von w_{i0} liegenden Punkten, Strecken und Flächenstücken folgende Eigenschaften:

1. Alle Punkte des Innern sind von der Ordnung $2\,m$ mit $m > 1$.

2. Alle von p_0 verschiedenen Punkte des Randes sind von der Ordnung $2\,m$ oder $2\,m - 1$.

3. Die einfachen Randwege der in $\mathfrak{C}_{i0}$ enthaltenen Flächenstücke durchlaufen mindestens vier Strecken.

4. Der Komplex $\mathfrak{C}_{i0}$ ist zu einem Flächenstück topologisch äquivalent.

Man kann nun leicht nachrechnen, daß ein solcher Komplex nicht existieren kann.

Es sei a_{01} die Anzahl der von p_0 verschiedenen Randpunkte, a_{02} die Anzahl der inneren Punkte, $2\,a_1$ bzw. $2\,a_2$ die Anzahl der Strecken und Flächenstücke von $\mathfrak{C}_{i0}$. Alsdann ist einerseits

$$2\,a_1 \geqq (2\,m - 1)\,a_{01} + 2\,m\,a_{02} + 2 \tag{1}$$

und andererseits

$$2\,a_1 \geqq 4\,a_2 + a_{01} + 1. \tag{2}$$

Ferner ist nach 5, 3

$$a_1 = a_{01} + a_{02} + a_2. \tag{3}$$

Daher folgt durch Addition von (1) und (2) und Subtraktion der mit 4 multiplizierten Gleichung (3)

$$0 \geqq (2\,m - 4)\,(a_{01} + a_{02}) + 3,$$

also ein Widerspruch.

18. Ebene Gruppenbilder und nichteuklidische Geometrie

Daß die Lösung des Wortproblems im vorigen Abschnitt nur unter gewissen Einschränkungen erfolgt, hat einen inneren Grund in dem verschiedenartigen Verhalten der Gruppen selbst. Die Gruppen mit den Relationen

$$S^n = 1, \tag{1}$$

$$S^2 = T^2 = (S\,T)^n = 1, \tag{2}$$

$$S^2 = T^3 = (S\,T)^k = 1 \quad (k = 3, 4, 5) \tag{3}$$

sind endliche Gruppen, die übrigen unendliche. (2). liefert die sogenannten Diedergruppen, (3) die sogenannte Tetraeder-, Oktaeder-, Ikosaedergruppe. Die Gruppen (1), (2) und (3) lassen sich bekanntlich durch Kugeldrehungen bzw. durch Bewegungen der sphärischen Geometrie darstellen. Die Gruppen

$$S\,T\,S^{-1}\,T^{-1} = 1, \tag{4}$$

$$S^2 = T^3 = (S\,T)^6 = 1, \tag{5}$$

$$S^2 = T^4 = (S\,T)^4 = 1, \tag{6}$$

$$S^2 = T^2 = U^2 = (S\,T\,U)^2 = 1 \tag{7}$$

lassen sich durch Bewegungen der euklidischen Geometrie und die übrigen ebenen Gruppen durch Bewegungen der nichteuklidischen Geometrie darstellen. Den Beweis dafür erbringt man am besten anknüpfend an die punktartig verzweigten Überlagerungskomplexe. Die Flächenstücke des Komplexes, welche die Gruppe des Komplexes transitiv miteinander vertauscht, lassen sich durch geradlinig begrenzte Polygone und damit der ganze Komplex als ein geradliniges Polygonnetz realisieren. Die Winkel dieser Polygone lassen sich aus den Verzweigungszahlen der Gruppe ablesen, z. B. ergibt sich als Fundamentalbereich für (4) ein Parallelogramm, für (5) ein gleichschenkliges Dreieck, bei dem der Winkel an der Spitze gleich 120 ist, für (6) ein gleichschenkliges rechtwinkliges Dreieck und für (7) ein gleichseitiges Dreieck. Die entsprechenden Gruppen von euklidischen Bewegungen enthalten für (4) nur Translationen, die übrigen enthalten Drehungen, welche einen Eckpunkt des Fundamentalbereiches festlassen und um den Winkel des Fundamentalbereiches bei dieser Ecke oder ein Vielfaches derselben drehen, und ferner im Falle (5) und (6) noch die Drehungen mit dem

Mittelpunkt der Basis des Fundamentalbereiches um den Winkel 180°, und im Falle (7) die Drehungen um den Mittelpunkt der drei Dreiecksseiten um den Winkel 180°.

Den Elementen endlicher Ordnung o der Gruppe entsprechen bei den Darstellungen durch Bewegungen auch im Falle der nichteuklidischen Geometrie Drehungen um einen Winkel $2\pi/o$. Diesen Zusammenhang kann man daher zu einem Beweis benutzen, daß alle Elemente endlicher Ordnung der ebenen Gruppen Transformierte von Potenzen der T_i oder von R_n^* in der Bezeichnung von 7, 9 (1) sind.

Der von POINCARÉ entdeckte Zusammenhang mit der nichteuklidischen Geometrie hat sich bei vielen Untersuchungen als ein starkes Hilfsmittel erwiesen, z. B. in der wichtigen Arbeit von NIELSEN[1]) über die Abbildungen der Flächen und das Fixpunktproblem. Umgekehrt aber erweist sich die Theorie der ebenen Gruppen auch als ein Hilfsmittel zur Untersuchung dieser Bewegungsgruppen[2]), die wegen der Beziehung zu den automorphen Funktionen und der Uniformisierung von hervorragender Bedeutung sind.

In diesem Zusammenhang sei schließlich auf die interessante, von STEINITZ[3]) aufgeworfene und beantwortete Frage nach der topologischen Kennzeichnung der zur Kugel äquivalenten Komplexe hingewiesen, welche sich als konvexe Polyeder des euklidischen Raumes realisieren lassen.

---

[1]) J. NIELSEN, Acta Math. **50**, 189 (1927) und **53**, 1 (1929); H. GIESCKING, Analytische Untersuchungen über topologische Gruppen (Dissertation), Münster 1912.

[2]) E. HECKE, Hamb. Abhdlg. **8**, 271 (1930) und H. RADEMACHER, ebenda **7**, 134 (1929).

[3]) E. STEINITZ, „Polyeder und Raumeinteilungen", Math. Enzykl. III, A D 12.

Sachverzeichnis